ZHONGYA PEIDIANWANG DANXIANG JIEDI GUZHANG CHULI
JISHU YU YINGYONG

中压配电网单相接地故障处理

技术与应用

许守东 余群兵 石恒初 胡兵 陈栋 王闰羿 编著

中国电力出版社
CHINA ELECTRIC POWER PRESS

内 容 提 要

为了提高中压配电网单相接地故障处理技术，准确判明故障点、消除接地故障，更好地提高配电网的安全可靠性，特编写本书。

全书共分 6 章，第 1 章概述；第 2 章小电流接地系统单相接地故障分析；第 3 章小电流接地系统单相接地故障消弧技术；第 4 章小电流接地选线技术与应用；第 5 章单相接地故障定位技术与应用；第 6 章小电流接地系统典型案例分析。

本书内容理论联系实际，由浅入深、通俗易懂、图文并茂，阐述了具有创新性、实用性的学习成果，同时，整理分析了近年来多起单相接地故障案例，可供从事电气设计的技术人员、发（供）电部门电气设备生产单位从事电气设备运维的技术人员以及电力科学研究院技术人员使用，尤其是为高校学者提供了宝贵的现场数据，有助于其结合理论开展研究。

图书在版编目（CIP）数据

中压配电网单相接地故障处理技术与应用 / 许守东等编著 . —北京：中国电力出版社，
2022.3（2023.4 重印）
ISBN 978-7-5198-6616-7

Ⅰ．①中…　Ⅱ．①许…　Ⅲ．①配电系统 - 接地保护 - 故障修复　Ⅳ．① TM727

中国版本图书馆 CIP 数据核字（2022）第 049409 号

出版发行：中国电力出版社
地　　　址：北京市东城区北京站西街 19 号（邮政编码 100005）
网　　　址：http://www.cepp.sgcc.com.cn
责任编辑：孙　芳
责任校对：黄　蓓　朱丽芳
装帧设计：赵丽媛
责任印制：吴　迪

印　　刷：三河市万龙印装有限公司
版　　次：2022 年 3 月第一版
印　　次：2023 年 4 月北京第二次印刷
开　　本：710 毫米 ×1000 毫米　16 开本
印　　张：16.75
字　　数：271 千字
印　　数：1001—2000 册
定　　价：68.00 元

编 委 会

　　近年来，电力系统出现了多起因为单相接地故障引发的人身死亡事故，且针对高阻接地和间歇性接地故障选线难题一直未得到有效解决，也无相应的选线装置成功应用于现场，中压配电网依然存在故障检测困难，选线准确率低的难题，中压配电网系统中性点接地方式与供电可靠性、过电压与绝缘配合、继电保护等密切相关，是保障"人身电网及设备安全"的重要条件。

　　中压配电网单相接地故障引发的相间短路、火灾和人身触电事故长期困扰着供电部门。近年来，随着人们对供电可靠性和用电安全性的要求越来越高，妥善处理好单相接地故障问题变得越发迫切，在供电部门、研究院所及设备厂商的共同努力下，接地故障处理的相关技术得到了快速的发展，形成了诸多研究成果，大量新型设备也在电力系统中得到了应用。

　　本书介绍了中压配电网单相接地故障处理技术的各个方面。主要包括：小电流接地系统中性点运行方式及技术分析；配电网单相接地故障的特征，重点分析了小电阻接地系统发生高阻接地故障时的电气特征，以及小电流接地系统单相接地故障的稳态、暂态及行波特征；故障消弧的目标及关键指标、常规消弧技术与新型消弧技术、各种消弧技术存在的主要问题及改善措施；单相接地故障选线技术和定位技术基本原理、常用解决方案、面临的问题以及新技术的应用情况等方面的剖析与总结；结合单相接地故障处理的相关设备在电力系统的应用情况，梳理分析单相接地故障的典型案例。

　　本书在编写过程中查阅了大量资料，参考了部分专家学者的专著（含论文）及相关单位的技术资料，得到了国内外设备制造厂商的大力支持，在此一并感谢。由于中压配电网单相接地故障处理技术与应用涉及的理论和处理方法较为广泛，限于编者水平和经验，书中难免存在不足之处，恳请读者批评指正。

编　者

2021 年 11 月

目 录

1

概　　　述

1.1　中压配电网概述

1.1.1　概述

配电网不同于输电网，配网直接靠近用户，电压等级比较低，与生产、生活密切相关。同时由于线路长，设备众多，配网区域故障非常频繁，尤其是人为因素造成的故障很多。故障一旦发生，特别是短路故障，故障点电流迅速增加，这种短路电流将引起电动力效应、热效应，破坏电网间的设备，最严重的后果会造成大面积停电，导致巨额经济损失。

中压配电网接地方式直接影响到：供电的可靠性；线路和设备的绝缘水平；人身和设备安全；继电保护装置的功能；通信和信号系统的稳定等。因此，小电流选线装置的规范设计和入网稳定运行对提高电力系统运行自动化水平、消除人身安全隐患和避免接地过电压造成事故扩大有着十分重要的意义。

我国配电网以 10kV、35kV 电压等级为主，大部分系统属于中性点不接地系统，少部分属于消弧线圈接地系统、经小电阻接地系统。系统发生故障时，传统的技术导则要求，小电流接地故障可以带故障运行 2h。随着配网自动化技术的发展和转入负荷的能力增强，考虑到配网供电可靠性的要求，完全可以切除故障区段后，非故障区段转入负荷恢复一部分区域供电，减少停电面积和造成的经济损失。

目前，我国 6～66kV 电网普遍采用中性点不接地或经消弧线圈接地方式，即小电流接地系统，占 80%～90%。DL/T 620—1997《交流电气装置的过压保护和绝缘配合》规定：① 3～10kV 钢筋混凝土或金属杆塔的架空线路构成的系统和所有 35kV、66kV 系统，当接地故障电容电流超过 10A。② 3～10kV 非钢筋混凝土或非金属杆塔的架空线路构成的系统，当电压为 3kV 和

1

6kV 时，当接地故障电容电流超过 30A；10kV 时，当接地故障电容电流超过 20A。③ 3～10kV 电缆线路构成的系统，当接地故障电容电流超过 30A。又需在接地故障条件下运行时，应采用消弧线圈接地方式。由于绝大多数变电站的故障电容电流均超过有关指标，所以实际上国内电网基本采用的是中性点经消弧线圈接地方式。

中压配电网在美国、日本等国主要采用中性点接地方式，属大电流接地系统；俄罗斯、挪威、加拿大、德国等国则为小电流接地系统；法国过去以低电阻接地方式居多，随着城市电缆线路的不断投入，已开始采用消弧线圈补偿电容电流，并已做出决定，将全部中压电网的中性点改为谐振接地方式。

1.1.2　小电流接地故障保护

所谓单相接地故障是指三相输电导线中的某一相导线因为某种原因通过电弧、金属或电阻有限的非金属接地。例如导线断线后跌落至地上、雷击后雷击点对地发生电弧接地、风吹摇动树枝碰到导线等。小电流接地中压配电网的单相接地故障的接地电流比较小，因此称为小电流接地故障。小电流接地故障保护（简称小电流接地保护）指小电流接地故障的选线与定位技术。

小电流接地故障产生的过电压容易导致非故障相绝缘击穿，引发两相接地短路故障。如果电缆线路发生接地故障，长时间的接地弧光电流也可能烧穿故障点绝缘，使其发展为相间短路故障。因此，配电网长时间带接地故障运行，有可能使故障范围和严重程度扩大，造成重大经济损失。另外，小电流接地故障中还有一部分是由导线坠地引起的，坠地的导线长期带电运行，容易造成人身与牲畜触电事故，产生恶劣的社会影响。

在中国，小电流接地故障的选线问题一直没有得到很好的解决。现场运行人员往往借助人工试拉路的方法选择故障线路，导致非故障线路出现不必要的短时停电，给高科技数字化设备、大型联合生产线等敏感负荷带来影响，造成生产线停顿、设备损坏、产品报废、数据丢失等严重事故。根据中国东部沿海某省的统计结果，人工拉路选线造成的短时停电占总短时停电次数的比例高达 40％。此外，由于缺乏可靠的小电流接地故障定位技术，目前在选出故障线路之后，主要还是靠人工巡线的方法查找故障点，故障修复时间长，而且耗费大量的人力物力。

社会经济的发展给供电质量提出了更高的要求。短时停电问题已引起了人们的高度关注，DL/T 836.1－2016《供电系统用户供电可靠性评价规程》

已将短时停电纳入供电可靠性统计指标范围。近年来，随着互联网与智能手机的普及，一些人身触电事故通过社交媒体与自媒体广泛传播，引起了社会的极大关注，给供电企业带来了极大的压力。因此，迫切需要解决小电流接地故障的选线与定位问题，以避免依靠人工拉路引起的短时停电，防范导线坠地引起的触电事故，减少停电范围，加快接地故障查找与修复速度，提高供电质量与配电网的安全运行水平。现有的选线和定位装置（系统）主要动作用于告警信号，一般不直接切除故障。尽管带接地故障运行可以提高供电可靠性，但接地点间歇性拉弧可能产生 3 倍以上的过电压，容易导致非故障相绝缘击穿，使事故扩大。如果能在接地过电压过高时，及时跳开故障线路或故障区段，则可以兼顾供电可靠性和配电网的安全性两方面的要求。欧洲的一些国家（如奥地利、意大利）就采用发生永久小电流接地故障后直接跳开故障线路的做法。中国国家电网新修订的配电网技术导则，也推荐在小电流接地故障发生后就近跳闸隔离故障；南方电网公司已经确定了接地选线直接跳闸的方案，并开始实施。

1.2 中压配电网的运行方式

我国配电网大多采用中性点非直接接地方式，单相接地故障占其总故障的 80% 以上。非故障相对地电压升至线电压，长时间运行容易造成两相接地短路或三相短路，必须尽快消除单相接地。加快单相接地线路的甄别、快速修复，明显可以缩短停电时间。

发生单相接地故障时，全网络各处出现零序电压，接地故障点处流过的稳态零序电流一般只有几安到二三十安，比负荷电流小很多，电流互感器难于准确测量。

城乡配电网结构越来越复杂，电缆线路、电缆-架空混联线路逐年上升，中性点接地电抗动态补偿，使得配电网的接地自动选线越来越困难。

1.2.1 小电流接地系统中性点运行方式的选取原则

我国 10kV 系统中性点一般采用非有效接地方式运行，包括：中性点不接地方式、中性点经消弧线圈接地方式、中性点经小电阻接地方式。在 GB 50064—2014《交流电气装置的过电压保护和绝缘配合设计规范》中规定，中性点接地方式的划分原则如下：

1.2.1.1　中性点不接地方式

（1）35、66kV 系统和不直接连接发电机，由钢筋混凝土杆或金属杆塔的架空线路构成的 6～20kV 系统，当单相接地故障电容电流不大于 10A 时，可采用中性点不接地方式；当大于 10A 又需在接地故障条件下运行时，应采用中性点谐振接地方式。

（2）不直接连接发电机、由电缆线路构成的 6～20kV 系统，当单相接地故障电容电流不大于 10A 时，可采用中性点不接地方式；当大于 10A 又需在接地故障条件下运行时，宜采用中性点谐振接地方式。

（3）发电机额定电压 6.3kV 及以上的系统，当发电机内部发生单相接地故障不要求瞬时切机时，采用性点不接地方式时发电机单相接地故障电容电流最高允许值应表 1-1 确定；大于该值时，应采用中性点谐振接地方式，消弧装置可装在厂用变压器中性点上或发电机中性点上。

表 1-1　　　　　　发电机单相接地故障电容电流最高允许值

发电机额定电压（kV）	发电机额定容量（MW）	电流允许值（A）	发电机额定电压（kV）	发电机额定容量（MW）	电流允许值（A）
6.3	≤50	4	13.80～15.75	125～200	2*
10.5	50～100	3	≥18	≥300	1

* 对额定电压为 13.80～15.75kV 的氢冷发电机，电流允许值为 2.5A。

（4）发电机额定电压 6.3kV 及以上的系统，当发电机内部发生单相接地故障要求瞬时切机时，宜采用中性点经电阻接地方式，电阻器可接在发电机中性点变压器的二次绕组上。

1.2.1.2　中性点谐振接地方式

（1）谐振接地宜采用具有自动跟踪补偿功能的消弧装置；

（2）正常运行时，自动跟踪补偿消弧装置应确保中性点的长时间电压位移不超过系统标称相电压的 15%；

（3）采用自动跟踪补偿消弧装置时，系统接地故障残余电流不应大于 10A；

（4）自动跟踪补偿消弧装置消弧部分的容量应根据系统远景年的发展规划确定，并应按式（1-1）计算，即

$$W = 1.35 I_c \frac{U_n}{\sqrt{3}} \qquad (1-1)$$

4

式中：W 为同自动跟踪补偿消弧装置消弧部分的容量，$kV \cdot A$；I_c 为接地电容电流，A；U_n 为系统标称电压，kV。

（5）自动跟踪补偿消弧装置装设地点应符合下列要求：

1）系统在任何运行方式下，断开一、二回线路时，应保证不失去补偿；

2）多套自动跟踪补偿消弧装置不宜集中安装在系统中的同一位置。

（6）自动跟踪补偿消弧装置装设的消弧部分应符合下列要求：

1）消弧部分宜接于 YN、d 或 YN、yn、d 接线的变压器中性点上，也可接在 ZN、yn 接线变压器中性点上，不应接于零序磁通经铁芯闭路的 YN、yn 接线变压器；

2）当消弧部分接于 YN、d 接线的双绕组变压器中性点时，消弧部分容量不应超过变压器三相总容量的 50%；

3）当消弧部分接于 YN、yn、d 接线的三绕组变压器中性点时，消弧部分容量不应超过变压器三相总容量的 50%，并不得大于三绕组变压器的任一绕组的容量；

4）当消弧部分接于零序磁通未经铁芯闭路的 YN、yn 接线变压器中性点时，消弧部分容量不应超过变压器三相总容量的 20%。

（7）当电源变压器无中性点或中性点未引出时，应装设专用接地变压器以连接自动跟踪补偿消弧装置，接地变压器容量应与消弧部分的容量相配合。对新建变电站，接地变压器可根据站用电的需要，兼作站用变压器。

1.2.1.3 中性点经电阻接地方式

（1）6～35kV 主要由电缆线路构成的配电系统、发电厂厂用电系统、风力发电场集电系统和除矿井的工业企业供电系统，当单相接地故障电容电流较大时，可采用中性点低电阻接地方式。变压器中性点电阻器的电阻，在满足单相接地继电保护可靠性和过电压绝缘配合的前提下宜选较大值。

（2）6kV 和 10kV 配电系统以及发电厂厂用电系统，当单相接地故障电容电流不大于 7A 时，可采用中性点高电阻接地方式，故障总电流不应大于 10A。

此外，在 DL/T 620—1997《交流电气装置的过电压保护和绝缘配合》中，10kV 系统中性点接地方式选取原则：采取中性点不接地或者中性点经消弧线圈接地方式。通常在变电站设计时根据计算结果明确是否需要配置消弧线圈，对于经计算无需配置消弧线圈的，采取不接地方式，对经计算需要配置消弧线圈的，采取中性点谐振接地。

1.2.2　小电流接地系统设备一般选用要求

1.2.2.1　通用要求

（1）小电流接地选线装置。

1）装置应满足继电保护可靠性、选择性、灵敏性和速动性的要求，选线判据宜采用暂态信号。

2）装置应具备接地选线功能。当系统发生单相接地时，装置应能根据设置选出1～3条故障支路，并显示接地线路及母线名称（编号）；当系统发生铁磁谐振时，不能误报警、误动作。

3）装置跳闸功能投退和跳闸延时按线路保护整定，并按整定定值动作于告警或跳闸，跳闸功能应与线路重合闸配合；装置应具备后加速跳闸功能。当选线跳闸成功而重合于永久性故障时（若线路重合闸投入），装置可加速跳闸切除该故障线路；该功能可投退。

4）装置应延时（5～10s）跳闸并启动重合闸，同时考虑上下级小电流选线装置之间的跳闸时间配合。

5）装置应具备轮切（试漏）功能。当选线跳闸失败后可直接启动轮切功能来跳闸切除故障线路；或当保护灵敏度不足时（选线保护定值>$3U_0$>轮切定值）可经延时来启动轮切功能（长时限轮切）；该功能可投退，延时可整定；各线路是否参与轮切可独立整定；轮切（试漏）策略可整定，至少具备固定轮切与自动轮切两种模式，如表1-2所示。

表 1-2　　　　　　　　　　　轮　切　模　式

模式	策略
固定轮切	按人工设定顺序进行
自动轮切	按照先架空后电缆；同类型线路按装置统计的故障率由高到低排序进行

6）装置的零序电压采样回路应使用双 A/D 或双通道结构，应有防止单一 A/D 损坏导致装置不正确动作的措施，采样频率不应低于 6000Hz。

7）装置应具备故障录波功能，可保存故障录波数据不少于 500 次。录波文件满足 comtrade 格式，包括至少故障发生前的 2 个周期和故障发生后 6 个周期的波形，录波数据能够方便地分析和提取。

8）装置应具备以硬接点方式输出异常信号，信号包括接地告警、跳闸动作、装置异常告警、直流电源消失告警等，重要信号传送至集控中心或调度。

9）装置应具备对时功能，能够接收校时命令，误差不大于1ms。如全部对时信号消失则采用选线装置自身时钟，24h误差不大于±5s。

10）装置应具有在线自动检测功能，在正常运行期间，装置中单一电子元件损坏时（出口继电器除外），不应造成装置误动作，并能发出装置异常信号。

11）装置应具备对各条线路的瞬时性接地和永久性接地次数进行统计功能，应可查阅，为分析线路的运行状况提供依据。调试、检修过程不参与统计。

12）单套装置最低容量配置不小于16个支路。

13）小电流选线跳闸保护装置作为保护装置，应加强设备管理，开展性能及功能测试（RTDS仿真或实验室测试等），装置入网前应经相应机构检测并给出检测报告，确保装置动作的准确率不低于90%。

14）装置应能够适应现场运行工况变化，如分段开关、环网结构的联络开关位置变化。

15）装置的校验码应由装置根据软、硬件实际情况自动生成，与软件版本号一一对应，支持版本信息上送后台或主站。

（2）零序TA。

1）所有间隔零序互感器极性均一致，极性方向为母线指向线路。

2）同一变电站的零序电流互感器宜采用同一型号并选择合适的变比、容量。

3）零序电流采集应通过专用零序电流互感器；新建和扩建工程零序TA应选用闭合式，改造工程宜选用闭合式。

4）外接零序电流互感器的电流误差、相位误差和复合误差不应超过表1-3所列限值。

表1-3　　　　　　　　　零序电流互感器误差限值

准确级	额定一次电流下的电流误差（±%）	额定一次电流下的相位误差		额定准确限值一次电流下的复合误差（%）
		±(′)	±crad	
5P	1	60	1.8	5

5）零序TA变比宜采用50/1、75/1和100/1。

6）零序TA一次侧额定电流宜不高于100A。

7）零序 TA 二次侧额定电流宜选用 1A，二次侧额定容量应不低于 5VA。

8）零序 TA 的饱和倍数应不低于 10 倍。

（3）小电阻。

1）小电阻阻值的选择由各地调根据系统计算确认。以单相金属性接地短路故障电流限制在 200～600A，小电阻阻值在 10～30Ω 范围内进行选择。

2）小电阻接地系统中不平衡电流引起电阻的发热，应加装表计监视中性点不平衡电流或电阻的温度，以便及时调整。

3）选用消弧线圈并联小电阻及小电阻方式接地时，需配置零序保护，保护出口后必须具有启动重合闸功能，保护定值与重合闸投退功能由调度确定。

4）选用消弧线圈并联小电阻及可投切小电阻接地方式时，发生接地故障时先不投入小电阻（由消弧线圈进行补偿），经延时 5～10s 后再投入小电阻，通过零序保护跳闸。

（4）消弧线圈。

1）消弧线圈应具备自动跟踪补偿功能，为降低发生弧光接地过电压的概率应采用预调式消弧线圈。

2）正常运行时，自动跟踪补偿消弧线圈应确保中性点的长时间电压位移不超过系统标称相电压的 15%，消弧线圈选型前应核实中性点位移电压情况，确保安装后中性点位移电压在合格范围内，避免出现安装后因中性点位移电压不满足要求而投不上的情况。

3）消弧线圈补偿后，系统接地故障残余电流不应大于 10A。

4）消弧线圈装设地点应符合任何运行方式下，断开一、二回线路时，应保证不失去补偿，多套消弧线圈不应集中安装在配电系统中的同一位置。

（5）接地变压器。

1）为保证接地变运行可靠性，新建变电站接地变与站用变应分别设置。

2）改造站应尽可能利用原有接地变，在场地不足的情况下可考虑接地变与站用变共用。

1.2.2.2　新建变电站选用要求

新建配电系统接地方式及接地装置参数的选取，应根据配网系统 5～10 年的发展规划按照下列方式确定。

（1）新建变电站所带 10kV 配电系统单相接地故障电容电流小于 10A，宜采用可投切小电阻接地方式。

（2）新建变电站所带 10kV 配电系统单相接地故障电容电流 10A≤I_C≤100A，应采用消弧线圈并联小电阻接地方式。

（3）新建变电站所带 10kV 配电系统单相接地故障电容电流大于 100A、电缆长度超过线路总长度的 80%或主要向城区供电时，应首选小电阻接地方式，对供电可靠性有较高要求的（如存在一、二级供电客户），经论证分析后，可选用消弧线圈并联小电阻接地方式。

（4）无论采用何种接地方式，均可配置小电流选线跳闸保护装置（装置选线跳闸准确率不低于 90%），具备不接地系统选线跳闸功能。

1.2.2.3　在运变电站改造要求

所有在运 35kV 及以上变电站的 10kV 配网系统电容电流进行核实，确保电容电流准确。

（1）变电站所带 10kV 配电系统单相接地故障电容电流不超过 10A 时，可保留不接地方式，但应配备小电流选线跳闸保护装置，应具备跳闸功能并投入跳闸，小电流选线跳闸保护装置选线跳闸准确率不得低于 90%；或改造为可投切小电阻接地方式。

（2）变电站所带 10kV 配电系统电容电流为 10A≤I_C≤100A 时，应选择消弧线圈并联小电阻接地方式。对于未配置消弧线圈的变电站，应改造为消弧线圈并小电阻接地方式；对于已配置消弧线圈的变电站，若未配置接地选线装置，则按消弧线圈并联小电阻接地方式进行改造；若已配置接地选线装置，应核实接地选线装置是否满足选线跳闸率的要求，如满足则无需进行改造，不满足的应按消弧线圈并联小电阻接地方式进行改造。

（3）变电站所带 10kV 配电系统电容电流为 I_C≥100A 或电缆线路长度超过线路总长度的 80%时，应首选小电阻接地方式。对供电可靠性有较高要求的（如存在一、二级供电客户），可选用消弧线圈并联小电阻接地方式，其他情况的应逐步改造为小电阻接地方式。

（4）在运变电站 10kV 侧开关场采用敞开式布置的，出线 TA 可考虑配置三相，采取自产零序方式为小电流选线装置/零序保护提供零序电流。

（5）在改造工作完成前，应采取轮切方式（试漏）快速切除故障，并积极开展试漏功能研究与试点应用。

1.2.3 小电流接地系统中性点运行存在的问题

小电流接地故障保护，特别是谐振接地配电网的保护问题，长期以来被业界认为是一个世界性的难题。人们先后开发了多种保护方法，但从小电流接地系统单相接地故障选线技术的现状来看，每一种选线方法都有其局限性，无法适应电网复杂的自然环境，之所以出现这种局面，客观上讲，小电流接地故障保护确实需要解决一些不同于大电流短路故障保护的特殊困难。究其原因，小电流接地保护主要存在以下困难和问题。

（1）中性点接地方式影响。中性点接地方式影响，特别是中性点经消弧线圈接地方式，它大大弱化了工频稳态零序电流在故障线路的分布特征，使得基于工频稳态零序电流/电压特征选线的原理不可行。

（2）装置启动元件的速动性和灵敏性。对于基于暂态信号选线的装置，在接地瞬间附近包含了最丰富的暂态信息，需要装置在接地瞬间及时启动，记录相关的故障暂态信息，由于小电流接地系统单相接地故障特征不明显，这对启动元件的速动性和灵敏性提出了挑战。

（3）装置采样频率及谐波干扰。采样频率的要求，对于基于暂态信号选线的装置，处理的是行波信号，频率在数千赫兹以上，这对选线装置的信号采样频率提出了更高要求；谐波的干扰，谐波对零序电流或零序电压波形畸变，需要装置额外增加滤波处理功能。

（4）接地电流小。单相接地时故障稳态电流一般小于20A。在中国，当中压配电网电容电流大于10A时采用谐振接地方式，补偿后的残余接地电流小于10A，当发生高阻接地故障时，信号就更加微弱。其中有功分量和谐波分量更小，一般不到接地电流的10%，相比于相间短路电流和负荷电流，其幅值非常小，导致故障量不突出，保护灵敏度低，易受变电站强电磁环境的干扰，保护动作的可靠性没有保证。另外，配电网结构复杂，对于不同的电网其含量也不同。所以在发生单相接地故障时，故障特征有时明显有时不明显，这是所有基于故障稳态信息保护方法面临的主要问题之一。故障暂态信号虽然幅值比稳态信号大，但是由于其持续时间短，有时很难检测到。所以基于单一故障特征的选线方法很难实现对各种故障情况选线正确率都较高。

（5）间歇性故障多。小电流接地电网的接地故障一般都是由于电网的绝缘薄弱点在电网瞬间或长期过电压作用下击穿造成的。由于故障点电流很小，在绝缘破坏的初始阶段，故障点非常有可能在接地电流过零时自动熄弧，如果这时电网过电压消失，电网将恢复正常运行。有些情况下，故障点熄弧后，在故障相电压恢复到足够高的数值时，会使故障点再一次拉弧，造成间歇性接地现象。这种情况往往发生在电网出现持续过电压，或故障点绝缘破坏较严重时。间歇性接地故障有可能持续发生，直至线路停电；更为常见的是在一段时间内发生数次间歇性击穿后，故障点绝缘恢复到能够耐受正常运行电压的水平，故障现象消失。为了便于与不可恢复的永久接地故障区别，我们把经过一次或数次击穿后绝缘恢复到能够维持正常运行水平的接地故障，称为瞬时性接地故障。造成电网出现瞬时性故障的绝缘破坏机理是比较复杂的。以交联聚乙烯电缆为例，已经知道造成绝缘击穿的一种原因是"水树"现象。电缆对地绝缘层破坏后，形成带水分的树状裂痕。在电缆绝缘被高电压击穿时，故障点电流引起的发热造成水气蒸发，树状裂痕变得干燥起来。在接地电弧熄灭后电缆绝缘恢复，电网继续维持正常运行。

现场的单相接地故障中，绝大多数为瞬时性接地或间歇性接地，其故障点普遍为电弧接地。即使对于金属性永久接地故障，其故障的一般发展过程为：间歇性电弧接地→稳定电弧接地→金属性接地。根据实测，间歇性电弧接地持续时间可达 $0.2\sim2\mathrm{s}$，频率可达 $300\sim3000\mathrm{Hz}$；稳定电弧接地持续时间可达 $2\sim10\mathrm{s}$；最后故障点被烧熔成金属性接地，即所谓永久性故障接地。因此，弧光接地在单相接地故障中较为普遍。

弧光接地故障的发展较为复杂，一般认为电弧在接地电流过零时熄灭，而在电压接近峰值时重燃。弧道电阻也随电压和电流非线性变化。因此，弧光接地故障大多是不稳定的。

对于弧光接地，特别是间歇性弧光接地，没有一个稳定的接地电流（包括注入的电流）信号，使得基于稳态信息的检测方法失去了理论基础。虽然现有产品在模拟试验时的效果都不错，但由于模拟试验大多采用人工接地方法，线路导体与地发生金属性接触，与实际运行中的绝缘击穿现象并不完全相同，因此，这些产品在实用中的效果就不如在试验中那么理想。

（6）高阻故障多。接地点的过渡电阻的分压，造成零序电压和零序电流减小，弱化了故障特征。据统计，配电网接地故障中高阻（大于 $1\mathrm{k}\Omega$）故障的比例在 $2\%\sim5\%$。对于 10kV 配电网来说，不管中性点采用什么接地方式，高阻接地电流只有一两个安培，而常规的接地保护装置难以做到这么高的灵敏度。

（7）零序（模）电流与电压的测量问题。小电流接地系统发生单相接地故障时因为故障线路与非故障线路的电气特征区别不是特别明显，当互感器再存在一定的误差时（幅值、相位、波形等）必然造成选线的困难，尤其是对高阻接地故障，也是难以将其与相电压中负荷分量予以区分，因此，需要直接利用零序（模）电流与电压信号进行选线定位，以提高保护的灵敏度与可靠性。

在接地电流幅值比较小时，采用常规的零序电流互感器测量到的接地电流的幅值与相位均存在较大误差，影响保护正确动作。利用三相电流互感器输出合成的方法获取零序电流时，将产生不平衡电流，使上述问题更加突出。一些老式变电站的开关柜不采用电缆进线方式，无法安装零序电流互感器，而且往往只安装两相电流互感器，无法获得零序电流信号，给实现接地保护带来了困难。

出于避免系统中有多个中性点接地点与降低成本的考虑，在线路上往往不安装测量零序电压的互感器，因此无法采用那些需要利用零序电压信号的保护技术。

从目前的应用以及技术特点来看，小电流接地故障保护技术的发展方向主要是中电阻以及暂态保护法。中电阻法的优点是原理简单，易于实现，但由于需要安装电阻及其投切设备，投资大，且存在安全隐患；而暂态法不需要额外安装一次设备，也不需要一次设备动作的配合，具有安全性好、投资少的优点，应用前景良好。

1.3　中压配电网中性点接地方式技术分析

电力系统的中性点是指变压器或发电机星形连接的中性点。中性点接地方式通常分为中性点直接接地方式（又称大电流接地方式）和中性点非直接接地方式（又称小电流接地方式）。中性点非直接接地方式又可以分为中性点不接地方式、中性点经消弧线圈接地方式和中性点经高阻抗接地方式。在我国，110kV 及以上电压等级的电网通常采用中性点直接接地方式，这是因为对于 110kV 及以上电压等级的电力系统，系统的绝缘问题是我们主要考虑的问题；66kV 及以下电压等级的电力系统通常采用中性点非直接接地方式，这是因为对于 66kV 及以下电压等级的电力系统，系统的绝缘已不再是主要问题，66kV 及以下等级的电网通常为配电网，直接给用户供电，这时主要考虑的问题是尽可能地保证对用户不间断的供电。

1.3.1 中性点不接地方式

1.3.1.1 中性点不接地方式运行特性

中性点不接地方式结构简单、投资少，是我国早期 10kV 系统应用较多的一种接地方式。中性点不直接接地方式在发生单相接地短路时三相线电压仍然对称，因此不影响对用户的供电，这正是采用中性点不直接接地方式的优点。电源和负荷的中性点均不接地系统的最简单网络示意图如图 1-1 所示。在正常运行情况下，三相对地有相同的电容 C_0，在相电压的作用下，每相都有一超前于相电压 90° 的电容电流流入地中，而三相电容电流之和等于零。在中性点不接地系统方式下，单相接地故障的电气矢量关系如图 1-2 所示。

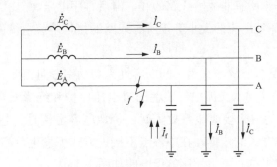

图 1-1　简单网络接线示意图

图 1-1 中，$\dot{E}_A$、$\dot{E}_B$、$\dot{E}_C$ 为正常运行时的三相相电压；$\dot{U}_{CD}$、$\dot{U}_{BD}$ 为故障后非故障两相的对地电压；$\dot{I}_B$、$\dot{I}_C$ 为故障时非故障两相的相电流；$\dot{I}_D$ 为故障时的接地电流。

当单相短路故障发生后，假设 A 相发生单相接地短路，接地点为 D 点，在接地点处 A 相对地电压为零，对地电容被短接，电容电流为零，而其他两相的对地电压升高 $\sqrt{3}$ 倍，即等于线电压，

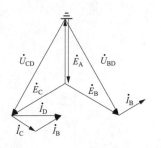

图 1-2　中性点不接地系统 A 相接地时的电气矢量图

由于非故障相的电压抬升，非故障相中电容电流也随之增大，其大小为原来相对地电容电流的 $\sqrt{3}$ 倍，较大的电容电流会给系统安全带来隐患。这种电容

电流较大并且不容易被熄灭，接地点会出现弧光接地，电弧将周期性地熄灭和重燃，消耗大量电能。

对于中性点不接地的配网，某条线路发生单相接地时，故障电流从接地点流入大地后，经过各条线路（包括故障线路）非故障相对地分布电容，从大地流回各条线路，经过配网中性点汇集到故障线路的故障相，流回故障点，构成完整的故障电流回路。这样的故障电流回路特点，决定了接地故障线路的特征是：

1）系统出现零序电压，它的大小等于电网正常工作时的相电压，故障相相电压为零，非故障相电压升高$\sqrt{3}$倍。

2）非故障线路的大小等于线路的接地电容电流，超前零序电压90°，故障线路的大小等于所有非故障线路的和，滞后零序电压90°。

3）接地故障处电流的大小等于所有线路的接地电容电流的总和，超前零序电压90°。

4）故障线路与非故障线路之间的容性无功功率方向相反。

GB 50064—2014《交流电气装置的过电压保护和绝缘配合设计规范》中以10kV系统发生单相接地短路故障时，接地电容电流是否超过10A作为选择其中性点接地方式的依据。在中性点不接地方式下发生单相接地短路故障，不计系统及线路阻抗，可得零序等值电路如图1-3所示。

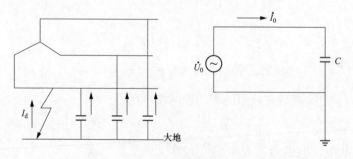

图1-3　中性点不接地系统发生单相接地短路故障等值电路

$\dot{U}_0$为发生单相接地故障时接地点零序电压，$\dot{I}_0$为零序电流，则有

$$(3\dot{I}_0)_i = j3\omega C_i \dot{U}_0 \quad （非故障线路） \tag{1-2}$$

$$(3\dot{I}_0)_m = -j3\omega(C_\Sigma - C_m)\dot{U}_0 \quad （故障线路） \tag{1-3}$$

14

线路 i ($i=1$, 2, …) 是非故障线路，线路 m 是故障线路；C_Σ 是全网一相对地总电容，等于所有设备一相对地电容之和。

接地点故障电流计算式为

$$\dot{I}_\mathrm{d} = 3\dot{I}_0 = \mathrm{j}3\omega C_\Sigma \dot{U}_0 \tag{1-4}$$

在中性点不接地系统中，发生单相接地故障电流为系统的等值电容电流。随着近些年电缆比例的大幅增加，系统对地电容电流增大。当故障电流较大时，接地电弧不能自行熄灭，易导致相间短路等故障范围扩大，造成线路跳闸停电。中性点不接地方式不能适应电网的发展，目前在部分电网新投产变电站中基本以中性点经小电阻接地方式或者消弧线圈接地方式为主。

1.3.1.2 中性点不接地方式性能评述

采用中性点不接地方式，主要优点：

（1）发生单相接地故障时，故障相线路与大地之间并不构成回路，也就不产生短路电流，线路线电压无论相位和幅值均未发生变化，允许在单相接地的情况下暂时继续运行 2h，对于保证供电可靠性很有价值。

（2）当接地故障电流小于 10A 时，电弧自行熄灭，适用于纯架空线路且电容电流小于 10A 的配网系统。

采用中性点不接地方式，主要缺点：

（1）系统单相接地时，健全相电压升高为线电压，由于过电压持续时间比较长，对设备绝缘要求高，设备的耐压水平必须按线电压选择。

（2）故障相线路与大地之间实际上可以经过线路对地的分布电容构成回路，产生容性的短路电流，并且这个容性电流是整个配网线路对地分布电容之和产生的，如果配网规模大，则这个容性短路电流的大小就比较可观，由此带来一系列的问题，最严重的是间歇性单相弧光接地故障下，随着故障点反复击穿放电，电磁能量在电感、电容回路反复积累、振荡，将造成严重的过电压，最高可达 3.5 倍相电压，另外，过大的电容性单相接地短路电流，对故障点的设备和人身安全构成了威胁。

综合考虑，系统需要在单相接地故障条件下短时运行，一般地，架空线为主的电网电容电流不大于 10A，架空-电缆混合网中电容电流小于 30A 时，可以采用不接地方式。

1.3.2 中性点经消弧线圈接地方式

1.3.2.1 中性点经消弧线圈接地运行特性

中性点经消弧线圈接地时，其单相接地故障电流仅为补偿后很少的残余电流，使电弧不能维持而自动熄灭，起到抑制电弧重燃作用。

对于中性点经消弧线圈接地的配网，在进入故障稳态后，理想补偿结果是故障点电流为零，所以故障接地线路电容电流分布特点与非故障线路并无区别，故此要检出故障接地线路，需要从以下方面着手：

（1）考虑到消弧线圈作为电感具有不允许电流突变的惯性，实际上在单相接地故障初期（经验值是 5ms 以内）消弧线圈不能完成补偿任务，在此时间段内，仍然可以沿用中性点不接地配网的单相接地故障特征检出故障线路；

（2）有意在短时间内，破坏消弧线圈对电容电流的完全补偿效果，以突出故障线路的故障电流特征，当然代价是对消弧线圈的补偿效果造成影响；

（3）消弧线圈的参数整定，是针对电容电流工频分量实施的，因此未被补偿的电容电流高频分量，依然满足中性点不接地配网的工频电容电流分布特征，只是电容电流高频分量相对于电容电流工频更小，检测难度更大。

中性点经消弧线圈系统发生单相接地故障，不计系统自身阻抗，则系统的零序等值电路如图 1-4 所示。其中，$\dot{U}_0$ 为发生单相接地故障时接地点零序电压，L 为消弧线圈的电感值，C 为线路单相等值电容之和。

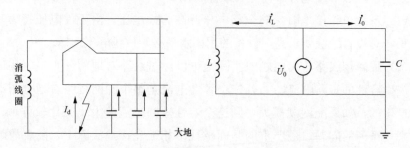

图 1-4 中性点经消弧线圈系统发生单相接地短路故障等值电路

$\dot{I}_L$ 为经过消弧线圈的零序电流，$\dot{I}_0$ 是经过电容的零序电流，$\dot{I}_d$ 为经消弧线圈补偿后由接地点流回的残余电流。则故障点的接地电流，按式（1-5）计算，即

$$\dot{I}_d = \dot{U}_0\left(\mathrm{j}3\omega C + \frac{1}{\mathrm{j}\omega L}\right) \tag{1-5}$$

$$\dot{I}_{\mathrm{d}} = \dot{U}_0 \left(3\omega C - \frac{1}{\omega L} \right) = \dot{I}_C - \dot{I}_L \qquad (1\text{-}6)$$

由式（1-6）可知，由于消弧线圈的补偿作用，使得故障处的接地电流减小，当残余电流过零时，接地电弧较易熄灭。中性点经消弧线圈接地系统发生单相金属性接地故障时的特征为：

1）故障相对地电压为零，非故障相电压为电网的线电压，电网出现零序电压，它的大小等于电网正常工作的相电压，但电网的线电压仍是三相对称。

2）消弧线圈两端的电压为零序电压，消弧线圈的电流也通过接地故障处和故障线路的故障相，但它不通过非故障线路。

3）接地故障处残余电流大小等于补偿度与接地电容电流总和的乘积（过补偿运行），它滞后零序电压 90°。残余电流的数值往往较小。

4）非故障线路的电流等于本线路的接地电容电流；故障线路的电流等于残余电流与本线路接地电容电流之和。

5）当采用过补偿方式时，流经故障线路的基波零序电流的方向和非故障线路的方向一样，即电容性无功功率的实际方向仍然是由母线流向线路，因此，在这种情况下，首先就无法利用功率方向的差别来判别故障线路，其次由于过补偿度不大，也很难像中性点不接地电网那样，利用基波零序电流大小的不同来找出故障线路。

目前，电网中最广泛应用的相控式消弧线圈和调匝式消弧线圈两大类。其中，调匝式消弧线圈结构简单，但因为机理局限，实际应用中存在下列问题：

（1）调匝式消弧线圈起调电流较大。调匝式消弧线圈的起调电流一般为额定电流的 30%～50%，这样的特点使得其无法适合规划容量大，但目前电容电流较小的情况。

（2）调匝式消弧线圈不能无级连续调节，难以精确补偿电流。调匝式消弧线圈采用有载开关进行调节，因为挡位开关的级数所限，使得电流的调节不是连续的，有级差的存在，级差电流越大，补偿的效果则越差。

（3）调匝式消弧线圈利用有载开关作为测量及调节的执行机构，动作速度慢，自动跟踪时间较长。在装置两次跟踪的间隙时间内，若系统因各种原因使电容电流发生了变化后又发生单相接地故障时（这种情况往往发生在雷雨天气等单相接地频繁发生的场合，往往某线路接地故障跳闸后很快其他线路又发生接地），因装置只能按前次跟踪结果输出补偿电流，即不能正确补偿，因此无法保证限制残流于限值内。跟踪时间越快，发生这种非正确补偿的概率就越小，残流限值就越有保障，因此自动跟踪时间应尽量短。调匝式消弧线圈设定状态的调整由执行机构实施，状态调整需要时间，故自动跟踪时间相对较长；高短路阻抗变压器式（相控式）消弧线圈设定状态的调整由控制器设定，其状态调整时间可忽略不计，故自动跟踪时间相对很短。

1.3.2.2　中性点经消弧线圈接地性能评价

为了拥有中性点不接地方式在单相接地故障下不必跳闸的优点，同时解决大电容电流带来的问题，将配网中性点经过电感性消弧线圈接地，在配网单相接地故障时以消弧线圈的感性电流抵消大电容电流，是一个自然的选择，这也是世界上应用最广、最成功的配网中性点接地方式。中性点消弧线圈接地方式广泛应用于 10～35kV 系统。当单相接地电容电流超过了允许值 10A 时，可以用中性点经消弧线圈接地的方法来解决。

中性点经消弧线圈接地主要优点：

发生单相接地故障时，消弧线圈产生的感性电流补偿电网产生的容性电流，可以使故障点电流接近于零，一般允许线路带故障运行 2h，增强了供电可靠性。

供电局可及时告知重要用户做好停电准备，运维人员有相对充裕的时间查找故障线路故障点。

中性点经消弧线圈接地主要缺点：

（1）消弧线圈只能补偿电容电流工频分量，如果电容电流的高频分量大，仍然可能造成问题。系统运行方式发生改变时会因补偿不当引起谐振过电压，同时不能消除弧光接地过电压，对系统设备及线路绝缘水平要求较高。单相接地过渡阶段的高频振荡电流电弧效应往往会引发相间短路。

（2）消除了单相接地故障下的电容电流，使得检出接地线路的工作变得更加困难，目前不能满足要求，为查找接地故障点，允许带接地故障 2h，此时接地点附近如有人员接触或经过，易发生人身伤害或死亡的风险。近期发生在潮州等地的事件，造成了严重的社会影响。

（3）当系统发生接地时，由于接地点残流很小，且根据规程要求消弧线圈必须处于过补偿状态，接地线路和非接地线路流过的零序电流方向相同，故零序过流、零序方向保护无法检测出已接地的故障线路。

1.3.3　中性点经高电阻接地方式

中性点经高值电阻接地方式，即在中性点与大地之间接入一定电阻值的电阻，该电阻与系统对地电容构成并联回路，单相接地故障时的电阻电流被限制到等于或略大于系统总电容电流。采用这种接地方式，一方面是利用电阻消耗能量，避免间歇性单相弧光接地故障下电磁能量的积累造成严重过电压，由于健全相过电压降低，产生异地两相接地的可能性也随之减少，单相接地时电容充电的暂态过电流受到抑制，使故障线路的自动检出较易实现，能抑制谐振过电压；另一方面，则是利用高电阻限制单相接地故障电流。如果配网电容较大，则电阻容量难以选择，这种中性点接地方式，常见于发电机定子中性点接地。

中性点经高值电阻接地方式与消弧线圈接地方式相比，二者性质不同，消弧线圈是对高频分量接近于开路的纯感性元件，感性电流与容性电流相位差是180°，对电容电流起补偿作用；而经高电阻接地方式以电阻为主，电阻性电流与容性电流的相位差接近90°，接地电流是容性电流和电阻性电流的相量和。因此可以看出经高电阻接地方式具有经消弧线圈接地方式所没有的优点，由于接地电流中有较大的电阻分量，它对谐振有明显的阻尼和加速衰减作用；同时能可靠地避免出现谐振条件，还可以有效地抑制电压互感器铁磁谐振，这对保证发电机的绝缘安全是非常重要的；另外这种方式可以快速地选出接地相，使保护动作。

当要求系统在单相接地故障时能不中断运行并能方便地确定和排除故障时，应采用中性点经高电阻接地系统。由于这种方式的电阻是按保证系统在单相接地故障时系统健全相的过电压不超过额定电压的260%（因此中性点接地电阻在单相接地时消耗的功率不能小于正常时三相总容量的充电无功功率的1.5倍）、单相接地故障电流不小于10A且不大于15A选择的。这样单相接地故障时对设备基本不造成损坏，可以保持继续运行，供电的可靠性最高，所以是首先考虑的中性点接地方式，可在电源变压器中性点经电阻直接接地；或在中性点和地之间连接一配电变压器，变压器二次侧接一电阻。为了安全和经济，推荐中性点经变压器接地方案（二次侧接入接地电阻），见图1-5。通常变压器和电阻都装在电源变压器上。

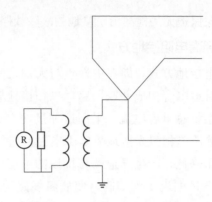

图 1-5　中性点经变压器接地

1.3.4　中性点经小电阻接地方式

1.3.4.1　中性点经小电阻接地运行特性

电阻接地原理是利用电阻的阻尼和耗能作用，在电弧过零熄灭后，零序残压通过电阻提供的通路泄放掉，使得下一次燃弧时的过电压幅值与从正常情况发生单相接地故障时基本相同。而不接地或经消弧线圈接地系统由于多次燃弧、熄弧而使得过电压幅值升高。中性点经小电阻接地方式中电阻值一般在 20Ω 以下，单相接地故障电流限制在 400～1000A。依靠线路零序电流保护将单相接地故障迅速切除，同时非故障相电压不升高或升幅较小，对设备绝缘等级要求较低，其耐压水平可以按相电压来选择。

1.3.4.2　中性点经小电阻接地性能评价

中性点经小电阻接地方式的主要优点：

（1）降低工频过电压，非故障相相电压升高小于线电压。由于小电阻可以有效消耗电磁振荡能量，单相接地故障下过电压水平低可以控制在 1.8 倍相电压以下。系统单相接地时，健全相电压升高持续时间短，可降低单相接地各种过电压（如工频、弧光接地、TV 谐振、断线谐振过电压），对设备安全有利。

（2）有效限制间歇性弧光过电压在 2.5p. u. 以下，弧光过电压倍数与电阻值密切相关；因限制过电压效果明显，可降低避雷器保护的参考电压，有利于无间隙 ZnO 避雷器（MOA）的推广，降低雷电过电压水平。

（3）快速检出并隔离接地故障线路，可减小接地故障时间，防止事故扩大。使一些瞬间故障不致发展扩大成为绝缘损坏事故，特别降低同沟敷设紧凑布置的电缆发生故障时对邻近电缆的影响。

（4）系统单相接地时，健全相电压不升高或升幅较小，对设备绝缘等级要求较低，其耐压水平可以按相电压来选择。

（5）接地时，由于在单相接地故障下，流过故障线路的电流较大，零序过流保护有较好的灵敏度，可以比较容易检出接地线路。但因为零序保护有一定的整定值，在发生高阻接地的情况下，有可能达不到保护动作值而不动作。

中性点经小电阻接地方式的主要缺点有：

（1）以架空线为主的配电网单相接地时，跳闸次数会增加，在配网环网率不高，特别是单路线路供电的情况下，易造成供电中断。但此种影响在投自动重合闸的情况下可以将影响降到最低。

（2）当一次设备故障无法及时动作切除故障时，将引起接地变后备保护动作从而扩大设备跳闸范围。

（3）由于接地点的电流较大，地电位上升较高。当零序保护动作不及时或拒动时，将使接地点及附近的绝缘受到更大的危害，导致相间故障发生。

（4）当发生单相接地故障时，无论是永久性的还是非永久性的，均作用于跳闸立刻切除故障点，使线路的跳闸次数大大增加，即使有备用电源自投装置成功动作，也造成了短时停电，如果考虑到备用电源自投装置的可靠性，供电可靠性实际上下降了，严重影响了用户的正常供电。

（5）因为零序保护有一定的整定值，在发生高阻接地的情况下，有可能达不到整定值，保护并不动作，此时有可能造成接地故障发展为相间短路的风险，对运行较消弧线圈更为不利，人身安全同样无法保证。

1.3.5 故障相经电抗器接地方式

1.3.5.1 故障相经电抗器接地运行特性

小电流接地系统采用故障相经电抗器接地方式装置主要由电抗器、真空开关、微机控制器、电压互感器等构成，连接与系统母线，主接线图如图 1-6 所示。

在系统正常运行时，装置中三只真空开关均处于分断状态，电抗器对系统无任何影响。当判定单相接地短路时，驱动故障相的开关闭合，将故障相通过电抗器接地，以钳制故障相电压，旁路故障电流的方法实施保护。

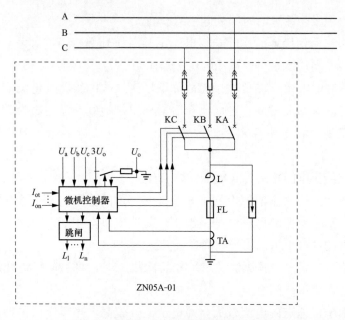

图 1-6　故障相经电抗器接地装置主接地图

1.3.5.2　故障相经电抗器接地性能评价

对于故障相经电抗器接地方式系统，对于瞬时接地故障投切电抗器消除，无需线路跳闸；对于持久性接地故障，投切电抗器的同时，通过选线切除故障线路。该接地系统一般具备 4 个（$t1$、$t2$、$t3$、$t4$）可选保护时段，具体过程如下：

当系统判定线路发生单相接地故障时，若为瞬时性故障，将故障相通过电抗器接地，延时满 $t1$ 退出电抗器，若故障消除，系统恢复正常。若故障仍存在，则再次闭合故障相开关，满 $t2$ 时间再分断。若故障仍存在，则判定为持久性接地故障，此时系统有三种保护方式供选择：①设定 $t4$＞馈线零序保护装置跳闸时间，由馈线零序保护装置动作切断接地馈线；②设定 $t4$＜馈线零序保护装置跳闸时间，再次使故障相经电抗器接地，进入 $t3$ 长延时末由装置的跳闸箱发跳闸命令切除故障线路后电抗器复归；③不投跳闸压板，其余设定同②，在 $t3$ 时间内由人工切除故障线路。

故障相经电抗器接地方式主要通过旁路故障回路的方式，可以做到 100％补偿系统电容电流，不存在中性点其他运行方式上存在的系统扩容引起消弧线圈容量不够引起的欠补偿等问题。该接地方式缺点主要是选线准确性以及对于一些瞬时性接地故障，如有树障架空线路，因树枝接触引起某相接地引起装置将该相接地，当风再起可能引起其他相接地造成相间短路故障，线路误跳的问题。此外，该类装置运行数量少，生产厂家少，产品不太成熟，运行经验不多。

1.3.6 中性点消弧线圈并联小电阻接地方式

1.3.6.1 中性点消弧线圈并联小电阻接地运行特性

该接地系统主要由接地变压器、消弧线圈、小电阻、高压接触器和控制屏等部件组成，如图 1-7 所示。

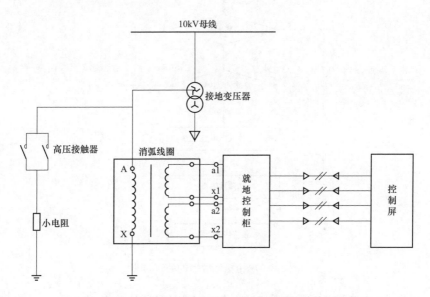

图 1-7 中性点经消弧线圈并联小电阻接地系统接线图及构成

中性点经消弧线圈并联小电阻接地系统发生单相接地故障时，系统根据已测量的电网电容电流值计算出需要补偿的电感电流，然后控制可控电抗器输出补偿电流。瞬时性接地故障由电感电流补偿后，电弧熄灭，接地故障自动消除恢复正常状态，从而避免了小电阻接地方式中一有故障立刻跳闸，使得线路跳闸率高的情况。

而对于可控电抗器补偿较长时间后（一般设定为 10s）接地故障仍然存在的情况，则认为系统发生了永久性接地故障，需停电处理。此时成套装置动作过程是当接地持续时间超过 10s 后自动闭合高压接触器投入小电阻，使馈线保护动作，通过开关跳闸切除故障线路。投入小电阻后，可控电抗器自动退出补偿，当故障线路隔离后，系统恢复正常运行，控制装置自动断开接触器退出小电阻。小电阻的准确投入实现了故障线路的快速准确隔离，避免了故障扩大。故障的处理过程如图 1-8 所示。

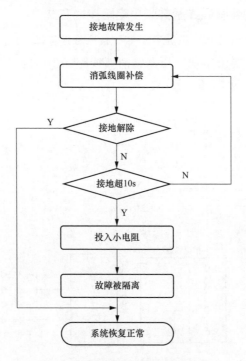

图 1-8　单相接地故障的处理过程

1.3.6.2　中性点消弧线圈并联小电阻接地性能评述

中性点经消弧线圈并联小电阻接地方式是中性点消弧线圈接地方式的"升级版"，该方式兼具传统小电阻接地和消弧线圈接地的优点并避免其缺点，相比单纯小电阻接地，降低了单相接地引起的跳闸率。相比单纯的消弧线圈接地，优势是能够较好地选对接地线路并实现跳闸。具体表现为：

（1）提高了供电的可靠性。对单相接地中的瞬时接地和永久性接地分别采取不同的措施，既保证了对永久性接地故障的迅速准确隔离，避免系统工频过压长期存在导致事故进一步扩大，又能对瞬时性接地故障进行精确补偿使其自行消失，无须跳闸，大大提高系统供电的安全性和可靠性。

（2）提高了故障自愈能力。对永久性接地故障，由于小电阻投入产生的强电流信号，使得配网自动化终端设备能够准确获取相关特征量，从而做出正确的逻辑判断，在故障发生时能够快速隔离故障。

（3）提高了接地选线的正确率。对于永久性接地故障，通过投入小电阻产生强电流信号，由保护装置进行准确跳闸，迅速隔离故障。而之前消弧线圈接地的模式里，由于选线准确率低，运行操作人员不得不经过"拉路"来排查接地线路。中性点消弧线圈并小电阻接地方式大大减小了"拉路"的次数，减轻了操作人员工作心理压力，杜绝操作出错，有效地提高了运行管理水平。

1.4 小电流接地故障选线现状

对于小电流接地系统单相接地故障选线的研究，国内外投入了大量的人力物力，并且取得了很多的成果。小电流接地故障选线的主要任务是选择故障线路。现有的故障选线原理，按照利用信号方式不同可分为主动式与被动式。主动式方法通过向电网注入信号的方式进行故障的判断，而被动式方法则利用接地故障产生的电压、电流信号进行故障的判断。被动式又可分为利用故障稳态信息、暂态信息以及同时利用稳态和暂态信息三大类。

1.4.1 主动式选线方法

1.4.1.1 拉路法

拉路法是指当故障发生时，为了判断故障线路，人工利用断路器逐个地拉开配电线路，当断开某一路出线后，如果接地故障报警信号不消失，表明当前断开的线路是正常线路；当断开故障线路，则母线电压恢复为正常值，且报警信号消失，则表明当前断开的线路即是故障线路。该方法的缺点是缩短了非故障线路断路器的使用寿命，增加了对线路绝缘性能的要求，容易造成设备损坏，破坏系统的安全运行，此外还会造成供电中断，影响了供电可靠性。

1.4.1.2 注入信号法

注入信号法（"S注入法"）与使用故障信号的方法不同，它不需要额外添加设备用以采集故障信号，它的原理是通过电压互感器副边或系统中性点接地变压器副边注入特定频率 S 信号电流，在发生单相接地故障时，把频率介于 n 到 $n+1$ 次谐波的信号电流注入一个原边短接且暂时不工作的接地相电压互感器中，这个信号会流经故障线路并且流向接地故障点进入大地，用信号探测仪器跟踪信号，有注入电流信号流过的线路即为故障线路，实现了故障的选线与定位。其缺点在于：当过渡电阻较大时线路上的分布电容会分流注入的 S 信号；如果故障类型为间歇性电弧接地，线路中的注入信号将不连续，使检测变得困难。另外，如果线路对地电容大，信号将被大地分流，造成信号衰减，也是一个问题。

1.4.1.3　注入方波信号法

该方法通过故障相电压互感器向系统注入一特定频率的方波信号，得到各条线路基波与 3 次谐波电流幅值之间的关系，比较它们的大小来确定故障线路。实际使用效果有待进一步观察。

1.4.2　被动式选线方法

1.4.2.1　基于故障稳态分量的选线方法

（1）群体幅值比较法。群体幅值比较法比较各出线零序电流的幅值，选择幅值最大的线路为故障线路，可以克服零序过电流保护灵敏度低的缺点。

该方法利用了出线零序电流幅值的相对关系，不需要设置整定值或门槛值，因此克服了零序过电流法灵敏度低的缺点，不足之处是在母线及其主变压器二次侧接地时会将零序电流最大的线路选为故障线路，再就是需要安装专用的选线装置采集所有出线零序电流信号。

（2）群体相位比较法。群体相位比较法比较所有出线的零序电流的相位，将相位与其他线路相反的线路选为故障线路，如果所有出线的零序电流相位相同则判为母线或母线背后的系统接地。

该方法解决了母线接地时误选的问题，但在非故障线路较短时，其零序电流比较小，可能因其相位计算误差比较大而导致误选。显然，该方法也不适用于母线上只有两条出线场合。

（3）零序电流群体比幅比相法。为了克服幅值比较、相位比较各自方法的缺点，提出了综合利用各出线零序电流幅值和极性信号的群体比幅比相选线方法。

故障时，先比较所有出线的零序电流幅值，选择幅值最大的若干条（至少 3 条）线路参与相位比较。在电流幅值最大的线路中，选择与其他线路相位相反的线路为故障线路，如果所有线路电流相位均相同则为母线接地。

该方法有效提高了选线效果和适应性，在现场获得广泛了应用。但仍不能排除过渡电阻大小的影响。且只适用于中性点不接地系统，在中性点经消弧线圈接地方式中使用效果不佳。

（4）谐波法。在谐振接地方式推广应用的初期，为了解决工频零序电流方法不能适用的问题，曾先后提出利用故障电流中谐波分量和有功分量的选线方法。

接地故障发生时，故障谐波电流的产生原理与故障工频电流相同，可利用叠加原理分析。即故障点在故障前的谐波电压可以等效为故障点的虚拟谐波源，从而在故障点和系统中产生故障谐波电流，谐波电流的大小与故障前故障点的谐波电压成正比。

根据消弧线圈补偿特性，其对于 5 次、7 次谐波电流的补偿作用只分别相当于工频时 $1/25$、$1/49$。

忽略消弧线圈对谐波电流的补偿作用，可认为谐振接地系统中谐波电流的分布规律与不接地系统中工频零序电流相同：故障线路谐波电流幅值最大、极性和非故障线路相反，故障线路中谐波电流由线路流向母线，而非故障线路中由母线流向线路。

由于故障产生的谐波电流不仅取决于系统中有无谐波源及谐波源的大小、各谐波源间的相位关系，还取决于故障点相对于谐波源的位置，故障电流中的谐波分量幅值较小（一般小于工频电流 10%）且不稳定，同时其易受弧光接地和间歇性接地影响，检测灵敏度低，实际应用效果不理想，已被逐步放弃。

（5）零序无功功率方向法。在中性点不接地配电网中，忽略系统对地电导电流的影响，故障线路上零序电流 $\dot{I}_{k0}$ 相位滞后零序电压 $\dot{U}_0$ $90°$，零序无功功率从线路上流向母线；非故障线路上零序电流 $\dot{I}_{h0}$ 相位超前零序电压 $\dot{U}_0$ $90°$，零序无功功率从母线流向线路。

零序无功功率方向法通过比较出线的零序电流与零序电压之间的相位关系检测零序无功功率的方向，如果某线路的零序电流相位滞后零序电压 $90°$，将其选为故障线路；否则，零序电流相位超前零序电压 $90°$，将其选为非故障线路。因为是以零序电流中的无功分量作为故障量，因此该方法又被称为 $I(|\sin\varphi|)$ 法。

零序无功功率方向法不需要采集其他线路的信号，有自具性，可以集成到出线的相间短路保护装置里。但就选线效果而言，与群体比幅比相方法相比并未有明显的改进，特别是如果不进行零序电流幅值的筛选就计算其功率方向，易受干扰信号影响而误选。

与零序电流法类似，检测零序（无功）功率方向的选 $\dot{I}_{k0}$ 线方法同样不适用于谐振接地配电网。

（6）零序电流有功功率法。在谐振接地配电网中，消弧线圈一般运行在过补偿状态下，故障线路零序电流中的无功分量可能与非故障线路相同，因此，无法利用常规的检测零序无功电流方向的方法进行故障选线。实际的配电线路存在对地电导，消弧线圈自身存在有功损耗，因此，接地故障产生的零序电流中存在有功电流。故障线路零序电流中的有功分量从线路流向母线，非故障线路零序电流的有功分量从母线流向线路。因此，可以通过检测零序有功功率的方向实现故障选线。因为是以零序电流中的有功分量作为故障量，因此该方法又被称为 I（$|\cos\varphi|$）法。

实际选线装置中，检测零序有功功率方向的方法具体有两种：一种是直接计算有功功率，另一种是比较零序电流和零序电压的相位关系。

1）直接计算有功功率法。这种方法利用实时零序电流与零序电压信号计算有功功率，根据有功功率的符号检测零序有功功率的方向，如果线路的零序有功功率符号为负，表明零序有功功率从线路流向母线，将该线路选为故障线路；如果线路的零序有功功率符号为正，表明零序有功功率从母线流向线路，将该线路选为非故障线路。为提高选线可靠性，一般是把一段时间（如 1s）内的零序有功功率积分，根据积分的结果，即能量值，判断有功功率的符号，因此，又将这种方法称为能量法。

实际谐振接地配电网中，零序电流中的有功分量比例不到 10%，考虑互感器的变换误差、选线装置的模拟信号处理误差以及模数转换与计算误差后，很难准确地从零序电流中提取出有功分量来，因此，零序有功功率法的选线可靠性得不到保障。

2）相位比较法。相位方法通过比较零序电流与零序电压的相位关系来检测零序有功功率的方向。实际谐振接地配电网一般运行在过补偿状态中，非故障线路零序电流超前零序电压的角度约为 85°，故障线路零序电流超前零序电压的角度一般在 120°～160°。因此，检测零序电流与零序电压之间的相位差，可以识别出故障线路来。

在谐振接地配电网中，尽管故障线路零序电流的相位与非故障线路有明确的差异，但差异的大小受消弧线圈补偿度的影响。在消弧线圈运行在过补偿状态时，失谐度越大，故障线路零序电流与非故障线路零序电流之间的相位差越小，极端情况下，可能只有30°左右，考虑到实际存在的测量误差，是难以根据零序电流与零序电压的相位差可靠地选出故障线路来的。

由于零序电流中有功分量比较小，不论是直接计算有功功率还是比较零序电流与电压的相位关系，故障选线的可靠性都没有保证。解决问题的途径是在消弧线圈上固定并联一个电阻，增大故障线路零序电流中的有功电流，使故障线路零序电流超前零序电压的角度接近180°，扩大其与非故障线路零序电流之间的相位差，提高零序有功功率法选线的可靠性，如意大利、法国采用就是这种做法。亦可在出现永久接地故障后在中性点上短时投入并联电阻，但这样需要一次设备动作的配合。

（7）破坏补偿度的残流增量法。该方法适用于经消弧线圈接地配网，它在故障发生后短时破坏消弧线圈的补偿度，使得故障点残流不再为零，而是出现一个残流增量，利用这个残流增量只流过故障路径，检出接地线路。值得注意的是，对于非金属性单相接地，改变消弧线圈补偿度会导致各处零序电压、电流发生变化，因此需要将零序电流进行折算，折算的依据是零序电流与零序电压之比值不变，即对地电容不变。缺点是破坏了消弧线圈补偿效果。

（8）增加并联电阻的选线方法。该方法类似有功分量电流法，也适用于经消弧线圈接地配网，它通过短时投入与消弧线圈并联的电阻，在容性故障电流之外，产生一个阻性的故障电流分量，它也只流过故障路径，由此检出接地线路；缺点是破坏了消弧线圈补偿效果。

（9）零序导纳法。零序导纳法的选线依据是非故障线路的零序测量导纳等于线路自身的导纳，而故障线路的零序测量导纳等于非故障线路零序导纳和电源零序导纳之和的相反数。只需在故障时比较各条出线的零序测量导纳是否等于自身导纳，若不等（在一定误差范围内）则可判为故障线路。该方法灵敏度高，欧洲国家已经在使用，但它需要在消弧线圈能够自动调谐的配电网中使用，且计算量大，精确度较低。

（10）负序电流法。负序分量法的选线依据是故障线路的负序电流比非故障线路的负序电流大且方向相反。系统发生单相接地故障时只需比较各条线路的负序电流大小和方向即可选出故障线路。利用负序电流选线的优点是，流经故障线路的负序电流大部分流入电源回路，使得非故障线路的负序电流较故障线路小得多，有利于选线。缺点是负序电流的测量较为困难且易受负荷变化的影响。

（11）DESIR 选线法。DESIR 法即为反向残留有功分量法。其利用的是基波有功分量，并计算残余有功电流，利用幅值最大选取故障线路。其和其他的方法类似，利用的故障工频分量，本质上没有太大的改进。该方法不需要零序电压信号，只利用配电网故障后的电流信息，可以克服中性点不接地系统中零序电流选线灵敏度不够等一些问题，但有功分量在残余电流中小且精度要求过高。

上述方法是基于稳态分量的选线方法，由于稳态量较小，常导致选线装置不能正常动作且不适用于间歇性电弧接地故障。

1.4.2.2 基于暂态分量的选线方法

当小电流接地系统中发生单相接地故障时，虽然其故障暂态特征量持续时间短，但其幅值远大于稳态值，因此选择合适的方法对暂态信号进行分析，相对于基于稳态选线方法更有利于提高选线的准确性。

暂态选线技术难点在于暂态特征分量的提取和有效判据的建立，暂态信号的成分和大小都受到系统的运行方式、故障时刻、过渡电阻等因素的影响；另外，配网的拓扑远比输电网复杂，行波的折、反射过程更加复杂多样。

基于暂态分量的选线方法主要有首半波法、暂态零序能量法、暂态零序相位法、PRONY 算法、小波法等。

（1）首半波法。利用了消弧线圈的电流惯性，抢在消弧线圈发挥作用之前，此时消弧线圈接地系统的单相接地特征与不接地系统相同，且电流接地故障产生的暂态零模电流幅值远大于稳态零模电流值（可达稳态电流幅值的十几倍），不受消弧线圈的影响，实现单相接地线路的检出。人们早就认识到利用暂态量进行故障选线，可以克服消弧线圈的影响，提高选线的灵敏度与可靠性。20 世纪 50 年代，德国提出了利用故障暂态量的第一个半波（二分之一暂态周期）内信号的首半波选线原理，中国在 20 世纪 70 年代推出过基于该原理的晶体管式接地选线装置，但受原理与当时技术手段的限制，装置的实际动作效果不理想。

利用故障暂态电压电流在第一个（暂态）半波时间内的极性关系选择故

障线路。尽管其具有暂态选线原理的一些优点，但其关系成立的时间（半波时间）受线路结构、参数和故障位置等影响，检测可靠性有限。

采用首半波法进行故障选线的依据为：在第一个暂态半波内，暂态零模电压与故障线路的零模电流极性相反，而与非故障线路的暂态零模电流极性相同。

但是，在首半波后的暂态过程中，暂态零模电压与故障线路暂态零模电流的极性关系会出现变化，即首半波原理利用第一个二分之一暂态周期内的信号，后续的暂态信号可能起相反的作用而导致误选。实际配电网中，接地故障暂态信号的频率较高，且受系统结构和参数、故障点位置、过渡电阻等映射的影响，暂态频率在一定范围内变化，使得首半波极性关系成立的时间非常短（如 1ms 以内），而且不确定，给实现接地保护带来了困难。

（2）暂态零序能量法。其原理是，对故障后各线路零模瞬时功率进行积分得零模能量函数，故障线路的能量函数幅值最大，且极性为负，与非故障线路的相反；它是零模有功功率法基于暂态信号的扩展应用；本方法由于暂态电流中有功分量所占的比例不大，因此对暂态信号的利用不充分，导致检测灵敏度不足。

（3）暂态零序相位法。依据的故障特征是，故障线路的暂态零序电流与非故障线路的反相，需要强调的是，这个特征只有特定频段（SFB）内的信号才具有这个特征，这个所谓的特定频段，要求频段对应的线路阻抗为容性，从而出现类似配网分布电容工频稳态电流在配网的流动特征。

（4）PRONY 算法。PRONY 算法是一种用指数项拟合模型的频谱分析的方法，小电流接地系统发生单相接地故障时，故障电流暂态分量的幅值、频率、阻尼和相位等参数都和故障特性有清晰的相关性，利用算法分析高频分量的频率和直流分量的阻尼，从而实现故障选线的方法是有效可行的。但该方法的准确性与采样频率、数据时间窗及模型阶数等参数有关，参数选择不当，可能会导致误选，且该算法的计算量较大。

（5）小波变换法。近年来，随着小波变换在电力系统输电线路故障行波测距的成功应用，国内学者开始将小波变换应用于小电流接地系统故障选线研究。单相接地时，故障电压和电流的暂态过程持续时间短但含有丰富的特征量，其值较稳态时大数倍甚至数十倍，并且基于故障暂态信号的检测方法灵敏度高且不易受消弧线圈的影响，因此如果在接地故障检测中能利用这些暂态特征量来实现故障选线，便具有更高的灵敏性和可靠性。

小波变换作为一种新的时频分析工具，在暂态和非平稳信号分析方面具有独特的优越性。近年来，国内外文献中提出了一些利用小波（小波包）变换提取配电网单相接地时的暂态特征量以实现故障选线的新方法。其中一些是根据故障时电流发生突变，利用小波奇异性检测原理对故障信号进行小波变换，并比较各条线路小波变换系数模极大值的大小和极性，判别出故障线路；另一些是根据故障后暂态分量能量比较大的特征，利用小波分解在某个尺度上的细节系数或重构后的细节部分，构成一些能量选线方法。但电力系统的实际运行是复杂多变的，由于干扰、高阻接地等不确定因素的影响，误判仍然时有发生，在选线系统的适应性上也有待实际检验。

（6）行波选线法。单相接地产生的电流行波包含了零模分量和线模分量。初始零模电流行波与线模电流行波的幅值相等，且其传播特征也相似，均可用于故障选线。

在母线处，故障线路电流行波为沿故障线路来的电流入射行波与其在母线上反射行波的叠加，非故障线路电流行波为故障线路电流入射行波的在母线处的透射波。对于含有三条及以上出线的母线，故障线路电流行波幅值均大于非故障线路，极性与非故障线路相反。因此，与工频电流和暂态电流选线方法类似，可利用电流行波构造幅值比较、极性比较、群体比幅比相以及行波方向等选线算法。

由于配电线路较短，后续反射行波将很快地返回母线，使得电流行波在母线处的幅值和极性关系可能不再成立。

1.4.2.3 同时利用故障稳态和暂态信息的选线方法

能量法是用能量的观点来看故障发生后的整个时间段。通过将瞬时功率累计来判断故障线路，但由于故障电流中有功分量所占比例较小，且积分函数易将一些固定误差累积，限制了其检测灵敏度的提高，但是在故障分量能量函数的基础上使用方向判据进行选线判断，此方法对行波保护中存在的持续时间短和基波故障中存在的误差等问题有所改善，能量法同时利用了故障信号的暂态信息和稳态信息，提高了选线的可靠性。

1.4.3 小电流选线技术发展方向

对于利用稳态接地故障特征检出接地线路的技术，经历长期的研究和工程应用实践，已经实现了深入的掌握；同时，人们也意识到，配网接地故障情况复杂且信号微弱，目前的各种选线方法都只利用了接地故障信号特征的一部分，单一的或几个判据的简单组合不能完全保证对所有的类型的接地故障做出准确的判断，所以任何选线方法都有失效的可能；此外，诸如间歇性接地故障，故障信号并不固定。

针对上述情况，小电流选线技术的发展方向，在于利用各种选线判据的互补性，对各种选线判据融合运用，甚至是暂态与稳态特征的综合运用，实现这种复杂运用，需要依托人工智能技术（神经网络、模糊分类理论等）；此外，研究重点还包括现代信号处理技术，如小波变换等，强化对单相接地故障特征的提取，并提高抗干扰能力。

1.4.3.1 基于小波变换的选线技术

小波变换法选线依据是故障发生的瞬间，电流发生突变，小波分析在时域和频域上均具有良好的局部化性质和多分辨率特性，有"信号显微镜"之称，适于分析奇异信号。利用小波变的奇异性检测原理对故障信号进行小波变换，由于故障线路的零序电流的幅值比非故障线路的幅值大且方向相反，故障相的零序电流的小波变换系数模极大值比非故障线路的大且符号相反，据此可以选出故障线路。由于暂态信号受多种因素影响，尤其是过零点时，暂态信号特征不明显，小波算法几乎失效，此时就需要与其他方法协同使用。且由于小波基的选择没有一定的标准，一定程度上限制了小波的发展。

1.4.3.2 基于人工智能的选线技术

神经网络和模糊信息融合是人工智能技术中比较成熟的技术，人工神经网络是一种数学算法模型，它能模仿动物神经网络的行为特征，具有很强的自学习能力，神经网络利用已有的单相接地故障特征样本数据作为培训素材，最终建立状态特征与接地故障的映射关系，能进行分布式并行处理信息。模糊信息融合是运用智能控制理论来构造每种选线方法的适用范围，通过各种判据的权重进行综合，以及信号特征的模糊分类，以实现多种选线方法的综合和判据最优化，提高故障选线的灵敏度和可靠性。

1.4.3.3 基于多端测量的广域选线

随着配电自动化系统的实施，馈线终端单元（FTU）可以实现所在节点的接地故障稳态、暂态特征检测，并经通信系统远传至控制中心，由此可以在控制中心实现接地故障的广域检测，不再局限在线路某端，为选线及故障点定位提供了更多信息支持。具体的检测技术可以是，利用行波功率的流动特点,即故障点所在区段两侧差异最大(方向相反、大小不同)、其他区段两端流过的是同一个行波功率,通过对各区段两侧行波功率波形相似性来判别故障区段。

该方法最大的优点是对复杂的配网拓扑具有很好的适应性,解决了单端测量的不足,缺点则是需要有效的通信通道支持。

1.4.3.4 单相接地点的定位问题

利用前述的注入信号法,可以实现接地故障点定位,但应用不便。另外一种思路是利用电压—时间型线路重合器,当线路发生单相接地故障后,选线装置驱动出线断路器跳闸,线路上的所有重合器因失电而断开,在出线断路器第一次重合后,第一级重合器检测到一侧有电压,延迟 X 时间后闭合;第二级重合器检测到一侧有电压,同样延迟 X 时间后闭合,以此类推;这样线路上的重合器顺序投入,直至投到故障区段后出线断路器再次跳闸,所有重合器再次断开,最后依次合闸的重合器,因为它从闭合到断开的时间小于Y 时间,因此被闭锁合闸。当出线断路器第二次重合后,正常区间恢复供电,而故障区间由于重合器闭锁而隔离。

要实现快速、准确的故障点定位,最有前途的解决之道,还是基于多端检测的广域选线技术。

1.4.3.5 选线装置硬件的技术升级

为实现各条线路同步、独立采样,有的产品对每条线路配置单独的 CPU 完成采样,采样频率超过 16kHz,同时丰富了装置的数据录波功能,录波数据格式也向 COMTRADE 格式看齐。

1.4.3.6 选线装置与数字化变电站技术的兼容问题

随着数字化变电站技术的推广,小电流选线装置也要适应这个趋势,基于统一的数据平台实现选线功能。

1.4.3.7 选线功能与配网自动化的融合问题

随着配网自动化遥测、遥控功能的完善,可以实现任意一个区段两端电气信息的采集,从而可以在控制中心,集中实现单相接地点在一个区段的精确定位,再通过遥控功能隔离这个区段,就实现了故障点的隔离。

总之,在城镇配网自动化实施背景下,传统的小电流选线功能作为独立的装置,已经失去了存在的合理性,它应该作为配网自动化的一个独立功能模块,并基于前述的暂态信号原理或广域选线原理等新算法实现,这是一个合理的发展趋势。只有在农村配网侧，小电流选线功能作为独立的装置，仍然具有生命力。

1.5 小电流接地故障定位现状

小电流接地故障的定位问题也是一个长期困扰电力部门的难题。相对于故障选线技术，业界对故障定位技术的关注以及研究开发与应用投入还很不够。在中国，已建设的配电网自动化系统基本上都不具备小电流接地故障定位功能。

小电流接地故障定位技术分为故障分段和故障测距技术。故障分段技术采用配电网自动化系统终端或故障指示器采集故障信号并上传至配电网自动化系统主站（或者专用的故障定位系统），由配电网自动化系统主站定位故障点所在的故障区段。现有的故障区段定位技术分为利用稳态量与暂态量的两种。

1.5.1 稳态量故障分段方法

利用稳态量的故障分段方法又分为利用故障产生的稳态量的被动式故障分段技术以及投入一次设备或利用一次设备动作产生较大的工频附加电流的主动式定位技术。对于稳态量故障分段技术来说，都是由配电网自动化主站通过检查、比较配电网自动化终端或故障指示器的故障检测和指示结果来定位故障点所在的区段，因此，不同故障分段技术的区别主要体现在故障指示方法的不同上。

1.5.2 被动式稳态量故障指示方法

被动式稳态量故障指示方法通过检测故障产生的工频零序电流的幅值与方向（相位）指示故障，所利用的故障量特征为：故障点前零序电流幅值大，零序功率（无功与有功）由故障点流向母线；故障点后零序电流是其下游线路的电容电流，幅值小，零序功率（无功与有功）由故障点流向下游线路。

检测零序电流幅值的故障指示方法与故障选线的零序过电流法类似，也是在零序电流幅值大于整定值时动作，因此，同样存在灵敏度低、仅适用于中性点不接地配电网的问题。

通过比较零序电流与零序电压的相位来检测零序电流的方向，可以提高故障检测的灵敏度。在中性点不接地配电网中，采用零序无功功率方向法指示故障；在谐振接地配电网中，采用零序有功功率法指示故障，通过在消弧线圈并联电阻产生有功电流分量来克服消弧线圈电流的影响。这两种方法都需要测量零序电压信号。

1.5.3　主动式故障指示方法

主动式选线方法通过检测附加电流信号选择故障线路。主动式故障指示方法则是采用在线路上安装的故障指示器（或配电网自动化终端）检测附加的电流信号，利用附加信号从母线流向故障线路并从故障点返回的特点定位故障区段，故障点前的故障指示器能够检测到附加电流信号，而故障点后的故障指示器则检测不到附加电流信号。

目前用于故障定位的主要有在中性点短时投入中电阻与注入间谐波（220Hz）信号的两种方法。

采用中电阻法时，故障指示器通过检测零序电流的幅值指示故障。为提高检测的可靠性，可周期性（时间间隔1s）地投切并联电阻，产生交替变化的附加零序电流信号。尽管投入中电阻产生的附加零序电流有45A，但与负荷电流相比还是比较小的，因此，故障指示器应采用零序电流互感器获取零序电流，如果采用零序电流滤过器获取零序电流，需要躲过不平衡电流的影响，会降低故障检测灵敏度。有的故障指示器悬挂在单相导线上，通过测量附加零序电流引起的相电流的变化指示故障，容易受负荷电流的影响，故障指示的可靠性没有保证。此外，因为接地电弧不稳定，中电阻法不宜用于间歇性接地故障的定位。

采用注入间谐波信号的方法实现故障指示时，因为注入信号的频率比较高，容易将其与工频以及谐波电流信号区分开来，因此，可采用单相电流互感器测量注入信号，亦可通过一个非接触式的线圈测量注入信号，故障检测的灵敏度也相对比较高。该方法的主要不足是需要在变电站安装信号注入设备，而且同样不适用于间歇性接地故障。

1.5.4　暂态量故障分段方法

欧洲曾开发出检测暂态零模电流幅值以及通过比较暂态零模电压与零模电流首半波极性检测故障方向的故障指示器。暂态零模电流幅值随配电线路分布式电容参数以及故障初始相角变化，不好选择动作电流定值，故障指示器动作的灵敏度与可靠性没有保证。采用首半波法检测故障方向存在与首半波原理选线方法类似的问题，动作不可靠。

小电流接地系统单相接地故障分析

在小电流接地系统中，发生单相接地时，除故障点电流很小外，三相之间的线电压仍然保持对称，对负载的供电没有影响，所以一般情况下都允许系统再继续运行 2 小时，这也是采用小电流接地系统的主要优点。系统在带单相接地故障运行期间，其他两相的对地电压升高，为了防止故障的进一步扩大造成两相或三相短路，应及时发出信号，以便运行人员查找发生接地的线路，采取措施予以消除。所以在单相接地时，一般只要求继电保护能选出发生接地的线路并及时发出信号，而不必跳闸，但当单相接地对人身和设备的安全有危险时，则应尽快跳开故障线路，避免造成重大损失。

2.1 单相接地故障稳态分析

2.1.1 中性点不接地系统

图 2-1 为中性点不接地系统发生单相接地故障时的示意图。图 2-1 的等效电路如图 2-2 所示。对于中性点不接地系统，正常运行时若忽略三相对地的不对称，则线路对地电容中流过三相对称的电流，因而没有零序电流流过。实际电网对地总是存在一定的不对称，但不对称度一般小于 15%，可忽略不计。需要指出的是，一般所说的不对称指的都是负荷不对称，而负荷不对称与电网对地不对称是不同的概念，负荷不对称可能导致线路存在较大负序电流，但不会出现零序电流。当发生单相接地故障时，三相对地通路的对称性遭到破坏，由于中性点悬空，一相接地后中性点电位将发生偏移，导致其三相对地电压变化，电网将出现零序电压，幅值随过渡电阻的变化而变化。

中性点不接地系统发生单相接地故障时，电压和电流的稳态特征详细分析如下：

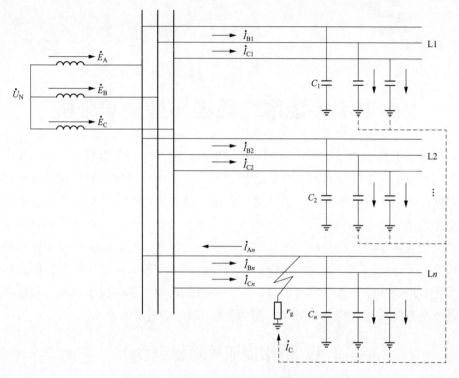

图 2-1　中性点不接地系统单相接地故障

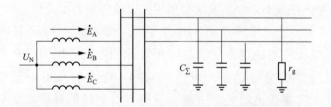

图 2-2　中性点不接地系统单相接地故障等效电路图

2.1.1.1　电压特征分析

中性点不接地系统发生单相接地故障时，系统电压满足以下关系

$$\dot{U}_0 = \dot{U}_N = \frac{-\dot{E}_A\left(\dfrac{1}{r_g} + j\omega C_\Sigma\right) - \dot{E}_B(j\omega C_\Sigma) - \dot{E}_C(j\omega C_\Sigma)}{\dfrac{1}{r_g} + j3\omega C_\Sigma}$$

(2-1)

$$= \frac{-\dot{E}_A}{1 + j3r_g \omega C_\Sigma}$$

$$\dot{U}_A = \dot{U}_N + \dot{E}_A = \frac{-\dot{E}_A}{1 + j3r_g \omega C_\Sigma} + \dot{E}_A = \frac{j3r_g \omega C_\Sigma}{1 + j3r_g \omega C_\Sigma}\dot{E}_A \qquad (2\text{-}2)$$

$$|\dot{U}_N|^2 + |\dot{U}_A|^2 = \left|\frac{-\dot{E}_A}{1 + j3r_g \omega C_\Sigma}\right|^2 + \left|\frac{j3r_g \omega C_\Sigma}{1 + j3r_g \omega C_\Sigma}\dot{E}_A\right|^2 = |\dot{E}_A|^2$$

$$(2\text{-}3)$$

根据式（2-1）～式（2-3）可以得出，中性点不接地系统发生单相接地故障时，随过渡电阻的变化，故障时系统电压向量如图 2-3 所示。

由图 2-3 和式（2-1）～式（2-3）不难看出，中性点不接地系统发生单相接地故障时，故障相电压降低，系统零序电压幅值随着过渡电阻的增大而减小。值得注意的是，随着过渡电阻的变化，故障相电压幅值不一定最小，可能比其滞后相电压幅值高，故障相的超前相电压幅值最高，即对地电压幅值最高相的滞后相为接地故障相。特别地，当过渡电阻为零即金属性接地故障时，接地故障相电压降为零，对地

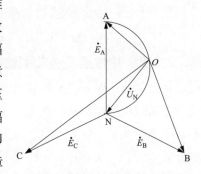

图 2-3　中性点不接地系统单相
接地故障电压向量图

电容被短接。两非故障相电压均升高至$\sqrt{3}$倍即线电压，对地电容电流也相应升高至$\sqrt{3}$倍，两非故障相电压之间的相位差为 60°，系统零序电压升高至接地故障前故障相的相电压。

2.1.1.2　电流特征分析

由图 2-1 可见，在任一非故障线路 i 中，故障相 A 相的故障电流为 0，两非故障相的故障电流为故障电压的响应，其首端零序电流与系统零序电压的关系如式（2-4）所示，方向从母线指向线路。

$$3\dot{I}_{0i} = \dot{U}_0 \times j3\omega c_i \qquad (2\text{-}4)$$

在故障线路 n 上，非故障相 B、C 相的故障电流与非故障线路相同，都是从接地点流回系统。由于同一母线各条出线的对地电容电流都要经过接地点返回电源，故障线路上零序电流等于所有非故障线路零序电流之和（即大于

任一条非故障线路的零序电流），方向从线路指向母线，与非故障线路零序电流方向相反，其计算式为

$$3\dot{I}_{0n} = \dot{U}_0 \times \mathrm{j}3\omega c_n - 3\sum_{i=1}^{n}\dot{I}_{0i}$$

$$= -3\sum_{i=1}^{n-1}\dot{I}_{0i} = -\dot{U}_0 \times \mathrm{j}3\omega\sum_{i=1}^{n-1}c_i \qquad (2-5)$$

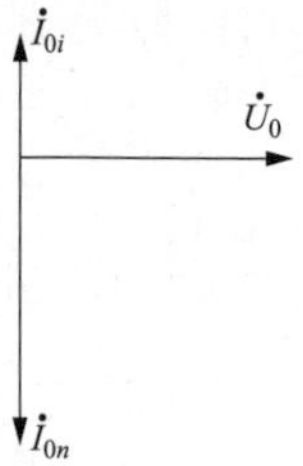

图 2-4 中性点不接地系统单相接地故障电流向量图

当接地点存在一定过渡电阻时，系统各条出线零序电流随着过渡电阻的增大而减小，但无论过渡电阻多大，非故障线路的零序电流超前零序电压 90°，幅值与线路对地电容成正比，故障线路的零序电流滞后零序电压 90°，幅值为所有非故障线路零序电流之和。中性点不接地系统单相接地故障电流向量图如图 2-4 所示。

2.1.2 中性点经消弧线圈接地系统

运行实践证明，接地电流较大时，会在故障点造成持续性电弧接地。为消除电弧过程可能带来的危害，相关规定：在 3～10kV 系统中接地电容电流超过 30A，20kV 及以上系统中超过 10A，其系统中性点均应采取消弧线圈接地方式。

对消弧线圈接地系统，正常时中性点电压为零，消弧线圈不起作用。单相接地故障时，三相及零序电压变化与不接地系统类似。中性点电压升高在消弧线圈中产生的感性电流与线路零序电容电流极性相反，从而可减小故障点接地电流，使故障电弧在电流过零时易于熄灭，起到消弧的目的。故障点因电流补偿熄弧后，如果故障点绝缘恢复速度大于故障相电压恢复速度，电网将恢复正常运行。根据对电容电流补偿程度的不同，消弧线圈补偿方式分为全补偿、欠补偿和过补偿。为了防止线路发生串联谐振，实践中一般采用过补偿方式。在过补偿方式下，故障线路的稳态零序电流幅值很小，甚至是小于健全线路，方向与健全线路也相同，为从母线指向线路。对于自动跟踪补偿系统，正常运行时全补偿，单相接地故障时，故障线路的零序电流幅值更小，理论上可以降为零。

图 2-6 为中性点经消弧线圈接地系统发生单相接地故障时的示意图。

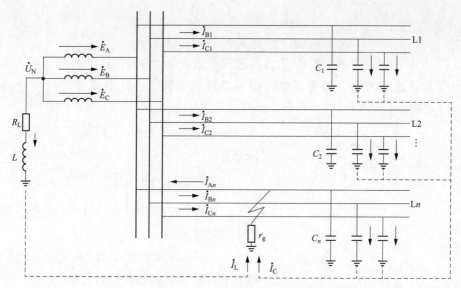

图 2-5　中性点经消弧线圈接地系统单相接地故障

等效电路如图 2-6 所示。

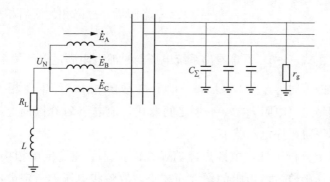

图 2-6　中性点经消弧线圈接地系统单相接地故障等效电路图

中性点经消弧线圈接地系统发生单相接地故障时，电压和电流的稳态特征详细分析如下：

2.1.2.1　电压特征分析

根据图 2-5 和图 2-6 计算系统零序电压，即

$$\dot{U}_0 = \dot{U}_N = \frac{-\dot{E}_A\left(\dfrac{1}{r_g} + j\omega C_\Sigma\right) - \dot{E}_B(j\omega C_\Sigma) - \dot{E}_C(j\omega C_\Sigma)}{\dfrac{1}{r_g} + j3\omega C_\Sigma + \dfrac{1}{j\omega L}} \tag{2-6}$$

$$= \frac{-\dot{E}_A}{1 + jr_g(3\omega C_\Sigma - 1/\omega L)}$$

由式（2-2）和式（2-3）的计算过程可知，中性点经消弧线圈接地系统发生单相接地故障时，随着消弧线圈补偿度的不同，故障后系统电压向量如图 2-7 所示。

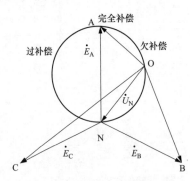

图 2-7　中性点经消弧线圈接地
系统单相接地故障电压向量图

显然，系统电压与补偿度满足以下关系：

完全补偿运行即 $3\omega C_\Sigma = 1/\omega L$ 时，$\dot{U}_0 = -\dot{E}_A$，两非故障相（B、C）电压大小相等，为线电压；

欠补偿运行即 $3\omega C_\Sigma > 1/\omega L$ 时，地电位 O 在右半圆周，故障相的超前相（C 相）电压最高；

过补偿运行即 $3\omega C_\Sigma < 1/\omega L$ 时，地电位 O 在左半圆周，故障相的滞后相（B 相）电压最高。

此外，由式（2-6）不难看出系统电压与过渡电阻满足以下关系：

金属性故障时，$r_g = 0$，$\dot{U}_0 = -\dot{E}_A$，非故障相 B、C 电压相等，为线电压；随着接地过渡电阻 r_g 在 $0 \sim \infty$ 之间变化，地电位 O 在圆周上移动，过渡电阻越大，系统零序电压越小。

根据以上分析可知：中性点经消弧线圈接地系统发生单相接地故障时，系统零序电压随着过渡电阻的增大而减小，故障相电压不一定最小，相电压之间的大小关系取决于补偿度，欠补偿运行时，故障相的超前相电压最高，过补偿运行时，故障相的滞后相电压最高。

2.1.2.2　电流特征分析

由图 2-5 可见，对于任意非故障线路 i，其零序电流与中性点不接地系统单相接地故障时一致，如式（2-7）所示，方向从母线指向线路。

$$3\dot{I}_{0i} = \dot{U}_0 \times j3\omega c_i \tag{2-7}$$

对于故障线路 n，其零序电流除包含所有非故障线路流回接地点的电容电流之外，还包括消弧线圈补偿的电感电流，即

$$3\dot{I}_{0n} = \dot{U}_0 \times j3\omega c_n - 3\sum_{i=1}^{n}\dot{I}_{0i} + \dot{U}_0/j\omega L = \dot{U}_0 \times j3\omega c_n - \dot{U}_0 \times j(3\omega C_{\Sigma} - 1/\omega L)$$

$$(2\text{-}8)$$

对式（2-7）和式（2-8）分析可知：

对于任意非故障线路，其零序电流特征同中性点不接地系统发生单相接地故障时相同，即零序电流随过渡电阻的增大而减小，且无论过渡电阻多大，非故障线路的零序电流相位始终超前零序电压 $90°$，各线路零序电流幅值与线路对地电容成正比。

对于故障线路，其零序电流为非故障线路零序电容电流与消弧线圈电感电流之和，其大小和相位与消弧线圈补偿度满足以下关系：

完全补偿运行即 $3\omega C_{\Sigma} = 1/\omega L$ 时，故障线路的零序电流为本线路的电容电流，其特征与非故障线路零序电流相同，即零序电流超前零序电压 $90°$。

过补偿运行即 $3\omega C_{\Sigma} < 1/\omega L$ 时，故障线路的零序电流为本线路的电容电流和过补偿部分的电感电流之和，两者方向均为母线指向线路，故其特征与非故障线路零序电流相同，即零序电流超前零序电压 $90°$。

欠补偿运行即 $3\omega C_{\Sigma} > 1/\omega L$ 时，故障线路的零序电流为本线路的电容电流和欠补偿部分的电感电流之和，两者方向相反，通常欠补偿部分的电感电流幅值较本线路零序电容电流大，此时故障线路的零序电流特征与补偿前一致，即零序电流滞后零序电压 $90°$。

综合以上分析可知，中性点经消弧线圈接地系统发生单相接地故障时零序电流向量如图 2-8 所示。

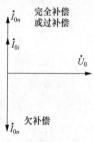

图 2-8　中性点经消弧线圈接地系统单相接地故障电流向量图

2.2　单相接地故障暂态分析

中性点不接地系统发生单相接地故障时，接地点的暂态电流是以下两个电流之和：其一是由于故障相电压突然降低而引起的放电电容电流，它通过母线流向故障点，其振荡频率较高（一般在数千赫兹）、衰减较快；其二是由非故障相电压突然升高而引起的充电电容电流，它通过电源形成回路，其振荡频率较低（一般仅为数百赫兹）、衰减较慢。其中，非故障相充电电容电流占整个暂态电流的主要成分。由等效电感、电容、电阻组成的串联回路计算的暂态零序电流表达形式，所得结论相同。即暂态零序电流由工频强制分量和自由振荡分量组成，自由振荡频率一般为几百到几千赫兹，从理论上证明了暂态电流最大值与未经补偿的工频稳态电流之比近似等于暂态信号频率与工频之比，即暂态电流幅值比稳态值可大数倍到数十倍。

对于中性点经消弧线圈发生单相接地故障时的暂态过程，由于消弧线圈对于暂态高频电流其电抗非常大，几乎可以认为是开路，因此实际上它不影响暂态电流分量的计算。同时，考虑到消弧线圈正常状态下的电流约等于零，不能发生突变，所以中性点经消弧线圈接地系统的暂态过渡过程与中性点不接地系统近似相同。

由于暂态电感电流的最大值应出现在接地故障发生在相电压经过零值瞬间，而当故障发生在相电压接近于最大值瞬间时，暂态电感电流约等于零。因此，暂态电容电流较暂态电感电流大很多，在同一电网中，不论中性点不接地还是经消弧线圈接地，在相电压接近于最大值时发生故障，其过渡过程是近似相同的。在暂态过程的初始阶段，暂态接地电流特性主要由暂态电容电流所确定；暂态电感电流中的直流分量虽不会改变接地电流首半波的极性，但对其幅值影响较大。

对于小电流接地系统发生单相接地故障时的暂态过程进行详尽、准确的分析较为困难，一般均根据系统简化模型加以分析。以下通过故障时的复合序网络模型对暂态电容电流和暂态电感电流做进一步分析，小电流接地系统单相接地故障复合序网络如图 2-9 所示，其等效电路如图 2-10（a）和图 2-10（b）所示。

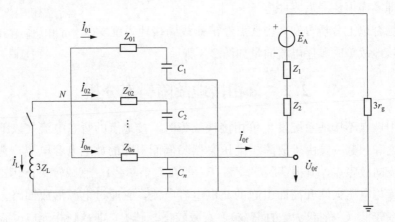

图 2-9　小电流接地系统单相接地故障复合序网络

图 2-9 中，I_{0n}、Z_{0n} 和 C_n 分别为之路 n 的零序电流、零序阻抗和对地电容，$3r_g$ 为接地过渡电阻，Z_1 和 Z_2 分别为等效正序和负序阻抗。

等效电路图如图 2-10 所示。图 2-10（b）中：R、L 和 C 分别为小电流接地系统发生单相接地故障时的对地等效电阻、等效电感和等效电容，基于此等效电路，以下分别求解系统发生单相接地故障时的暂态电容电流和暂态电感电流。

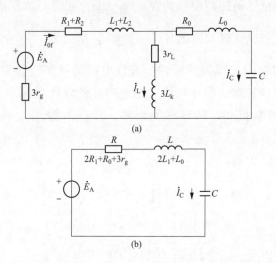

图 2-10   小电流接地系统单相接地故障等效电路图

2.2.1   暂态电容电流

根据图 2-10（b）列出系统暂态电容电流微分方程并求解如式（2-9）～式（2-12）所示，即

$$Ri_C + L\frac{di_C}{dt} + u_C = U_m \sin(\omega t + \varphi) \tag{2-9}$$

$$RC\frac{du_C}{dt} + LC\frac{d^2 u_C}{dt} + u_C = U_m \sin(\omega t + \varphi) \tag{2-10}$$

$$\frac{d^2 u_C}{dt} + \frac{R}{L}\frac{du_C}{dt} + \frac{1}{LC}u_C = \frac{U_m}{LC}\sin(\omega t + \varphi) \tag{2-11}$$

特征方程为

$$x^2 + \frac{R}{L}x + \frac{1}{LC} = 0 \tag{2-12}$$

进一步求解上述特征方程可得

当 $R>2\sqrt{\dfrac{L}{C}}$ 时，其特征根为 $x_{1,2}=-\dfrac{R}{2L}\pm\sqrt{\left(\dfrac{R}{2L}\right)^2-\dfrac{1}{LC}}$，暂态分量具有非周期性的振荡衰减特性。

当 $R<2\sqrt{\dfrac{L}{C}}$ 时，其特征根为 $x_{1,2}=-\dfrac{R}{2L}\pm j\sqrt{\dfrac{1}{LC}-\left(\dfrac{R}{2L}\right)^2}$，暂态分量具有周期性的振荡衰减特性。

因为通常架空线路的波阻抗为 $250\sim500\Omega$，同时，故障点的接地电阻一般较小，弧道电阻又常可忽略不计，一般满足 $R_0<2\sqrt{\dfrac{L_0}{C}}$ 的条件，所以，电容电流具有周期性的衰减振荡特性，其自由振荡频率一般为 $300\sim1500\text{Hz}$。电缆线路的电感较架空线路小，而对地电容却较后者大得多，故电容电流暂态过程的振荡频率很高，持续时间很短，其自由振荡频率一般为 $1500\sim3000\text{Hz}$。

以金属性故障为例，

1）当 $R<2\sqrt{\dfrac{L}{C}}$ 时，暂态分量计算式为

$$u''_c=e^{-\delta t}(A_1\cos\omega_f t+A_2\sin\omega_f t) \tag{2-13}$$

其中：$\delta=\dfrac{R}{2L}$，$\omega_f=\sqrt{\dfrac{1}{LC}-\left(\dfrac{R}{2L}\right)^2}=\sqrt{\omega_0^2-\delta^2}$。

稳态分量计算式为

$$u'_c=u_m\sin(\omega t+\phi) \tag{2-14}$$

根据式（2-13）和式（2-14）计算暂态电容电压和电流分别如式（2-15）和式（2-16）所示，即

$$u_c=u''_c+u'_c=(A_1\cos\omega_f t+A_2\sin\omega_f t)e^{-\delta t}+u_m\sin(\omega t+\phi) \tag{2-15}$$

$$
\begin{aligned}
i_C&=C\frac{\mathrm{d}u_c}{\mathrm{d}t}\\
&=C[(A_2\omega_f-A_1\delta)\cos\omega_f t-(A_2\delta+A_1\omega_f)\sin\omega_f t]e^{-\delta t}+u_m\omega C\cos(\omega t+\phi)
\end{aligned}
\tag{2-16}
$$

由于接地故障发生前暂态电容电压和暂态电容电流均为 0，$u_c|_{t=0^-}=0$，$i_c|_{t=0^-}=0$

即 $A_1+u_m\sin\varphi=0$，$A_2\omega_f-A_1\delta+u_m\omega\cos\varphi=0$

解得

$$A_1 = -u_m \sin\varphi, \quad A_2 = -u_m \frac{\delta\sin\varphi + \omega\cos\varphi}{\omega_f}$$

上述计算结果带入式（2-15）和式（2-16）可得

$$u_c \approx -u_m\left(\sin\varphi\cos\omega_f t + \frac{\omega}{\omega_f}\cos\varphi\sin\omega_f t\right)e^{-\delta t} + u_m\sin(\omega t + \varphi) \quad (2\text{-}17)$$

$$i_C \approx i_m\left(\frac{\omega_f}{\omega}\sin\varphi\sin\omega_f t - \cos\varphi\cos\omega_f t\right)e^{-\delta t} + i_m\cos(\omega t + \varphi) \quad (2\text{-}18)$$

由式（2-17）和式（2-18）可知，无论是暂态还是稳态，电容电流均超前电容电压90°，即对于非故障线路，暂态零序电流超前暂态零序电压90°；对于故障线路，暂态零序电流滞后暂态零序电压90°。

当故障相在电压峰值，即 $\varphi = \pi/2$ 接地时，电容电流的自由振荡分量的振幅在 $t = T_f/4$ 时刻出现最大值，即

$$i_{C.os\,max} = i_{cm}\frac{\omega_f}{\omega}e^{-\frac{T_f}{4\tau_c}} \quad (2\text{-}19)$$

当故障相电压在过零点接地时，电容电流的自由振荡分量的振幅在 $t = T_f/2$ 时刻出现最大值，即

$$i_{C.os\,min} = i_{cm}e^{-\frac{T_f}{2\tau_c}} \quad (2\text{-}20)$$

由式（2-20）可知，通常小电流接地系统发生单相接地故障时的暂态电容电流比稳态电容电流大得多，可达稳态故障电流的十几倍，故障特征明显，但是故障相电压在过零点时刻接地时，暂态电容电流较小，与稳态电流相当。

2）当 $R > 2\sqrt{\frac{L}{C}}$ 时，暂态分量具有非周期性的振荡衰减特性，同理可计算

$$x_{1,2} = -\frac{R}{2L} \pm \sqrt{\left(\frac{R}{2L}\right)^2 - \frac{1}{LC}} \quad (2\text{-}21)$$

$$u_c = B_1 e^{x_1 t} + B_2 e^{x_2 t} + u_{cm}\sin(\omega t + \alpha) \quad (2\text{-}22)$$

$$i_C = C\frac{du_c}{dt} = C(B_1 x_1 e^{x_1 t} + B_2 x_2 e^{x_2 t}) + u_{cm}\omega C\cos(\omega t + \alpha) \quad (2\text{-}23)$$

同样接地故障发生前暂态电容电压和暂态电容电流均为0，$u_c|_{t=0^-} = 0$，$i_c|_{t=0^-} = 0$，即

$$B_1 + B_2 + u_{cm}\sin\alpha = 0, \quad B_1 x_1 + B_2 x_2 + u_{cm}\omega\cos\alpha = 0$$

解得

$$B_1 = -\frac{\omega\cos\alpha - x_2\sin\alpha}{x_1 - x_2}u_{cm}, \quad B_2 = \frac{\omega\cos\alpha - x_1\sin\alpha}{x_1 - x_2}u_{cm}$$

2.2.2 暂态电感电流

考虑金属性故障，同时忽略线路阻抗，等效电路如图 2-11 所示。

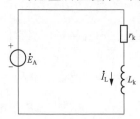

则可得以下微分方程

$$r_k i_L + L_k \frac{\mathrm{d}i_L}{\mathrm{d}t} = U_m \sin(\omega t + \varphi) \quad (2\text{-}24)$$

解上述微分方程得

$$i_L = I_{Lm}\left[\cos\varphi\, e^{-\frac{t}{\tau_L}} - \cos(\omega t + \varphi)\right] \quad (2\text{-}25)$$

图 2-11　小电流接地
系统单相接地故障暂态
电感电流等效电路图

由式（2-25）可以看出，消弧线圈的电感电流由暂态直流分量和稳态交流分量组成，而暂态过程的振荡角频率与电源的角频率相等，且其幅值与接地瞬间电源电压的相位 φ 有关，当 $\varphi=0$ 时，其值最大，当 $\varphi=\pi/2$ 时，其值最小。

当 $\varphi=0$ 时发生接地故障，经过半个工频周波后，电感电流达到最大值，即

$$i_{L.\max} = I_{Lm}\left(1 + e^{-\frac{r_k}{\omega L}\pi}\right) \quad (2\text{-}26)$$

因消弧线圈的有功损耗约为其补偿容量的 1.5%～2.0%，即 $\frac{r_k}{\omega L}=1.5\%\sim2.0\%$，故暂态电感电流约为稳态电感电流的 1.95 倍。但实际上，消弧线圈的铁芯可能饱和，首半波的最小暂态自感系数 $L_{k\,\min}=$（0.5∶0.8）L_k，因此，暂态电感电流最大值可达 2.5～4 倍稳态电抗电流。

消弧线圈的铁芯在饱和状态下，其电感电流中便会有暂态直流分量，进而加剧了饱和程度，使电感量进一步下降，因而时间常数也随之减小，如此便加速了直流分量的衰减。通常若 $\varphi=0$，则电感电流的直流分量较大，时间常数较小，大约在一个工频周波之内便可衰减完毕，若 $\varphi=\pi/2$，则暂态直流分量较小，时间常数增大，一般为 2～3 周波，有时可持续 3～5 周波。

2.3　单相接地故障行波分析

2.3.1 行波分析基础

2.3.1.1 无损传输线的波过程

在分析传输线的波过程时，电路的集总参数概念将不再适用，而需要用到线路的分布参数进行分析，即将线路看成由无数个长度为 $\mathrm{d}x$ 的小段组

成。图 2-12 为一单相均匀无损（忽略线路电阻和电导）线路及其分布参数等值电路图。

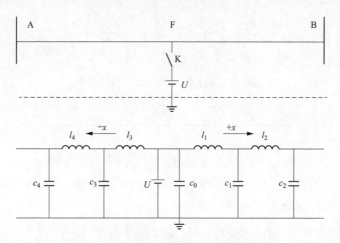

图 2-12　单相均匀传输线分布参数电路

图 2-12 中，AB 为一条单相均匀无损线路，在 F 点对地有一个直流电源，K 为开关。下面部分是其分布参数等值电路。$C_0 \sim C_4$ 表示单位长度线路对地分布电容，$L_1 \sim L_4$ 表示单位长度导线电感。

当开关 K 闭合时，电源首先对 C_0 充电使 C_0 上的电压为 U，C_0 带电后在其周围建立起电场，电荷在电场的作用下向两边运动，同时电感中将有电流流过，电流的作用在导体周围建立起磁场。经过一定时间后 C_1、C_3 上的电压升至 U，而 L_1、L_3 上则流过电流 I。电容 C_2、C_4 上的电压则需要更长的时间才能出现，在 C_2、C_4 充电过程中，L_2、L_4 上流过电流 I。所以电压 U 是以一定速度向 $+x$ 和 $-x$ 方向运动的，即电场是以一定的速度运动的。当电压 U 以一定速度运动时，对应的电流 I 也以一定的速度运动，即存在以一定速度运动的磁场。

当 U、I 运动到某一点时，该点获得电压 U、电流 I 及一定的电磁场。这个运动着的 U 和 I 称为电压行波和电流行波，行波沿无损导线的传播过程就是平面电磁场的传播过程，对架空线来说周围介质是空气，电磁场的传播速度接近光速，故电压行波和电流行波在架空线中都以接近光速传播。

2.3.1.2　行波的数学表示

传输线路的电阻、电感、电导和电容都是沿线路均匀分布的，这种传输线就是均匀传输线。现有一均匀传输线，假设单位长度导线的电感和电阻为

l_0、r_0；每单位长度导线对地电容和电导为 c_0、g_0，则长度为 dx 线段的电气参数分别为 $l_0 dx$、$r_0 dx$、$c_0 dx$、$g_0 dx$，线路的等值电路如图 2-13 所示。

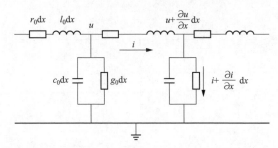

图 2-13　长度为 dx 线段的线路分布参数等值电路

图 2-13 为长度为 dx 线段的线路分布参数等值电路，电压 u 和电流 i 均为距离 x 和时间 t 的函数，从而可以列出

$$\begin{cases} u - \left(u + \dfrac{\partial u}{\partial x} \cdot dx\right) = -\dfrac{\partial u}{\partial x} \cdot dx = r_0 \cdot dx \cdot i + l_0 \cdot dx \cdot \dfrac{\partial i}{\partial t} \\[2mm] i - \left(i + \dfrac{\partial i}{\partial x} \cdot dx\right) = -\dfrac{\partial i}{\partial x} \cdot dx \\[2mm] \qquad\qquad = g_0 \cdot dx \left(u + \dfrac{\partial u}{\partial x}\right) + c_0 \cdot dx \dfrac{\partial\left(u + \dfrac{\partial u}{\partial x} dx\right)}{\partial t} \end{cases} \tag{2-27}$$

略去上式中的二阶无穷小 $(dx)^2$ 项并整理后得

$$\begin{cases} -\dfrac{\partial u}{\partial x} = r_0 \cdot i + l_0 \cdot \dfrac{\partial i}{\partial t} \\[2mm] -\dfrac{\partial i}{\partial x} = g_0 \cdot u + c_0 \cdot \dfrac{\partial u}{\partial t} \end{cases} \tag{2-28}$$

为了简化分析，我们将以无损耗的单导线为例，从而略去 g_0 和 r_0，进而可将式（2-28）改写为

$$\begin{cases} -\dfrac{\partial u}{\partial x} = l_0 \cdot \dfrac{\partial i}{\partial t} \\[2mm] -\dfrac{\partial i}{\partial x} = c_0 \cdot \dfrac{\partial u}{\partial t} \end{cases} \tag{2-29}$$

对式（2-29）求二阶偏导得到电压和电流对应的波动方程

$$\begin{cases} \dfrac{\partial^2 u}{\partial x^2} = l_0 \cdot c_0 \cdot \dfrac{\partial^2 u}{\partial t^2} \\[2mm] \dfrac{\partial^2 i}{\partial x^2} = l_0 \cdot c_0 \cdot \dfrac{\partial^2 i}{\partial t^2} \end{cases} \tag{2-30}$$

式（2-30）通解为

$$
\begin{cases}
u(x,t) = V_{\mathrm{q}}\left(t - \dfrac{x}{v}\right) + V_{\mathrm{f}}\left(t + \dfrac{x}{v}\right) \\[2mm]
i(x,t) = \left[V_{\mathrm{q}}\left(t - \dfrac{x}{v}\right) - V_{\mathrm{f}}\left(t + \dfrac{x}{v}\right) \right] / Z_{\mathrm{c}}
\end{cases}
\tag{2-31}
$$

其中，$v = \dfrac{1}{\sqrt{l_0 c_0}}$ 为行波沿线路的传播速度，对于无损线路，v 等于光速。$Z_{\mathrm{c}} = \sqrt{l_0 / c_0}$ 为线路波阻抗。$V_{\mathrm{q}}\left(t - \dfrac{x}{v}\right)$ 代表一个以速度 v 沿 x 轴正方向运动的电压行波，通常称为前行电压波 U_{q}；$V_{\mathrm{f}}\left(t + \dfrac{x}{v}\right)$ 代表一个以速度 v 沿 x 轴负方向运动的电压行波，通常称为反行电压波 U_{f}。同理 I_{q} 为前行电流波，I_{f} 为反行电流波。

显然，式中 Z_{c} 具有阻抗性质，其单位应为欧姆，通常称 Z_{c} 为波阻抗，其值取决于单位长度线路的电感 l_0 和电容 c_0，而与线路所带负荷、线路运行状态以及线路长度等没有关系。行波电流等于行波电压除以波阻抗，即波阻抗 $Z_{\mathrm{c}} = \sqrt{l_0 / c_0}$。通常普通架空线的波阻抗大约是 $400 \sim 500\,\Omega$。从上式可知，电压行波与电流行波比值为波阻抗，波阻抗为一定值，故电压行波与电流行波的波形相同。参考上式可知，前行电压波 U_{q} 与前行电流波 I_{q} 极性相同，反行电压波 U_{f} 与反行电流波 I_{f} 极性相反。

当行波在无损导线上传播时，在行波到达处的导线周围就建立了电场和磁场，当线路上有一个行波如前行波，行波电流的大小只与加入电压 U 和波阻抗 Z_{c} 有关。当线路上有一个电压行波 U_{q} 时，单位长度导线获得的电场能量和磁场能量分别为 $\dfrac{1}{2} c_0 \cdot u_{\mathrm{q}}^2$ 和 $\dfrac{1}{2} l_0 \cdot i_{\mathrm{q}}^2$。由于 $u_{\mathrm{q}} = \sqrt{\dfrac{l_0}{c_0}} \cdot i_{\mathrm{q}}$，故 $\dfrac{1}{2} c_0 \cdot u_{\mathrm{q}}^2 = \dfrac{1}{2} l_0 \cdot i_{\mathrm{q}}^2$，即单位长度导线获得的电场能量与磁场能量相等。单位导线获得的总能量为 $\dfrac{1}{2} c_0 \cdot u_{\mathrm{q}}^2 + \dfrac{1}{2} l_0 \cdot i_{\mathrm{q}}^2 = c_0 \cdot u_{\mathrm{q}}^2 = l_0 \cdot i_{\mathrm{q}}^2$，因为波的传播速度为 v，故单位时间内导线获得的能量为 $v \cdot c_0 \cdot u_{\mathrm{q}}^2 = v \cdot l_0 \cdot i_{\mathrm{q}}^2 = u_{\mathrm{q}}^2 / z = i_{\mathrm{q}}^2 z$。

从以上分析可以知道，从功率的观点来看，波阻抗 Z_{c} 与一数值相等的集中参数电阻相当，但在物理意义上是不同的，电阻要消耗能量，而波阻抗并不消耗能量，当行波幅值一定时，波阻抗决定了单位时间内导线获得的电磁能量的大小。

2.3.1.3　行波的运动过程

线路上发生任何扰动如短路、断线等故障时，扰动部位的电气量均以行波的形式向系统的其他部分传播，由于线路不同部分波阻抗的不同，行波传播过程中会发生反射、折射和衰减等现象，经过多次的折反射和衰减后进入新的稳定状态。两个稳定状态之间的过程是行波信号的暂态过程，也是行波的运动过程。

（1）行波的折射与反射过程。通常线路都是一段一段连接而成的，有时相邻两段导线的波阻抗会不相同，行波在线路上传播过程中会在波阻抗不连续的地方产生全部或部分反射。图 2-14 是行波在两个波阻抗不相同的导线连接处产生的折射和反射。

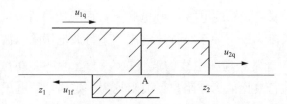

图 2-14　行波在线路波阻抗不连续点的折反射过程

图 2-14 中，A 点为两段波阻抗不同的导线连接点，左侧导线波阻抗为 z_1，右侧导线波阻抗为 z_2，u_{1q} 为入射波，u_{1f} 为反射波，u_{2q} 为越过波阻抗不连续点的透射波。现将波阻抗为 z_1 的线路合闸于直流电源 U，合闸后沿线路 z_1 有一与电源电压相同的前行电压波 u_{1q} 自电源向节点 A 传播，到达节点 A 时遇到波阻抗为 z_2 的线路，在节点 A 前后都必须遵守单位长度导线的电场能量与磁场能量相等的规律，但线路 z_1 与 z_2 的单位长度电感与对地电容都不相同，因此 u_{1q} 到达 A 点处要发生行波的折射与反射，反射电压波 u_{1f} 自节点 A 沿线路 z_1 返回传播，折射电压波则自节点 A 沿线路 z_2 继续向前传播。此时折射电压波也就是线路 z_2 上的前行电压波，以 u_{2q} 表示。通过下面分析，可以求得反射电压波 u_{1f} 和折射电压波 u_{2q}。

假设折射电压波 u_{2q} 尚未到达线路 z_2 的末端，即线路 z_2 上尚未出现反行电压波。于是对于线路 z_1 有

$$
\begin{cases}
u_1 = u_{1q} + u_{1f} \\
i_1 = i_{1q} + i_{1f} \\
u_{1q} = z_1 \cdot i_{1q} \\
u_{1f} = -z_1 \cdot i_{1f}
\end{cases}
\tag{2-32}
$$

对于线路 z_2，因为 z_2 上的反行电压波 $u_{2f}=0$，故

$$
\begin{cases}
u_2 = u_{2q} \\
i_2 = i_{2q} \\
u_{2q} = z_2 \cdot i_{2q}
\end{cases}
\tag{2-33}
$$

由于节点处只能有一个电压和电流值，即节点处电压电流满足 $\begin{cases} u_1 = u_2 \\ i_1 = i_2 \end{cases}$，

于是有

$$
\begin{cases}
u_{1q} + u_{1f} = u_{2q} \\
\dfrac{u_{1q}}{z_1} - \dfrac{u_{1f}}{z_1} = \dfrac{u_{2q}}{z_2} \\
i_{1q} + i_{1f} = i_{2q}
\end{cases}
\tag{2-34}
$$

结合式（2-34）可解得

$$
\begin{cases}
u_{2q} = \dfrac{2z_2}{z_1 + z_2} u_{1q} = \alpha_u u_{1q} \\[2mm]
i_{2q} = \dfrac{u_{2q}}{z_2} = \dfrac{2}{z_1 + z_2} u_{1q} = \dfrac{2z_1}{z_1 + z_2} i_{1q} = \alpha_i i_{1q} \\[2mm]
u_{1f} = u_{2q} - u_{1q} = \dfrac{2z_2}{z_1 + z_2} u_{1q} - u_{1q} = \dfrac{z_2 - z_1}{z_1 + z_2} u_{1q} = \beta_u u_{1q} \\[2mm]
i_{1f} = -\dfrac{u_{1f}}{z_1} = -\dfrac{z_2 - z_1}{z_1 (z_1 + z_2)} u_{1q} = \dfrac{z_1 - z_2}{z_1 + z_2} i_{1q} = \beta_i i_{1q}
\end{cases}
\tag{2-35}
$$

式（2-35）中，α_u 表示线路 z_2 上的折射电压波 u_{2q} 与入射电压波 u_{1q} 的比值，称为电压折射系数，α_i 称为电流折射系数。β_u 表示线路 z_1 上的反射电压波 u_{1f} 与 u_{1q} 的比值，称为电压反射系数，β_i 称为电流反射系数。

折射系数的值永远都是正的，这说明折射电压波总是和入射电压波是同极性的，当 $z_2=0$ 时，$\alpha_u=0$；当 $z_2 \to \infty$ 时，$\alpha_u \to 2$，因此 $0 \leqslant \alpha_u \leqslant 2$。

反射系数可正可负，当 $z_2=0$ 时，$\beta_u=-1$；当 $z_2 \to \infty$ 时，$\beta_u \to 1$，因此 $-1 \leqslant \beta_u \leqslant 1$。同理可知，$0 \leqslant \alpha_i \leqslant 2$，$-1 \leqslant \beta_i \leqslant 1$。折射系数 α 与反射系数 β 满足下列关系 $\alpha = 1 + \beta$。

当线路出现断线，或行波运动到线路的开路终端时，阻抗不连续处的等效电阻为 $z_2 \to \infty$。由于波阻抗 $Z_c = z_2$，可以忽略 Z_c 的作用，这时，电压反射系数 $\beta_u = 1$，表明开路发生了全反射，电压反射波与入射波同极性。实际的开路点电压是入射电压与反射电压之和，出现了电压加倍的现象。开路点的电流反射系数为 -1，反射电流与入射电流大小相等，方向相反，实际的开路点电流是二者之和，因此开路点电流为 0。开路点的电流为零，电压加倍，说明行波到达开路点后，由电流携带的磁场能量全部转化成了由线路电压代表的电场能量。

当线路中出现金属性短路故障时，$z_2 = 0$，这时的电压反射系数 $\beta_u = -1$。短路点反射电压与入射电压大小相等，方向相反，合成电压为 0。短路点的电流反射系数为 1，反射电流与入射电流相等，出现了电流加倍的现象。短路点电压为零，电流加倍，说明行波到达短路点后，电场能量全部转化为了磁场能量。

（2）经阻抗接地时行波的反射与透射过程。图 2-15 中线路波阻抗为 z_1，在 A 点发生接地故障，接地电阻为 R，此时一部分行波会向 A 点的另一侧和故障点透射，一部分行波能量消耗在电阻中，还有一部分行波自 A 点沿着线路返回。此时故障点的波阻抗可以看作是电阻 R 和波阻抗 z_1 的并联等值阻抗，其值为 $\dfrac{R \cdot z_1}{R + z_1}$。所以电压反射系数 $\beta_u = \dfrac{-z_1}{z_1 + 2R}$，电压折射系数 $\alpha_u = \dfrac{2R}{z_1 + 2R}$，令 $K = \dfrac{R}{z_1}$，则 $\beta_u = \dfrac{-1}{1 + 2K}$，$\alpha_u = \dfrac{2K}{1 + 2K}$。

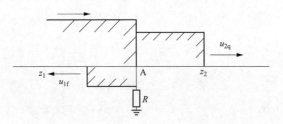

图 2-15　行波在线路经阻抗接地时的折反射过程

电压行波在金属性接地点发生负的全反射，反射脉冲与入射脉冲的极性相反。电压脉冲在断线点产生正的全反射，反射脉冲与入射脉冲的极性相同。当故障点经电阻接地时，电压脉冲发生的是部分反射，电压反射系数跟接地电阻关系曲线如图 2-16 所示。

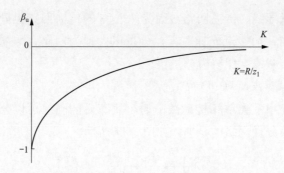

图 2-16　电压反射系数与接地电阻关系

2.3.2　单相接地故障的行波特征

2.3.2.1　行波的模量分析

电力系统是三相系统，单相接地所产生的各相行波之间不是独立的，而是相互耦合的，在进行行波分析时可以利用相模变换的方法将三相行波分解成相互独立的行波模量，进而更好地分析行波特征。

假设变换矩阵为 S，三相行波 P 和行波模量 P_M 的关系为

$$[P] = [S] \cdot [P_M] \tag{2-36}$$

式中：$[P]$ 为各相行波的列向量 $[P] = [P_A \quad P_B \quad P_C]^T$；$[P_M]$ 为行波模量的列向量 $[P_M] = [P_0 \quad P_\alpha \quad P_\beta]^T$。

在三相系统暂态分析中，广泛采用的是凯伦贝尔（Karenbauer）变换，其变换矩阵及其逆矩阵为

$$[S] = \begin{bmatrix} 1 & 1 & 1 \\ 1 & -2 & 1 \\ 1 & 1 & -2 \end{bmatrix} \tag{2-37}$$

$$[S]^{-1} = \frac{1}{3} \begin{bmatrix} 1 & 1 & 1 \\ 1 & -1 & 0 \\ 1 & 0 & -1 \end{bmatrix} \tag{2-38}$$

假定三相电流分别为 I_A、I_B、I_C，变换得到零模、α 模、β 模分量分别为

$$\begin{cases} I_0 = (I_A + I_B + I_C)/3 \\ I_\alpha = (I_A - I_B)/3 \\ I_\beta = (I_A - I_C)/3 \end{cases} \tag{2-39}$$

式中：I_0 为零模分量；I_α、I_β 为线模分量。

线模分量以导线为传播回路，因为 I_α、I_β 的传播回路相同，所以二者的传播速度也相同，均接近光速。零模分量以大地为回路，传播过程受到大地电阻的影响，衰减速度比线模分量快。

2.3.2.2 故障点的初始行波

当电力系统中发生单相接地故障时，故障后的网络可以分解为故障前的负荷网络和故障分量网络的叠加，如图 2-17 所示。

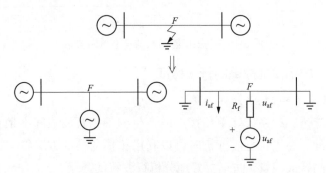

图 2-17　单相接地故障后网络分解

显然，故障行波波头只与故障分量网络有关，而且从故障点可将故障分量网络分解为包含正常运行输电线路的系统侧和故障点新增的故障支路。假设线路为无损线路，则系统侧输电线路上的电压、电流关系可用 3 个独立的模量电压、电流方程来表示

$$\begin{cases} u_0 = Z_0 \cdot i_0 \\ u_1 = Z_1 \cdot i_1 \\ u_2 = Z_1 \cdot i_2 \end{cases} \tag{2-40}$$

式中：u_0、u_1 和 u_2 分别为故障点的零模和 2 个线模行波电压；i_0，i_1 和 i_2 分别为两侧输电线路上的零模和线模行波电流；Z_0 和 Z_1 分别为输电线路的零模和线模阻抗。

采用凯伦贝尔变换矩阵作为相模变换矩阵对系统侧线路进行解耦，则式（2-40）可写为

$$\begin{cases} u_a + u_b + u_c = Z_0 \cdot (i_a + i_b + i_c) \\ u_a - u_b = Z_1 \cdot (i_a - i_b) \\ u_a - u_c = Z_1 \cdot (i_a - i_c) \end{cases} \tag{2-41}$$

式中：u_a、u_b 和 u_c 分别为故障点的三相行波电压；i_a、i_b 和 i_c 分别为两侧输电线路上的三相行波电流。

对于 a 相接地故障情况下故障点新增故障支路而言，其上的电压、电流满足如下边界条件

$$\begin{cases} u_{af} + R_f \cdot i_{af} = u_{aF} \\ i_{bf} = i_{cf} = 0 \end{cases} \tag{2-42}$$

式中：u_{aF} 为故障分量网络中 a 相电源电压；u_{af} 为故障点 a 相初始电压行波；i_{af}、i_{bf} 和 i_{cf} 分别为故障支路上的三相电流；R_f 为故障电阻。

考虑不管是系统侧中的故障点电压还是故障支路中的故障点电压，其都为同一个电压，而且在系统侧的输电线路上，故障点两侧的线路波阻抗参数完全相同，所以可将其并联等效。等效后的波阻抗为线路波阻抗的 1/2，等效后的输电线路电流与故障支路电流满足基尔霍夫电流定律，即在故障分量网络中，系统侧电压、电流与故障支路上的电压、电流满足式（2-43），即

$$\begin{cases} u_a = u_{af} \\ i_a = i_{af} \\ i_b = i_{bf} \\ i_c = i_{cf} \end{cases} \tag{2-43}$$

综合式（2-43），可得故障点相量形式的电压初始行波为

$$\begin{cases} u_a = \dfrac{Z_0 + 2Z_1}{Z_0 + 2Z_1 + 3R_f} u_{aF} \\ u_b = u_c = \dfrac{Z_0 - Z_1}{Z_0 + 2Z_1 + 3R_f} u_{aF} \end{cases} \tag{2-44}$$

对检测点而言，由于不同模量行波的传播速度不同，所以不能获得相量上的初始行波，而只能获得模量上的初始行波，所以利用相模变换将故障点相量上的初始行波转化为模量上的初始行波，并且在以后的分析中都以模量为主。

$$\begin{cases} u_0 = \dfrac{Z_0}{Z_0 + 2Z_1 + 3R_f} u_{aF} \\ u_\alpha = u_\beta = \dfrac{Z_1}{Z_0 + 2Z_1 + 3R_f} u_{aF} \end{cases} \tag{2-45}$$

将式（2-45）带入各自模量线路，可得两侧线路上的模量初始电流行波为

$$i_\alpha = i_0 = i_\beta = \dfrac{1}{Z_0 + 2Z_1 + 3R_f} u_{aF} \tag{2-46}$$

显然，单相接地故障情况下，三模初始行波与过渡电阻成反比，在金属

性故障情况下，对同样的附加电源，初始行波最大。三模初始电压行波之间的关系为模量的波阻抗之比，三模初始电流行波相同，记为

$$\begin{cases} u_0 : u_\alpha : u_\beta = Z_0 : Z_1 : Z_2 \\ i_0 : i_\alpha : i_\beta = 1 : 1 : 1 \end{cases} \tag{2-47}$$

因为母线处系统对称，三模独立，所联回路数也相同，所以母线处三模反射系数相同。因此，故障点的三模初始行波之间相对关系也等于波再次传到故障点以前的各点之间的相对关系。但当行波再次传到故障点时，由于故障点破坏了原有系统的三相对称关系，所以各模量行波之间的关系在故障点将发生变化。

2.3.2.3　故障点的折射行波

当电力线路上发生单相接地故障时，在故障点处，线路结构将由故障前的三相对称变为不对称。在故障前的系统中，三相线路均匀换位，三相参数对称，而在故障后的故障点，增加了新的不对称支路。根据行波分析的折反射原理，与故障前相比，行波在故障点也将发生折反射现象。

根据单回路彼得逊法则，如图 2-18 所示，可列出故障点行波方程为

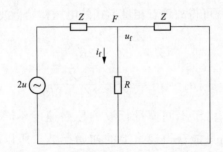

图 2-18　行波通过故障点时的彼得逊法则

$$\begin{cases} 2u_\alpha = 2u_{\alpha f} + Z_1 i_{\alpha f} \\ 2u_\beta = 2u_{\beta f} + Z_1 i_{\beta f} \\ 2u_0 = 2u_{0 f} + Z_0 i_{0 f} \end{cases} \tag{2-48}$$

式中：u_0、u_α 和 u_β 分别为零模和两个线模的入射波；u_{0f}、$u_{\alpha f}$ 和 $u_{\beta f}$ 分别为故障点零模和两个线模的电压折射波；i_{0f}、$i_{\alpha f}$ 和 $i_{\beta f}$ 分别为故障支路零模和两个线模的电流折射波。

对于故障点故障支路而言，还必须满足单相接地故障下故障支路约束，即

$$\begin{cases} u_{\mathrm{af}} = R_{\mathrm{f}} i_{\mathrm{af}} \\ i_{\mathrm{bf}} = i_{\mathrm{cf}} = 0 \end{cases} \tag{2-49}$$

式中：u_{af} 为故障点 a 相电压行波；i_{af}、i_{bf} 和 i_{cf} 分别为折射进故障支路的三相电流行波；R_{f} 为故障电阻。

结合相量和模量之间的转换关系，利用凯伦贝尔变换矩阵，上述相量方程可转换为

$$\begin{cases} u_{\mathrm{0f}} + u_{\mathrm{\alpha f}} + u_{\mathrm{\beta f}} = R_{\mathrm{f}} \cdot (i_{\mathrm{0f}} + i_{\mathrm{\alpha f}} + i_{\mathrm{\beta f}}) \\ i_{\mathrm{0f}} - 2i_{\mathrm{\alpha f}} + i_{\mathrm{\beta f}} = 0 \\ i_{\mathrm{0f}} + i_{\mathrm{\alpha f}} - 2i_{\mathrm{\beta f}} = 0 \end{cases} \tag{2-50}$$

由故障点行波方程和上述模量方程，可解得模量上的折射波电压为

$$\begin{cases} u_{\mathrm{0f}} = \dfrac{2Z_1 + 6R_{\mathrm{f}}}{Z_0 + 2Z_1 + 6R_{\mathrm{f}}} u_0 - \dfrac{Z_0(u_\alpha + u_\beta)}{Z_0 + 2Z_1 + 6R_{\mathrm{f}}} \\[2mm] u_{\mathrm{\alpha f}} = -\dfrac{Z_1(u_0 + u_\beta)}{Z_0 + 2Z_1 + 6R_{\mathrm{f}}} + \dfrac{Z_0 + Z_1 + 6R_{\mathrm{f}}}{Z_0 + 2Z_1 + 6R_{\mathrm{f}}} u_\alpha \\[2mm] u_{\mathrm{\beta f}} = -\dfrac{Z_1(u_0 + u_\alpha)}{Z_0 + 2Z_1 + 6R_{\mathrm{f}}} + \dfrac{Z_0 + Z_1 + 6R_{\mathrm{f}}}{Z_0 + 2Z_1 + 6R_{\mathrm{f}}} u_\beta \end{cases} \tag{2-51}$$

因为线模行波与零模行波具有不同波速度，所以对应发生时刻相同的初始行波，线模电压行波首先到达故障点，又考虑到单相接地故障下初始线模电压行波相等，则此时输电线路上折射电压行波为

$$\begin{cases} u_{\mathrm{0f}} = -\dfrac{2Z_0}{Z_0 + 2Z_1 + 6R_{\mathrm{f}}} u_\alpha \\[2mm] u_{\mathrm{\alpha f}} = u_{\mathrm{\beta f}} = \dfrac{Z_0 + 6R_{\mathrm{f}}}{Z_0 + 2Z_1 + 6R_{\mathrm{f}}} u_\alpha \end{cases} \tag{2-52}$$

由式（2-52）可以看出，当线模电压行波到达故障点时，其电压行波折射系数为 $\dfrac{Z_0 + 6R_{\mathrm{f}}}{Z_0 + 2Z_1 + 6R_{\mathrm{f}}}$，线模电压行波转移到零模行波中的转移系数为 $-\dfrac{2Z_0}{Z_0 + 2Z_1 + 6R_{\mathrm{f}}}$。在金属性故障情况下，折射系数最小为 $\dfrac{Z_0}{Z_0 + 2Z_1}$，转移系数最大为 $-\dfrac{2Z_0}{Z_0 + 2Z_1}$。而且折射产生的线模电压行波与零模电压行波极性相反，同时满足以下关系

$$\begin{cases} \dfrac{u_{\mathrm{0f}}}{u_{\mathrm{\alpha f}}} = -\dfrac{2Z_0}{Z_0 + 6R_{\mathrm{f}}} \\[2mm] u_{\mathrm{\beta f}} = u_{\mathrm{\alpha f}} \end{cases} \tag{2-53}$$

由式（2-53）可知，在金属性故障情况下，线模行波到达故障点折射产生的零模行波最大为线模折射行波的 2 倍。

将输电线路上电压折射行波方程带入对侧线路模量方程，可得对侧输电线路上的电流折射行波为

$$\begin{cases} i_{0f} = -\dfrac{2Z_1}{Z_0 + 2Z_1 + 6R_f}\dfrac{u_\alpha}{Z_1} \\ i_{\alpha f} = \dfrac{Z_0 + 6R_f}{Z_0 + 2Z_1 + 6R_f}\dfrac{u_\alpha}{Z_1} \\ i_{\beta f} = \dfrac{Z_0 + 6R_f}{Z_0 + 2Z_1 + 6R_f}\dfrac{u_\beta}{Z_1} \end{cases} \tag{2-54}$$

从式（2-54）看出，线模电压行波到达故障点时，其电流行波折射系数为 $\dfrac{Z_0+6R_f}{Z_0+2Z_1+6R_f}$，与线模电压行波折射系数相同；而线模电流行波转移到零模行波中的转移系数为 $-\dfrac{2Z_1}{Z_0+2Z_1+6R_f}$，比电压行波转移系数小。在金属性故障情况下，电流行波折射系数最小为 $\dfrac{Z_0}{Z_0+2Z_1}$，转移系数最大为 $-\dfrac{2Z_1}{Z_0+2Z_1}$。而且折射产生的线模电流行波与零模电流行波极性相反，同时满足下列关系

$$\begin{cases} \dfrac{i_{0f}}{i_{\alpha f}} = -\dfrac{2Z_1}{Z_0 + 6R_f} \\ i_{\beta f} = i_{\alpha f} \end{cases} \tag{2-55}$$

在金属性故障情况下，线模电流行波到达故障点折射产生的零模电流行波最大，是线模折射行波的 $2Z_1/Z_0$ 倍。同理可得，零模行波到达故障点产生的折射行波，即

$$\begin{cases} u_{0f} = \dfrac{2Z_1 + 6R_f}{Z_0 + 2Z_1 + 6R_f}u_0 \\ u_{\alpha f} = u_{\beta f} = -\dfrac{Z_1}{Z_0 + 2Z_1 + 6R_f}u_0 \\ i_{0f} = \dfrac{2Z_1 + 6R_f}{Z_0 + 2Z_1 + 6R_f}\dfrac{u_0}{Z_0} \\ i_{\alpha f} = i_{\beta f} = -\dfrac{1}{Z_0 + 2Z_1 + 6R_f}u_0 \end{cases} \tag{2-56}$$

从式（2-56）可以看出，当零模电压行波到达故障点时，折射产生的零模电压行波与线模电压行波极性相反；当零模电流行波到达故障点时，折射

产生的线模电流行波与零流电流行波极性也相反，同时满足以下关系

$$
\begin{cases}
\dfrac{u_{0\mathrm{f}}}{u_{\alpha\mathrm{f}}} = -\dfrac{2Z_1 + 6R_{\mathrm{f}}}{Z_1} \\[2ex]
u_{\beta\mathrm{f}} = u_{\alpha\mathrm{f}} \\[2ex]
\dfrac{i_{0\mathrm{f}}}{i_{\alpha\mathrm{f}}} = -\dfrac{2Z_1 + 6R_{\mathrm{f}}}{Z_0} \\[2ex]
i_{\beta\mathrm{f}} = i_{\alpha\mathrm{f}}
\end{cases}
\tag{2-57}
$$

在金属性故障情况下，零模行波到达故障点折射产生的零模行波最小，是线模折射行波的 2 倍；零模电流行波到达故障点折射产生的零模电流行波最小，是线模折射行波的 $2Z_1/Z_0$ 倍。

2.3.2.4 故障点的反射行波

结合故障点电压反射波、入射波和折射波的下列关系

$$
u_{\mathrm{i}} + u_{\mathrm{re}} = u_{\mathrm{ra}}
\tag{2-58}
$$

式中：u_{i} 为电压入射行波；u_{re} 为电压反射行波；u_{ra} 为电压折射行波。

联立模量上的折射波电压，可求得线路上各个模量的电压反射行波为

$$
\begin{cases}
u_{0\mathrm{re}} = \dfrac{-Z_0}{Z_0 + 2Z_1 + 6R_{\mathrm{f}}}u_0 - \dfrac{Z_0(u_\alpha + u_\beta)}{Z_0 + 2Z_1 + 6R_{\mathrm{f}}} \\[2ex]
u_{\alpha\mathrm{re}} = -\dfrac{Z_1(u_0 + u_\beta)}{Z_0 + 2Z_1 + 6R_{\mathrm{f}}} - \dfrac{Z_1}{Z_0 + 2Z_1 + 6R_{\mathrm{f}}}u_\alpha \\[2ex]
u_{\beta\mathrm{re}} = -\dfrac{Z_1(u_0 + u_\alpha)}{Z_0 + 2Z_1 + 6R_{\mathrm{f}}} - \dfrac{Z_1}{Z_0 + 2Z_1 + 6R_{\mathrm{f}}}u_\beta
\end{cases}
\tag{2-59}
$$

当线模电压行波首先到达故障点时，输电线路上的反射行波为

$$
\begin{cases}
u_{0\mathrm{re}} = -\dfrac{2Z_0}{Z_0 + 2Z_1 + 6R_{\mathrm{f}}}u_\alpha \\[2ex]
u_{\alpha\mathrm{re}} = u_{\beta\mathrm{re}} = -\dfrac{2Z_1}{Z_0 + 2Z_1 + 6R_{\mathrm{f}}}u_\alpha
\end{cases}
\tag{2-60}
$$

式（2-60）可以看出，当线模行波到达故障点时，线模行波的反射系数为 $-\dfrac{2Z_1}{Z_0 + 2Z_1 + 6R_{\mathrm{f}}}$；转移到零模电压反射波中的转移系数为 $-\dfrac{2Z_0}{Z_0 + 2Z_1 + 6R_{\mathrm{f}}}$。在金属性故障情况下，其反射系数最大为 $-\dfrac{2Z_1}{Z_0 + 2Z_1}$；转移到零模电压反射波中的转移系数也最大，为 $-\dfrac{2Z_0}{Z_0 + 2Z_1}$。比较三模电压反射行

波之间的相对关系，可得

$$\begin{cases} \dfrac{u_{0\mathrm{re}}}{u_{\alpha\mathrm{re}}} = \dfrac{Z_0}{Z_1} \\ u_{\beta\mathrm{re}} = u_{\alpha\mathrm{re}} \end{cases} \tag{2-61}$$

即两个线模反射行波相同，而零模与线模反射电压行波之比为波阻抗之比，三模故障点反射行波极性相同。

将输电线路上的反射波方程带入线路模量方程，可得本侧输电线路上的电流反射行波为

$$i_{0\mathrm{re}} = i_{\alpha\mathrm{re}} = i_{\beta\mathrm{re}} = \dfrac{2u_\alpha}{Z_0 + 2Z_1 + 6R_\mathrm{f}} \tag{2-62}$$

即故障点三模电流反射行波相同。比较故障点三模反射行波与故障点初始行波之间的关系可知，不管是电压行波还是电流行波，模量上的故障点反射行波之间的关系与故障初始行波之间的关系完全相同。

同理可得，零模电压行波到达故障点时，输电线路上的电压反射行波和电流反射行波为

$$\begin{cases} u_{0\mathrm{re}} = -\dfrac{Z_0}{Z_0 + 2Z_1 + 6R_\mathrm{f}} u_0 \\ u_{\alpha\mathrm{re}} = u_{\beta\mathrm{re}} = -\dfrac{Z_1}{Z_0 + 2Z_1 + 6R_\mathrm{f}} u_0 \\ i_{0\mathrm{re}} = i_{\alpha\mathrm{re}} = i_{\beta\mathrm{re}} = -\dfrac{u_0}{Z_0 + 2Z_1 + 6R_\mathrm{f}} \end{cases} \tag{2-63}$$

显然，不管是电压行波还是电流行波，模量上的故障点反射行波之间的关系仍然满足故障初始行波之间的关系，即

$$\begin{cases} u_{0\mathrm{re}} : u_{\alpha\mathrm{re}} : u_{\beta\mathrm{re}} = Z_0 : Z_1 : Z_2 \\ i_{0\mathrm{re}} : i_{\alpha\mathrm{re}} : i_{\beta\mathrm{re}} = 1 : 1 : 1 \end{cases} \tag{2-64}$$

综上可得，在单相接地故障下，零模和线模行波在故障点处将不再相互独立，而将发生交叉透射，也就是当零模行波到达故障点时，在产生零模行波的同时还将产生线模行波；当线模行波达到故障点时，在产生线模行波的同时，还将产生零模行波。对折射行波而言，2个线模行波大小和极性都相同，而零模极性与线模相反。对反射行波而言，三模行波极性都相同，特征与初始行波完全相同。

2.4　故障切除后电压恢复速度分析

当中压电网发生单相接地故障时，在故障点会产生电弧放电现象。电弧会不断地因电网内部的谐振而重燃，从而产生极大的过电压，损毁电气设备。电弧的熄弧与重燃主要由两方面的因素决定；一是故障电流的大小，二是故障相电压的恢复初速度。两者均小时，系统的建弧率低，并且若发生弧光接地时，也易于自行熄灭；反之，这两者大的情况下，系统发生间歇性弧光接地概率大，且容易不断重燃，产生高过电压。而不同的接地方式这两方面的特性也是不一样的。

在介质恢复理论和工频熄弧理论中，故障相电压在其单相接地时会在瞬时为零，然后随着电弧的熄灭该相电压会逐渐地恢复。而故障相电压的恢复速度是电弧是否重燃的关键因素，其电压恢复速度慢于故障点介质绝缘的恢复强度则电弧不容易重燃；电压恢复速度快于故障点介质绝缘的恢复强度则电弧容易重燃。

2.4.1　故障后电压恢复过程

以电力系统经消弧线圈接地时发生单相接地故障为例，简化后如图 2-19 所示。

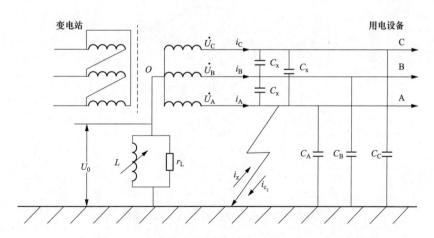

图 2-19　中性点经消弧线圈接地系统单相接地故障时的等值电路图

当系统 k 点发生单相接地故障时，可以把电网与大地看成一个流经故障点的简单回路，便于计算故障电流，如图 2-20 所示。

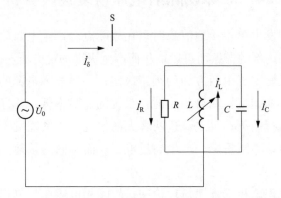

图 2-20　中性点经消弧线圈接地系统电流谐振等值回路
R—系统等值全损耗电阻；L—消弧线圈的调谐电感；C—系统三相对地电容

当系统发生单相接地故障且为金属性接地故障时，中性点位移电压至相电压，故障相的电压下降为零，非故障相电压升高到线电压。当故障消失、接地电弧熄灭后，电网恢复正常运行过程中的电压相量图如图 2-21 所示。

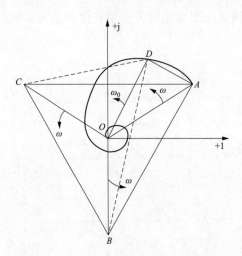

图 2-21　电压恢复过程中的电压相量图

三相电压的恢复过程，与图 2-20 所示零序回路中储存的能量有关。在故障点接地电弧熄灭的瞬间，电网三相对地电容上储存的电场能为 $\frac{1}{2}C(U_0\sin\omega t)^2$；

此时消弧线圈中的补偿电流为 $\dfrac{U_0}{\omega L}\cos\omega t$，相应的磁场能量为 $\dfrac{1}{2}\dfrac{1}{\omega^2 L}(U_0\cos\omega t)^2$，所以该零序回路中储存的总能量 W 为

$$W = \frac{1}{2}C\left(\sin^2\omega t + \frac{1}{\omega^2 LC}\cos^2\omega t\right)U_0^2 = \frac{1}{2}C(1-\nu\cos^2\omega t)U_0^2 \quad (2\text{-}65)$$

由式（2-65）可知，总能量 W 不仅与失谐度 ν 有关，同时过补偿与欠补偿状态时也不相同，而且越是偏离谐振点，情况差别越大。自由振荡电压 u_0 的角频率 ω_0 也将由失谐度的具体数值确定，其值为

$$\omega_0 = \frac{1}{\sqrt{LC}} = \omega\sqrt{K} = \omega\sqrt{1-\nu} \approx \omega\left(1-\frac{\nu}{2}\right) \quad (2\text{-}66)$$

从式（2-66）可以看出，当消弧线圈过补偿运行时，$\omega_0 > \omega$；当消弧线圈欠补偿运行时，$\omega_0 < \omega$。

同时，自由振荡电压 u_0 边旋转边衰减。根据电工原理，由上述零序回路中参数确定的阻尼系数为

$$\delta = \frac{G}{6C} = \frac{1}{2}\omega d \quad (2\text{-}67)$$

显然，阻尼系数与系统的阻尼率成正比。

以上分析表明，当接地电弧熄灭后，故障恢复电压的特性与系统的失谐度及阻尼率关系密切。图 2-21 中的中性点自由振荡电压相量 DO 以相对角速度旋转，其长度因振荡电压的衰减而缩短。随着时间的延续，电压相量在旋转过程中逐渐缩短，最后回到零，于是三相电压重新平衡，系统恢复正常运行。电压相量 AD 代表故障恢复电压的包络线，其值等于故障相稳态电压与暂态电压的相量和，且其初始斜率代表恢复电压的初速度，其值由旋转与衰减的两个增量的平方和所确定。因恢复电压的初速度与接地电弧的重燃有着密切关系，以下将进行详细分析。

2.4.2　故障相电压的表达式

在单相接地电弧存在期间，相当于图 2-20 中隔离开关 S 处于合闸位置，由于在此状态下中性点位移电压 u_0 与故障相电源电压 u_A 大小相等、方向相反，所以 S 触头之间的电位差（故障相的对地电压）恰好为零。而在接地电流过零电弧熄灭的瞬间，相当于 S 突然断开，此时加在隔离开关 S 的动、静触头之间的电压，一端为强制电源电压 u_A，而另一端为中性点的自由振荡电压 u_0。不论消弧线圈的补偿状态如何，故障相的恢复电压永远等于上述两者

中压配电网单相接地故障处理技术与应用

之间的电位差。

由于电源的强制电压 $u_A=U_{\phi m}e^{j(\omega t+\varphi)}$，自由振荡电压 $u_0=U_{\phi m}e^{-\delta t}e^{j(\omega_0 t+\varphi)}$，所以故障相的恢复电压可以写为：

$$u_r = u_A - u_0 = U_{\phi m}e^{j(\omega t+\varphi)}[1-e^{-\delta t}e^{j(\omega_0-\omega)t}] = U_{\phi m}e^{j(\omega t+\varphi)}[1-e^{-\frac{(d+j\nu)}{2}\omega t}]$$

$$(2\text{-}68)$$

式中：$U_{\phi m}$ 为相电压的幅值；ϕ 为接地电弧熄灭时电压和电流之间的初始相角。

式（2-68）表明，阻尼率 d 与失谐度 ν 同时影响着故障相恢复电压的特性，并且后者起主要作用。针对三种不同的 ν 值的情况进行讨论：①$\nu=0$（$K=1$，$\omega_0=\omega$）；②$\nu=-20\%$（$K=1.2$，$\omega_0=1.095\omega\approx1.1\omega$）；③$\nu=+20\%$（$K=0.8$，$\omega_0=0.895\omega\approx0.9\omega$）。

当系统的 $d=5\%$ 时，3 种补偿状态下的恢复电压特性为：

当消弧线圈在谐振点 $\nu=0$，$K=1$ 运行时，因 $\omega_0=\omega$，故 u_0 与 u_A 的相位角始终保持相等或相反，随着 u_0 逐渐衰减到 0，u_A 慢慢恢复到相电压。这一恢复过程不仅时间较长，而且恢复电压的最大值不超过相电压的幅值。显然，该状态下的接地电弧较难发生重燃。

若 $d=0$，则振荡电压分量不再衰减，故障相电压将无法恢复正常。实际上这种情况也不可能出现。相反，随着 d 值的增大，振荡电压分量的衰减会加快，恢复电压的初速度也会随之增大，对接地电弧的熄灭将会产生不利的影响，同时还会出现谐振点偏移现象。因此，自动消弧线圈的限压电阻值越小越好，而且应当尽快退出运行。

当消弧线圈偏离谐振点运行时，虽然 u_0 与 u_A 在电弧熄灭的瞬间仍然保持着以上的关系，但是由于 $\nu\neq0$，$K\neq1$，$\omega_0\neq\omega$，所以，恢复电压的波形会发生相应的改变。同时，在恢复过程中会出现"拍频"现象，其周期为 $T=\frac{2\pi}{\omega-\omega_0}$。此条件下的恢复电压最大值，不仅可能超过相电压的幅值，而且达到最大值的时间也会明显缩短。同时，由于残流的增大，接地电弧也较易发生重燃现象。

再者，由于在 $\nu<0$、$K>1$ 情况下，$\omega_0>\omega$；而 $\nu>0$、$K<1$ 情况下 $\omega_0<\omega$，所以，即使在过补偿与欠补偿的残流数值或失谐度的绝对值完全相等的条件下，两者的恢复电压特性也不尽相同；同时，接地电弧发生重燃的概率和

电弧接地暂态过电压的倍数也不会相等。在此种情况下，欠补偿状态下故障恢复电压的初速度较过补偿时为小，而且距离谐振点越远，两者之间的差别越明显。

2.4.3 故障相恢复电压的初速度

恢复电压初速度大小在相当大的程度上制约着故障点的接地电弧是否会发生重燃现象，欲知恢复电压的初速度大小，应当先求出恢复电压的包络线，在包络线起点处所作切线的斜率便是故障相电压恢复的初速度。

对前述故障相恢复电压公式进行乘共轭值后开方，再取其模值，便得恢复电压的包络线，其数学表达式为

$$u_{en} = U_{\phi m} \sqrt{1 + e^{-d\omega t} - 2e^{-\frac{1}{2}d\omega t} \cos \frac{1}{2} v\omega t}$$

$$= U_{\phi m} \sqrt{1 + e^{-d\omega t} - 2e^{-\frac{1}{2}d\omega t} \cos \frac{1}{2} \frac{\nu}{d} d\omega t} \tag{2-69}$$

将式（2-69）各项用傅里叶级数展开，同时忽略 2 次方以上的各项，经过简化后，可得恢复电压的包络线近似表达式为

$$u_{en} = U_{\phi m} \sqrt{1 + 1 - d\omega t + \frac{(d\omega t)^2}{2} - 2\left[1 - \frac{d\omega t}{2} + \frac{(d\omega t)^2}{8}\right]\left[1 - \frac{(\nu\omega t)^2}{8}\right]}$$

$$u_{en} \approx U_{\phi m} \frac{\omega t}{2} \sqrt{d^2 + \nu^2}$$

$$\tag{2-70}$$

然后，求出式（2-70）的一阶导数，并将 $t=0$ 带入，便可求得恢复电压的初速度，其值为

$$V_0 = \left[\frac{du_{en}}{dt}\right]_{t=0} = U_{\phi m} \frac{\omega}{2} \sqrt{d^2 + \nu^2} = U_{\phi m} \frac{\omega}{2} \frac{I_\delta}{I_C} \tag{2-71}$$

式（2-71）清楚地表明，故障相恢复电压的初速度与阻尼率 d、失谐度 ν 直接相关，或者说它同故障点的残流 I_δ 与接地电容电流 I_C 的比值成正比。显然，当残流减小时，恢复电压的初速度降低，接地电弧较难重燃。实际上，当系统的运行方式确定后，电容电流 I_C 与阻尼率 d 便是常数，故只有减小失谐度 ν 或比值 I_δ/I_C，方能达到减小残流和降低恢复电压初速度 V_0 的目的。为此，根据恢复电压包络线近似公式可以绘制出不同的 ν/d 比值时的一簇包络线，如图 2-22 所示。

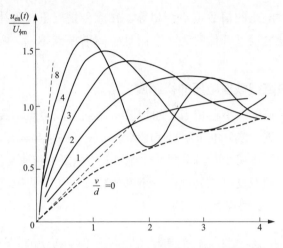

图 2-22　不同比值时恢复电压的包络线族

图 2-22 直观地表明，随着 ν/d 比值的减小，通过原点的切线的斜率，亦即恢复电压的初速度明显降低，接地电弧自然就不容易重燃了。

2.4.4　故障相电压的恢复时间

单接地电弧过零熄灭后，故障相电压恢复的快慢，也可用它恢复到正常相电压幅值的时间来表征，如前述，其值为

$$\tau = \frac{2}{\omega} \times \frac{1}{\sqrt{d^2+\nu^2}} = 0.0064\frac{I_C}{I_\delta} \tag{2-72}$$

式（2-72）表明，故障相电压的恢复时间，与残流的大小成反比。换言之，若系统的失谐度 ν 趋近于 0，或者和谐度 K 趋近于 1，则恢复时间越长，接地电弧就越难重燃。若消弧线圈恰好运行在谐振点，即失谐度 $\nu=0$ 或 $K=1$，残流 $I_\delta=dI_C$。因通常取 $d=5\%$，故 $\tau=0.128s$，相当于 6.4 个工频周波；若取 $d=3\%$，则 $\tau=0.21s$，相当于 10.5 个工频周波。

对于中性点不接地系统而言，系统正常运行时，相当于 $\nu=1$，$I_\delta \approx I_C$，则 $\tau=0.0064s$，仅相当于 0.32 个工频周波，显然，此时接地电弧较中性点经消弧线圈接地时更容易重燃。

通过分析可知，由于消弧线圈的作用，降低了故障相恢复电压的初速度，延长了故障相电压的恢复时间，并限制了恢复电压的最大值，从而可以避免接地电弧的重燃，达到有效熄弧的目的。

2.5 铁磁谐振与单相接地故障的区别

2.5.1 铁磁谐振的分类

电力系统中既存在串并联补偿电容器等容性元件，同时也存在变压器、互感器等感性元件。当受到扰动时，系统中的容性元件与感性元件的参数会随着系统扰动发生一些变化，当二者满足一定关系时就会产生一种非线性的共振现象，这种现象又被称为铁磁谐振。在中性点不接地系统中，变电站的母线上常常接有 $Y0$ 接线的电磁式电压互感器用于电压监测。由于互感器铁芯电感具有磁饱和特性，当某种不当操作促使铁芯电感进入饱和与系统中的等效电容相匹配后，铁磁谐振就会发生。

早在 19 世纪 40 年代初，H. A. Peterson 等对铁磁谐振进行了全面的模拟和实验研究，根据铁磁谐振发生时的特点，研究了系统电容和电感参数不同配比对它的影响并绘制了谐振区域图。

图 2-23 中 x_{C0}/x_m 为横坐标，$U/\sqrt{3}U_\varphi$ 为纵坐标，其中 x_{C0} 为系统各相对地容抗，x_m 为 PT 一次侧绕组在额定线电压下的励磁电抗值，$\sqrt{3}U_\varphi$ 是 TV 的额定线电压，U 为正常情况下的相电压。

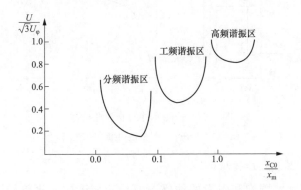

图 2-23 铁磁谐振区域图

由图 2-23 可知，随着 x_{C0}/x_m 值的增大，系统分别处于分频、工频和高频谐振区，且产生相应谐振的最低激发电压幅值也会随着谐振频率的提高而增大。在实际运行中，分频谐振现象最易发生，高频谐振最难发生。根据上图信息，可将谐振区域划分为以下四个区域：

(1) 当 $0.01 \leqslant x_{C0}/x_m \leqslant 0.08$ 时，系统处于分频谐振区；

(2) 当 $0.08 \leqslant x_{C0}/x_m \leqslant 0.8$ 时，系统处于工频谐振区；

(3) 当 $0.6 \leqslant x_{C0}/x_m \leqslant 3.0$ 时，系统处于高频谐振区；

(4) 当 x_{C0}/x_m 等于其他数值时，系统不发生谐振。

2.5.2 铁磁谐振产生机理

系统运行正常时，电压互感器具有很大的励磁阻抗，三相电压和电流基本保持均衡，中性点电压为零。当系统的状态突变时，如非同期合闸操作、接地故障消失或断线故障等，电压互感器励磁绕组受到冲击而饱和，相应的励磁阻抗急剧下降，与系统对地电容相匹配，满足谐振条件后就会引发铁磁谐振。

2.5.2.1 铁磁元件的非线性特性

铁磁谐振的产生与铁心元件的非线性有关。如图 2-24 (a) 所示的铁芯线圈，其磁链随线圈中电流变化的关系曲线如图 2-24 (b) 所示。当电流较小时，磁链与电流的关系为 $L=\varphi/i$，两者呈线性关系，电感值保持不变；当电流持续增加时，铁芯磁通也随之增加，且渐渐趋于饱和，此时电感值不再保持恒定，而是随电流的增加而逐渐地减小。

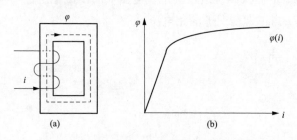

图 2-24 铁磁元件的非线性特性

(a) 铁芯线圈；(b) 磁链-电流关系曲线

2.5.2.2 单相铁磁谐振

由于电压互感器饱和引发的铁磁谐振是三相谐振，比单相铁磁谐振要复杂，可以先通过研究单相铁磁谐振的特点来理解三相铁磁谐振。建立最简单的 LRC 串联谐振回路，等效电路如图 2-25 所示。单相串联谐振回路是由等效电阻 R、等效电容 C、带铁芯的非线性电感 L 以及等效电源

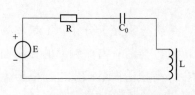

图 2-25 单相铁磁谐振回路图

E 组成。

在系统正常运行时，容性电抗小于感性电抗，即 $\omega L > 1/\omega C_0$，即 $U_L > U_C$，此时整个电路中电流呈感性，谐振不会发生。随着系统两端电压的逐渐升高，由于电感线圈的非线性作用致使铁芯饱和，感抗值减小，最终在某一电压下 $\omega L = 1/\omega C_0$，系统发生串联谐振，此时系统中阻抗值最小，电流和电压降趋于无穷大。由于电感的非线性的特点，等效电感会进一步减小，致使 $\omega L \neq 1/\omega C_0$，直到最后进入稳态。可以得出，铁磁谐振过电压虽然是由励磁电感的非线性引发，但是幅值却受到其非线性的约束，通常小于系统相电压的三倍。

2.5.2.3　铁磁谐振产生的必要条件

在电力系统中，通常在变电站母线上安装电磁式电压互感器来测量系统母线的对地电压，且高压侧绕组结成星形，中性点直接接地。在正常条件下，电压互感器高压侧具有很高的励磁阻抗，其电感处于非饱和区域内，三相基本平衡，中性点几乎无位移电压。当某些干扰对电力系统造成影响时（如单相接地故障消失、断线、非同期合闸等），会出现电荷释放的情况，使得电压互感器的励磁绕组工作在饱和区。当电压互感器的励磁绕组进入饱和区后，其励磁电抗会急剧下降，励磁绕组与系统的对地电容构成谐振回路，发生铁磁谐振现象，导致系统中性点出现了位移过电压。

铁磁谐振一般只在中性点不接地系统中发生，若系统的中性点直接接地，系统的三相电源就与电压互感器高压侧绕组相连，使得系统中各点电位均保持不变，因此该种情况下系统中不会出现铁磁谐振回路；若系统的中性点经消弧线圈接地，一般情况下消弧线圈的电感值远小于电压互感器的励磁电感值 L，零序回路中电压互感器的励磁电感相当于被消弧线圈所短接，回路中的谐振频率由消弧线圈的电感和系统对地电容决定，所以电压互感器励磁电抗的变化不会引发铁磁谐振。因此本文主要分析中性点不接地系统中的工频铁磁谐振。

综上所述，由于电压互感器励磁绕组饱和所引发铁磁谐振现象的必要条件为：

（1）系统的中性点不接地；

（2）电压互感器高压侧绕组星形接线，中性点直接接地；

（3）需要外界的一些扰动作为"激发"条件。

2.5.3 工频铁磁谐振的故障特征

通过对电压互感器开口三角形所测得零序电压做频谱分析，可以辨别出分频谐振、工频谐振以及高频谐振。由于工频铁磁谐振和单相接地故障的故障信号频率都是 50Hz，对这两种故障做频谱分析，达不到辨识的目的，为对二者进行有效区分，需研究分析工频铁磁谐振的故障特征。

2.5.3.1 工频铁磁谐振的电压特性

因为系统中线路电阻、线路电感以及相间电容对铁磁谐振的影响很小，所以在下面的分析中将其忽略，可以得出铁磁谐振等效电路图。

图 2-26 中 E_A、E_B、E_C 分别为三相电源电势，C_0 为三相导线每一相的对地等效电容，L 为电压互感器的励磁电感值。

对图 2-26 中的等效电路进一步简化，得出其等效网络，如图 2-27 所示。

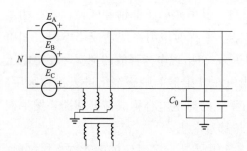

图 2-26 铁磁谐振等效电路图

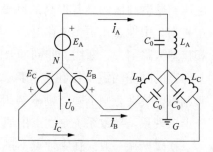

图 2-27 铁磁谐振等效网络

图 2-27 中，L_A、L_B、L_C 分别为电压互感器的三相励磁电感。设 Y_A、Y_B、Y_C 分别为三相励磁电感和对地电容的并联导纳，U_0 为中性点电压。

根据图 2-27，可列出各相的电流方程式为

$$\begin{cases} \dot{I}_A = (\dot{E}_A + \dot{U}_0)Y_A \\ \dot{I}_B = (\dot{E}_B + \dot{U}_0)Y_B \\ \dot{I}_C = (\dot{E}_C + \dot{U}_0)Y_C \end{cases} \tag{2-73}$$

以中性点 N 为节点，根据基尔霍夫电流定律可得

$$\dot{I}_A + \dot{I}_B + \dot{I}_C = 0 \tag{2-74}$$

可得中性点位移电压为

$$\dot{U}_0 = \frac{\dot{E}_{A}Y_{A} + \dot{E}_{B}Y_{B} + \dot{E}_{C}Y_{C}}{Y_{A} + Y_{B} + Y_{C}} \tag{2-75}$$

系统正常运行时，三相参数对称，$Y_{A} = Y_{B} = Y_{C}$ 且为容性性质，中性点电压 $\dot{U}_0 = 0$；若系统受到扰动 $Y_{A} \neq Y_{B} \neq Y_{C}$，由于三相不平衡导致中性点电位发生偏移，中性点电压 $\dot{U}_0 \neq 0$，而中性点电压的大小取决于并联导纳的值，即电压互感器励磁电感的饱和程度。根据每相励磁电感是否饱和以及饱和程度的不同，会出现以下几种情况：

1）电压互感器的三相励磁电感都出现轻度饱和，且每相饱和的程度不同，其性质仍为容性导纳。分别用 C_{A}、C_{B}、C_{C} 表示系统每一相等效的电容，则 $Y_{A} = j\omega C_{A}$、$Y_{B} = j\omega C_{B}$、$Y_{C} = j\omega C_{C}$，一般情况下 $C_{A} \neq C_{B} \neq C_{C}$，饱和程度越高，电容值越小。此时中性点位移电压计算式为

$$\dot{U}_0 = -\frac{\dot{E}_{A}C_{A} + \dot{E}_{B}C_{B} + \dot{E}_{C}C_{C}}{C_{A} + C_{B} + C_{C}} \tag{2-76}$$

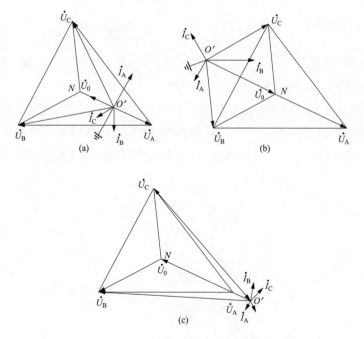

图 2-28　中性点位移电压向量图

（a）三相均轻度饱和；（b）一相严重饱和；（c）两相严重饱和

　　向量图如图 2-28（a）所示。由于三相导纳的性质相同，为了满足电流平衡 $\sum \dot{I}_0 = 0$，中性点 O' 一定位于三角形之内。此时根据饱和程度的不同，系统的一相或者两相会出现电压升高现象，但其电压值不会超过系统的线电压。

　　2）电压互感器的某一相励磁电感严重饱和，导纳呈感性；其余两相轻度饱和且饱和程度相同，导纳呈容性。A 相饱和后等效电感为 L'，B、C 两相并联支路等效电容为 $C_B = C_C = C'$，此时中性点位移电压计算式为

$$\dot{U}_0 = -\frac{\dot{E}_A \dfrac{1}{j\omega L'} + \dot{E}_B j\omega C' + \dot{E}_C j\omega C'}{\dfrac{1}{j\omega L'} + j\omega C' + j\omega C'} = \dot{E}_A \frac{1 + \dfrac{1}{\omega^2 L'C'}}{2 - \dfrac{1}{\omega^2 L'C'}} \tag{2-77}$$

其中

$$\frac{1 + \dfrac{1}{\omega^2 L'C'}}{2 - \dfrac{1}{\omega^2 L'C'}} \geqslant \frac{1}{2} \tag{2-78}$$

　　显然可以得出 $\dot{U}_0$ 与 $\dot{E}_A$ 同相且 $\dot{U}_0 \geqslant \dfrac{\dot{E}_A}{2}$，向量图如图 2-28（b）所示。为了满足电流平衡 $\sum \dot{I}_0 = 0$，中性点 O' 一定位于三角形之外，会出现一相（饱和相）电压升高，其他两相电压降低的现象。

　　3）电压互感器的两相励磁电感严重饱和，且饱和程度相同，都为感性导纳；其余一相轻度饱和，导纳性质为容性。B、C 两相饱和等效电感为 $L_B = L_C = L'$，A 相并联支路等效电容为 C'，此时中性点位移电压计算式为

$$\dot{U}_0 = -\frac{\dot{E}_A j\omega C' + \dot{E}_B \dfrac{1}{j\omega L'} + \dot{E}_C \dfrac{1}{j\omega L'}}{j\omega C' + \dfrac{1}{j\omega L'} + \dfrac{1}{j\omega L'}} = -\dot{E}_A \frac{1 + \dfrac{1}{\omega^2 L'C'}}{1 - \dfrac{2}{\omega^2 L'C'}} \tag{2-79}$$

其中

$$\frac{1 + \dfrac{1}{\omega^2 L'C'}}{1 - \dfrac{2}{\omega^2 L'C'}} \geqslant 1 \tag{2-80}$$

　　显然可以得出 $\dot{U}_0$ 与 $\dot{E}_A$ 反相且 $\dot{U}_0 \geqslant \dot{E}_A$，向量图如图 2-28（c）所示，为了满足电流平衡 $\sum \dot{I}_0 = 0$，中性点 O' 一定位于三角形之外，会出现一相电压降

低，两相（饱和相）电压升高的现象。

4）电压互感器的三相励磁电感严重饱和，导纳都呈感性。此情况与1）相似，中性点 O' 不会偏移至三角形外面，此时系统的三相电压不会出现同时升高的情况。若出现两相升高，则另外一相一定会降低，那么电压降低的这一相电压互感器的励磁电感就不能达到严重饱和的程度。在实际情况中不可能出现三相都严重饱和的情况，不予以考虑。

2.5.3.2 工频铁磁谐振的零序故障特征

根据电力系统运行经验，系统受到外界的冲击扰动所导致电压互感器励磁电感的饱和情况多属于第三种，表现为饱和两相的电压升高，未饱和相的电压降低。与单相接地故障后的三相电压特征相似，而其他情况与单相接地故障的特征有明显区别，所以以下着重研究电压互感器两相严重饱和情况下的工频铁磁谐振。

假设电压互感器的B、C两相严重饱和，感抗下降，与对地电容等效后，呈感性。用 L' 表示等效电感，有 $Y_B=Y_C=1/(j\omega L')$。A相等效后，呈容性，有 $Y_A=j\omega C'$。可以作出等效网络图，如图2-29（a）所示。将图2-29（a）的等效网络进一步简化，可得系统的零序等效图，如图2-29（b）所示。等效的零序电势用 U_0 表示，有 $C''=C'$，$L''=L'/2$。

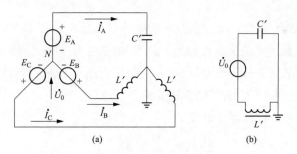

图 2-29　电压互感器两相饱和后的等效图

（a）电压互感器 B、C 相饱和等效网络；（b）零序等效网络

经过等效变换，其关系式为

$$C'=C_0-1/\omega^2 L_A, L'=\frac{L_B}{1-\omega^2 L_B C_0}, L''=\frac{L_B}{2-2\omega^2 L_B C_0}$$

根据两相严重饱和、一项轻度饱和时的中性点位移电压公式可得出零序回路中等效的电压源的表达式为

$$\dot{U}_0 = -\dot{E}_A \frac{\omega C' + \dfrac{1}{\omega L'}}{\omega C' - \dfrac{2}{\omega L'}} \qquad (2\text{-}81)$$

显然可以看出，$\dot{U}_0$ 与 $\dot{E}_A$ 方向相反。在零序等效网络中，若电感和电容满足 $\omega L'' = 1/\omega C''$，即 $\omega L' = 2/\omega C'$，则零序回路中发生串联谐振，此时回路中的阻抗值最小，电流达到最大值。

回路发生谐振，理论上会使相电压及中性点位移电压趋于无穷大。但电容支路的端电压较电感支路端电压高，导致等效回路中的电感因严重饱和而继续减小，使等效之后的导纳性质成感性，导致三相励磁电感都严重饱和。根据上面的分析，这种情况是不存在的。这是由于励磁电感的非线性特性，在电流增大的同时电感值会进一步下降，使得等效回路中的感抗值和容抗值不再相等，限制了系统中电压和电流的继续增大，直至出现稳定谐振。

等效的零序回路中有

$$\dot{I}_0 = \dot{U}_0 \times j\left(\omega C'' - \frac{1}{\omega L''}\right)$$

$$= -\dot{E}_A \frac{\omega C' + \dfrac{1}{\omega L'}}{\omega C' - \dfrac{2}{\omega L'}} \times j\left(\omega C' - \frac{2}{\omega L'}\right) = -j\dot{E}_A\left(\omega C' + \frac{1}{\omega L'}\right) \quad (2\text{-}82)$$

由式（2-82）可知，零序回路中的电流是滞后于电压 90°的，呈感性。但零序电流的监测点放在出线首段的，则引发谐振的线路上测出的电流是容性的，就是零序电压滞后零序电流 90°，是由母线流向线路的。其他出线上的对地电容与等效在中性点上的零序电压源形成通路，电流也是呈容性的，方向相同。故整个系统中的零序电流的关系为

$$|\dot{I}_{0L}| = |\dot{I}_{01} + \dot{I}_{02} + \dot{I}_{03}| \qquad (2\text{-}83)$$

总结上面的分析，可得出结论：发生工频铁磁谐振时，系统中的所有出线的零序电流均是由母线流向线路的，即超前于零序电压 90°。

由此作出发生工频铁磁谐振后系统中零序电流分布图，如图 2-30（a）所示。母线上电压互感器的励磁电感与各条线路的对地电容构成零序回路，零序电流的向量关系如图 2-30（b）所示。

综上所述，可以总结出发生工频铁磁谐振后三相电压和零序分量的特征规律：

（1）故障后系统三相电压的变化规律与电压互感器励磁电感的饱和特性有关。其中在电压互感器两相严重饱和的情况下，会出现一相电压降低，两相电压升高的现象，与单相接地故障时的电压特征相似。

（2）发生工频铁磁谐振后，电压互感器的励磁电感相当于一个电流源，与对地电容构成回路，电感上的电流是流向线路的，对地电容上的电流是流入大地的。所以在发生工频铁磁谐振后，各出线上的零序电流是超前零序电压90°的。

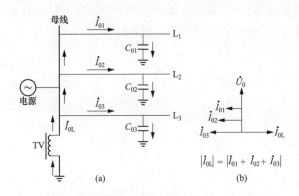

图 2-30　电压互感器两相饱和后的等效图

（a）铁磁谐振故障时系统中零序电流分布；（b）向量关系图

2.5.4　铁磁谐振与单相接地故障的区分

由于铁磁谐振也会促使接地信号装置发出报警信号，造成"虚幻接地"现象。为了区分单相接地故障和铁磁谐振，根据前文对单相接地故障和铁磁谐振的特征分析，找出二者的区别与联系，总结在系统电压对称的前提下，判断系统发生铁磁谐振而非单相接地故障的判据如下：

（1）如果系统零序电压的谐波分量存在明显的分频或倍频分量，则判断系统发生分频铁磁谐振或倍频铁磁谐振；

（2）如果系统三相电压同时升高，则判断系统发生铁磁谐振；

（3）系统某相电压降低，其余两相电压升高且幅值超过线电压，则判断系统发生铁磁谐振；

（4）系统某相电压升高但不等于额定电压的 1.5 倍，且与零序电压同相，其余两相电压降低且幅值相等，则判断系统发生铁磁谐振；

（5）系统某相电压降低但不等于 0，且与零序电压反相，其余两相电压升高且幅值相等，则判断系统发生铁磁谐振。

除上述可区分的故障特征外，当存在以下情况时，仅通过系统零序电压和三相电压特征，可能无法有效辨识谐振接地和单相接地故障：

（1）系统两相轻度饱和使得某相电压降低为 0，其余两相电压升高至线电压，此时与系统发生单相金属性接地故障特征相似；

（2）如果受系统阻尼的影响或者两相电压互感器的饱和程度不一致，可能与经电阻接地的现象相同。

针对仅通过系统零序电压和三相电压特征无法辨识的情况，可以考虑通过零序电流与零序电压的方向等做进一步的判别。

3

小电流接地系统单相接地故障消弧技术

中性点安装消弧补偿装置是治理中压配电网中单相接地故障危害的有效方法之一。这种接地方式可以追溯到 20 世纪初期。1916 年，德国人 W. Petersen 发明了消弧线圈（arc suppression coil，ASC），并提出中性点经消弧线圈接地的运行方式。这种接地方式主要利用消弧线圈补偿对地电容电流，因此采用这种接地方式的电网常称为补偿电网，也称之为消弧线圈接地系统、谐振接地系统等。

中性点经消弧线圈的接地方式历史悠久，很多国家都采用或者计划采用这种接地方式。德国是消弧线圈的发源地，消弧线圈在电网中使用比例很大。苏联曾规定 3～66kV 电网中性点采用消弧线圈接地方式，后来俄罗斯和东欧国家都普遍沿用了这种接地方式。而在北欧的斯堪的纳维亚半岛国家由于森林众多，大风雨雪较多，树枝经常与配电电路接触，这往往导致瞬时性接地故障。这种情况下小电流接地方式占据很大优势，因此这些国家普遍采用中性点不接地或者经消弧线圈接地方式。我国在建国以后，参照苏联的做法，对 3～66kV 电网中性点主要采用不接地或经消弧线圈接地的运行方式。

3.1   消弧线圈的工作原理

3.1.1   消弧线圈工作原理

消弧线圈的主要结构是一个带铁芯的线圈电抗器。消弧线圈接在供电变压器的中性点，使消弧线圈（自动或者手动调谐电感）流入接地弧道的电感性电流抵消经健全相流入该处的电容性电流，从而使接地电流大大减小，如图 3-1 所示。某些配电网络由于变压器接线为三角形方式，所以没有可供消弧线圈的中性点，此时可在母线上接入一个星形接线的三相变压器（接地变压器），在它的中性点接消弧线圈。

当系统正常运行时，由于中性点对地电压为零，消弧线圈上无电感电流。

当单相接地故障后，接地故障点与消弧线圈的接地点形成短路电流通路。此时中性点电压升高为相电压，作用在消弧线圈上，将产生一个感性电流，在接地故障处，该电感电流与接地故障点处的电容电流相抵消，从而减少了接地点的电流，使电弧易于自行熄灭。消弧线圈利用流经故障点的电感电流和电容电流相位差为 $180°$，补偿电容电流，减小流经故障点电流，降低故障相接地电弧两端的恢复电压速度，来达到消弧的目的，如图 3-1 所示。

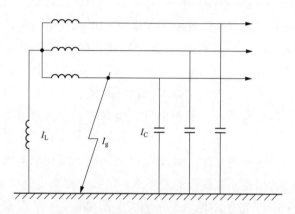

图 3-1　经消弧线圈接地的电路示意图

中性点经消弧线圈接地方式的优点一方面和不接地方式一样，可以带单相接地故障运行一段时间（小于 2 小时），另一方面它又降低了由单相接地发展成两相短路的概率。与经电阻接地方式相比，这种接地方式能显著减小单相接地故障电流，同时一定程度上降低了非故障相的工频电压升高，且不存在中性点不稳定过电压的缺点，性能十分优越。

总的来说，电网中性点经消弧线圈接地方式能自动消除瞬时性单相接地故障，具有减少跳闸次数、降低接地故障电流的优点，得到了比较广泛的应用。

3.1.2　消弧线圈的补偿方式

（1）全补偿方式。消弧线圈产生的电感电流等于电网电容电流，接地故障点残流为 0，即 $I_C = I_L$。从消除故障点的电弧，避免出现弧光过电压的角度来看，此种补偿方式是最理想的。但在全补偿时，消弧线圈的电感与电网的线路对地电容形成串联谐振，如果线路的三相对地电容不完全相等，则电源中性点对地之间就产生电压偏移，该偏移电压会在串联谐振回路中产生很大的电压降落，从而使电源中性点对地电压严重升高。因此，在实际应用中不能采用该种补偿方式。

（2）欠补偿方式。消弧线圈产生的电感电流小于电网电容电流，接地故障点残余电流为容性，即 $I_C > I_L$。在该种补偿方式下，当系统的运行方式发生改变时，比如当某个元件或某条输电线路被切除时会导致电力系统电容电流减小，则很可能会出现 I_C 和 I_L 电流相等的情况，有可能出现完全补偿，又将发生串联谐振过电压。因此，该种补偿方式一般也很少被采用。

（3）过补偿方式。过补偿是使电感电流大于电容电流，即 $I_L > I_C$，单相接地处有感性电流流过。过补偿既能消除接地处的电弧，又不会产生谐振过电压，这是因为若因元件或线路切除使接地电流 I_C 减少，$I_L \gg I_C$，远离产生谐振的条件。即使将来电网发展使电容电流增加，由于消弧线圈有一定的裕度，也有 $I_L > I_C$，不会产生谐振，可以继续使用一段时间，故过补偿在电网中广泛使用。

3.2 消弧线圈的主要作用

设置消弧线圈的目的，主要是为了自动消除电网的瞬时性单相接地故障。当发生永久性单相接地故障时，可以由选线装置跳开断路器，也可以带电运行一段时间，由调度运行管理部门切除故障线路。消弧线圈可以补偿电容电流，并降低故障相电压的初速度和幅值，从而实现接地电弧的熄灭，消除瞬时性单相接地故障。

3.2.1 减小接地故障电流

当补偿电网发生单相接地故障时，消弧线圈可以补偿电网的接地电容电流，使接地电弧瞬间自行熄灭。为了说明这一问题，尚需从补偿电网的等值接线图谈起。

3.2.1.1 补偿电网的等值接线图

在正常运行情况下，补偿电网的等值接线图如图 3-2 所示。图 3-2 中虚线的右侧部分，即我们所要讨论的补偿电网。为了便于分析，图 3-2 尚需进一步简化。

假定电网中的线路进行了完全的换位（$C_A = C_B = C_C = C_0$，$r_A = r_B = r_C = r_0$），且三相负荷全部是对称的。因为单相接地故障仅与电网的零序回路参数有关，这样，便可得出补偿电网发生单相接地故障时的简化等值接线图（见图 3-3）。

由于谐振接地电网的零序阻抗 Z_0 趋近于无限大，故线电压三角形保持刚体不变，三相负荷依然保持对称平衡，同时，相间电容中流过的电容电流仍旧自成回路。因为这些因素均不参加熄弧过程，所以在图 3-3 中可以忽略不计。

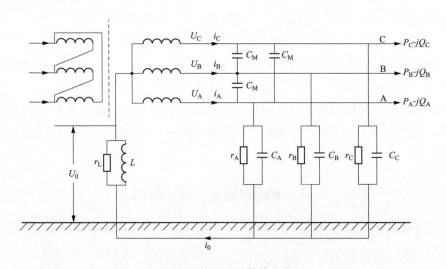

图 3-2　补偿电网的等值接线图

r_A、r_B、r_C—分别为电网 A、B、C 三相对地泄漏电阻；C_A、C_B、C_C—分别为三相对地电容；

C_M—相间电容；$P{-}jQ$—三相负荷；L—电源变压器中性点的消弧线圈的调谐电感；

r_L—消弧线圈的等值损耗电阻；$\dot{U}_0$—中性点位移电压；$\dot{I}_0$—地中的零序电流

3.2.1.2　单相接地故障时电压、电流相量图

在补偿电网的任何相上的一点，例如 A 相上的 k 点发生接地故障时，若忽略故障点的接地电阻与弧道电阻的影响，即相当于发生单相金属性接地故障。此时，故障相的电压 $\dot{U}_A$ 降低到零，中性点电压 $\dot{U}_0$ 位移至 $-\dot{U}_A$，非故障相的电压 $\dot{U}_B$ 与 $\dot{U}_C$ 升高到线电压 $\dot{U}'_B$ 与 $\dot{U}'_C$，相当于三相电压均叠加了一个 $-\dot{U}_A$。虽然这时电网的中性点发生了位移，可是，电源发电机和电力用户对该单相接地故障并无反应，所以，在这一条件下允许补偿电网在一定时间内带故障继续运行。

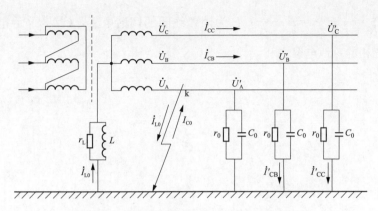

图 3-3 单相接地故障时补偿电网的等值接线图

r_0、C_0—分别为相对地的泄漏电阻和对地电容；

L、r_L—分别为消弧线圈的调谐电感和等值损耗电阻

在 A 相接地故障存在期间，三相接地电容电流 $\dot{I}_{CA}$、$\dot{I}_{CB}$、$\dot{I}_{CC}$（无功电流）和三相对地泄漏电流 $\dot{I}_{rA}$、$\dot{I}_{rB}$、$\dot{I}_{rC}$（有功电流）的变化情况，与上述三相电压的变化情况完全相同，即 $\dot{I}_{CA}=0$、$\dot{I}_{rA}=0$；$\dot{I}_{CB}$、$\dot{I}_{CC}$ 与 $\dot{I}_{rB}$、$\dot{I}_{rC}$ 增大到 $\sqrt{3}$ 倍。这样，便不难求出接地电容电流的全值 $\dot{I}_{C0}$；同理，补偿电流的全值 $\dot{I}_{L0}$ 为有功分量 $\dot{I}_{rL}$ 与无功分量 $\dot{I}_L$ 的相量和。当 $\dot{I}_{C0}$ 与 $\dot{I}_{L0}$ 为已知后，残余电流 $\dot{I}_\delta$ 的大小和方向便可很容易地确定了。

残流 $\dot{I}_\delta$ 的性质（阻性、容性或感性）随消弧线圈补偿状态的不同而改变。这里以过补偿状态为例，说明 A 相接地时电压、电流的变化情况，如图 3-4 所示。

3.2.1.3 电流谐振等值回路

为了计算故障点的残余电流，利用赫尔姆斯—戴维南定理或叠加原理可从图 3-3 中得出此时补偿电网的零序等值回路，即图 3-5 中所示的电流谐振等值回路。

图 3-5 中补偿电网的等值全损耗电阻 R 是由电网 A、B、C 三相的对地泄漏电阻 $r=\dfrac{r_0}{3}$ 和消弧线圈的损耗电阻 r_L 两部分组成，若用对地电导 G 表示，

则 $G=\dfrac{1}{R}=\dfrac{1}{r}+\dfrac{1}{r_{\mathrm{L}}}=\dfrac{3}{r_0}+\dfrac{1}{r_{\mathrm{L}}}$；$L$ 为消弧线圈的调谐电感，$C=3C_0$ 为电网 A、B、C 三相的对地电容之和。

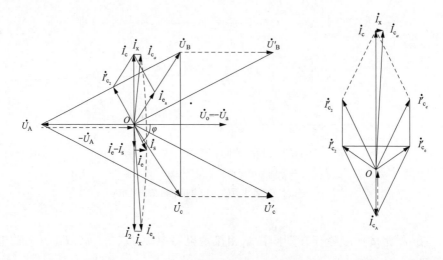

图 3-4　A 相接地时的电压、电流相量图

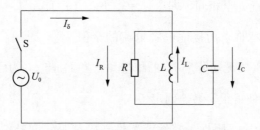

图 3-5　补偿电网的电流谐振等值回路

R—补偿电网的等值全损耗电阻；

L—消弧线圈的调谐电感；C—电同三相的对地电容

利用图 3-5 中的等值回路，可方便地求出残余电流的大小和方向。因残流的数值较小，故用 $\dot{I}_\delta$ 表示，其值为

$$\dot{I}_\delta=\dfrac{U_0}{R}+\mathrm{j}\omega C_0 U_{\mathrm{ph}}+\dfrac{U_0}{\mathrm{j}\omega L}=I_{\mathrm{R}}+\mathrm{j}(I_{\mathrm{C}}-I_{\mathrm{L}})=I_{\mathrm{C}}(d+\mathrm{j}\nu) \tag{3-1}$$

式中：U_0 为中性点位移电压，$U_0=U_{\mathrm{Ph}}$，kV；I_{R} 为残流中的有功分量，$I_{\mathrm{R}}=U_{\mathrm{Ph}}/R$，A；$I_{\mathrm{C}}$ 为电网的接地电容电流，$I_{\mathrm{C}}=3\omega C_0 U_{\mathrm{Ph}}$，A；$I_{\mathrm{L}}$ 为消弧线

圈的补偿电流，$I_L = U_{Ph}/\omega L$，A；d 为补偿电网的阻尼率，$d = I_R/I_C$，可用百分值（%）表示：ν 为补偿电网或消弧线圈的脱谐度，$\nu = (I_C - I_L)/I_C$，也可用百分值（%）表示，而 $\nu = 1 - K$，K 为补偿电网或消弧线圈的和谐度。

式（3-1）表明，由于消弧线圈的电感电流补偿了电网的接地电容电流，使故障点的接地电流变为数值显著减小的残余电流，所以残流过零时电弧就容易熄灭。这是消弧线圈熄弧原理的第一要点。

残余电流 $\dot{I}_\delta$ 与中性点位移电压 $\dot{U}_0$ 之间的相角差 φ，其计算式为

$$\varphi = \arctan \frac{\nu}{d} \tag{3-2}$$

由式（3-1）和式（3-2）可知，残流的大小与相位均由阻尼率与脱谐度的大小而定，而故障相恢复电压的初速度，也同时与阻尼率和脱谐度直接有关（见第 2.4 节）。换言之，阻尼率与脱谐度直接关系到接地电弧熄灭的两个要点，显著影响消弧线圈等补偿装置的动作成功率。

由于脱谐度、合谐度与阻尼率等技术术语比较重要，而且在以后的讨论中经常使用，故需要先进行必要的解释。

3.2.1.4　脱谐度、合谐度与阻尼率

（1）脱谐度（ν）。根据定义 $\nu = (I_C - I_L)/I_C$ 可知，脱谐度即残流 $\dot{I}_\delta$ 中的无功分量（$I_C - I_L$）与补偿电网的电容电流 I_C 之比，其符号的正负和数值的大小，表示电流谐振等值回路的不同工作状态和偏离谐振（或距离请振点远近）的程度。三种不同工作状态如下：

1）全补偿（谐振点，$\nu = 0$）。当电流谐振回路恰好在谐振点工作时，因 $\nu = 0$，$\varphi = 0$，$I_C = I_L$，此时，电容电流与电感电流大小相等，方向相反，彼此完全抵消，故 $I_\delta = I_R$，残流中仅含有有功分量，不仅其值最小，且其相位与零序性质的中性点位移电压 U_0 同相。

2）欠补偿（$\nu > 0$）。当电流谐振回路在欠补偿状态下工作时，因 $\nu > 0$，$I_C > I_L$，$\varphi > 0$，此时，I_δ 中不仅含有有功分量，同时含有容性无功电流分量，其值较前明显增大，同时 I_δ 领先于 U_0。

3）过补偿（$\nu < 0$）。当电流谐振回路在过补偿状态下工作时，因 $\nu < 0$，$I_C < I_L$，$\varphi < 0$，此时，I_δ 中主要为感性无功电流分量，其值同样明显增大，且其相位滞后于 U_0。

由上述分析可知，脱谐度 ν 的绝对值越大，回路的工作状态距离谐振点

或偏离谐振状态越远；反之，若 ν 的绝对值越小，回路的工作状态距离谐振点或趋向谐振状态越近；脱谐度为零时，回路恰好工作在谐振点。同时，ν 值为正时，残流呈现容性；ν 值为负时，残流虽呈现感性；ν 值为零时，残流为纯阻性。

残流 I_δ 与脱谐度 ν 之间的关系如图 3-6 所示。

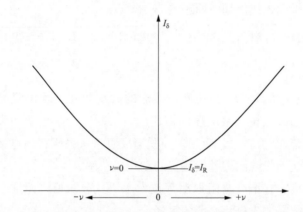

图 3-6　残流 I_δ 与脱谐度 ν 的关系曲线

（2）合谐度（K）。由式（3-1）可知

$$\nu = 1 - \frac{I_L}{I_C} = 1 - K \tag{3-3}$$

式中：$K = \dfrac{I_L}{I_C}$，称为补偿电网或消弧线圈的合谐度。

根据 K 的定义可知，合谐度即补偿电流与电容电流之比。这样，可以从另一视角观察图 3-7 中电流谐振回路的工作状态与残流的性质。若 K 值从两个方向趋近于 1，则表示回路或消弧线圈的工作状态逐渐向谐振点靠拢。

1）全补偿（谐振点，$K=1$）。当电流谐振回路恰好在谐振点工作时，因 $K=1$，$\varphi=0$，$I_\delta=I_R$ 等，此时的情况与 $\nu=0$ 时完全相同。

2）欠补偿（$K<1$）。当电流谐振回路在欠补偿状态下工作时，因 $K<1$，$I_C<I_L$，$\varphi>0$ 等，此时的情况与 $\nu>0$ 时完全相同。

3）过补偿（$K>1$）。当电流谐振回路在过补偿状态下工作时，因 $K>1$，$I_C>I_L$，$\varphi<0$ 等，此时的情况与 $\nu<0$ 时完全相同。

同样，残流 I_δ 与合谐度 K 之间的关系如图 3-7 所示，它与图 3-6 极为相似。

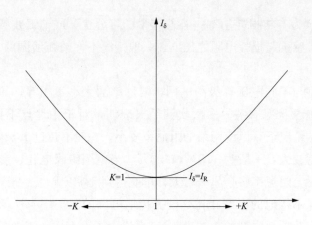

图 3-7 残流 I_δ 与合谐度 K 的关系曲线

补偿电网中的消弧线圈一般均靠近谐振点运行。从上面的分析可知，脱谐度 ν 和合谐度 K 均是相对于谐振点而言的，前者表示离开的程度，后者表示靠近的程度，是同一事物的两个方面。若消弧线圈偏离谐振点运行，脱谐度 ν 距 0 点越远，合谐度 K 偏离 1 越大，则残流 I_δ 随之显著增大，熄弧越加困难；反之，若消弧线圈越趋近谐振点运行，脱谐度 $\nu \approx 0$，合谐度 $K \approx 1$，则残流 I_δ 越小，熄弧越加容易。

（3）阻尼率（d）。根据式（3-1）可知，阻尼率 $d = \dfrac{I_R}{I_C}$，即残流 I_δ 中的有功电流分量与电容电流之比。$I_R = I_r + I_{rL}$，这说明补偿电网的阻尼率是由两部分组成的，其值为

$$d = \frac{I_R}{I_C} = d_0 + \frac{P}{\omega^2 LC} = d_0 + KP = d_0 + d_L \qquad (3\text{-}4)$$

式中：$d_0 = \dfrac{3}{r_o \omega C}$，为中性点不接地电网的阻尼率，其值为该电网的对地泄漏电流与电容电流之比，也即对地泄漏电导与电容电纳之比；d_L 为因消弧线圈的有功损耗而增加的阻尼率，其值为消弧线圈的合谐度 K 与其有功损耗 P（％）的两者之积，即 $d_L = KP$。

因为消弧线圈的补偿容量 $Q_L = I_L U_{ph}$，由此可得用百分值表示的消弧线圈的有功损耗

$$P(\%) = \frac{I_{rL}}{I_L} \times 100\% = \frac{\omega L}{r_L} \times 100 \qquad (3\text{-}5)$$

式中：P 为有功损耗功率占补偿容量的百分比，或消弧线圈的有功电流与补偿电流、感抗与损耗电阻之比。在一般情况下，消弧线圈的 $P=1.5\%\sim2.0\%$。

不同类型与不同电压等级的电网，阻尼率的大小不相等，其值与电网中电气设备的绝缘状况有关。多次实测结果表明，对于中性点不接地的电网，在绝缘正常的情况下，电缆网络的阻尼率较小，一般不超过 1.5%；架空线路电网的阻尼率较大，一般为 $1.5\%\sim2.0\%$。当电缆绝缘老化、受潮或架空线路污秽严重时，阻尼率将会显著增大，可能达到 5% 以上。

与中性点不接地的电网相比，谐振接地电网的阻尼率有所增加，这是由消弧线圈的有功损耗引起的，式（3-4）也说明了这点。由于消弧线圈通常均靠近谐振点运行，即 $K\approx1$，故消弧线圈所增加的阻尼率 $d_L\approx P\%$。由于阻尼率 d 之值不大，一般不会对补偿电网接地电弧的熄灭产生实际的影响。过去曾经有人试图对残流中的有功分量进行补偿，后来并未获得推广。当今，电缆补偿电网的电容电流显著增大，这一问题值得注意。

3.2.1.5 不同补偿状态下的残流特性

接地故障点的残流情况，由消弧线圈的补偿状态确定。分析脱谐度、合谐度与阻尼率的目的，在于比较准确地计算出残流的大小，同时确定其容性、感性等属性，以便指导消弧线圈的调谐和运行。当电网的运行方式确定后，有功电流分量便基本是一个常数，所以在一般情况下，我们需要关注和能够控制的，主要是残流中的无功分量。

对于不同电压等级和不同类型的补偿电网，当消弧线圈的调谐状态固定后，根据式（3-1）、式（3-2）便可准确地确定残余电流的大小、方向，其阻性、感性和容性自然也就容易确定了。随着脱谐度或合谐度分别向零或1趋近，则接地电弧的熄灭越加容易。

从上面的讨论可知，不论任何原因引起补偿电网的任何一点接地时，利用电流谐振原理适当地调整消弧线圈的电感，便可以使故障点的接地电弧断间自行熄灭，而接地电弧过零熄火后是否重燃，将主要故障相恢复电压的特性确定。

3.2.2 降低故障相恢复电压的初速度

故障切除后电压恢复速度的大小是影响故障电弧重燃的重要因素，本书第二章2.4节对故障切除后的电压恢复速度进行详细分析，此处不再赘述。

下面主要对故障切除后电压恢复的时间进行分析。对于谐振接地系统，单相接地故障切除电弧熄灭后，系统故障期间积蓄的能量将通过系统中的电容、电感、电阻进行释放，需经过一段时间才能恢复到正常状态，系统恢复的过程也就是零序电压不断衰减的过程。

3.2.2.1　母线零序电压分析

谐振接地系统发生单相接地故障时可用图 3-8 所示的等效回路进行分析。图 3-8 中：u_m 为电源电压；L_0 与 R_0 分别为线路、变压器及过渡电阻在零序回路中的等值电感和等值电阻；C 为系统三相对地电容；u_C 为电容两端电压，也是母线零序电压；R_L 为消弧线圈等效损耗电阻；L 为消弧线圈的调谐电感；S1 为开关。

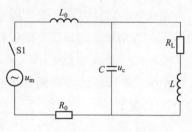

图 3-8　单相接地故障等效回路

当 S1 闭合时，回路代表发生单相接地故障后的等值回路；当 S1 断开时，则代表故障切除熄弧后恢复过程的等值回路。S1 断开后，由图 3-8 的等效回路可以得到如下微分方程

$$LC\frac{\mathrm{d}^2 u_C}{\mathrm{d}t^2} + R_L C\frac{\mathrm{d}u_C}{\mathrm{d}t} + u_C = 0 \tag{3-6}$$

对于中性点经消弧线圈接地系统，一般满足 $(R_L/2L)^2 < 1/(LC)$ 的条件，因此可以得到 2 个特征根

$$\begin{cases} u_{C(1)} = \mathrm{e}^{(-\delta + j\omega_0)t} \\ u_{C(2)} = \mathrm{e}^{(-\delta - j\omega_0)t} \end{cases} \tag{3-7}$$

式中：δ 为衰减常数；ω_0 为角频率。

$$\delta = R_L/(2L) \tag{3-8}$$

$$\omega_0 = \sqrt{1/(LC) - [R_L/(2L)]^2} \tag{3-9}$$

根据欧拉公式和叠加原理对式（3-7）进行化简，可得方程（3-6）的通解 u_C 为

$$u_C = \mathrm{e}^{-\delta t}(a_1\cos\omega_0 t + a_2\sin\omega_0 t) \tag{3-10}$$

式中：a_1、a_2 为常数。以故障电弧熄灭瞬间为零时刻，熄弧瞬间的母线零序电压和消弧线圈电流可用 $u_C(0_+)$ 和 $i_L(0_+)$ 表示，由初始条件可得：$a_1 = u_C(0_+)$，$a_2 = -i_L(0_+)/(C\omega_0\delta)$。

当 u_C 和初相角 φ_0 满足式（3-10）时，式（3-9）可写为式（3-11），即

$$\begin{cases} u_C = a_2 \sqrt{1+(a_1/a_2)^2} \\ \varphi_0 = \arctan(a_1/a_2) \end{cases} \tag{3-11}$$

$$u_C = U_C e^{-\delta t} \sin(\omega_0 t + \varphi_0) \tag{3-12}$$

式中：U_C 为母线零序电压的峰值。

由式（3-11）可知，熄弧后母线零序电压 u_C 随时间的变化是以 δ 为衰减常数、ω_0 为角频率的振荡衰减过程。

3.2.2.2 衰减常数分析

由图 3-8 所示的等效回路可知，消弧线圈的有功损耗功率占补偿容量的百分比 P 满足

$$P = R_L/\omega L \tag{3-13}$$

将式（3-13）代入式（3-8），可得 δ 与 P 的关系为

$$\delta = R_L/2L = P\omega/2 \tag{3-14}$$

一般情况下，P 的取值范围为 $1.5\% \sim 2.0\%$，则 δ 的取值范围为 $2.36 \sim 3.14$。

3.2.2.3 衰减时间分析

母线零序电压 u_C 的衰减时间就是其包络线 u_{en} 取值的下降时间，由式（3-12）可得 u_{en} 的数学表达式为

$$u_{en} = U_C e^{-\delta t} \tag{3-15}$$

对于 δ 的典型取值，u_C 与 u_{en} 随时间的变化情况如图 3-9 所示。

由图 3-9 可知，u_{en} 可以直观地反应 u_C 的衰减情况，随着时间的增加，u_{en} 的值不断减小。针对不同衰减常数 δ，母线零序电压包络线 u_{en} 随时间的变化情况如图 3-10 所示。

母线零序电压包络线的衰减系数 $\lambda = u_{en}/U_C \times 100\%$。由图 3-10 可以看出，对于相同的 λ，u_{en} 的衰减时间随着 δ 的增大而减小。对式（3-15）进行求解，可以得到 u_{en} 在不同的衰减系数 λ 所对应的衰减时间，如表 3-1 所示。

表 3-1 中衰减系数 λ 为衰减后与衰减前的零序电压之比，衰减时间为零序电压衰减至相应衰减系数的时间，其计时起点为断路器跳开的时刻。由前述分析可知，本次线路单相接地故障过程中，从断路器跳开到零序电压衰减至低于 27V 的时间为 467.5ms，与表 3-1 中衰减系数为 27% 的计算结果相符，验证了计算结果的准确性。

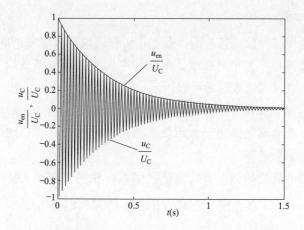

图 3-9   母线零序电压 u_C 及其包络线 u_{en} 随时间的变化情况

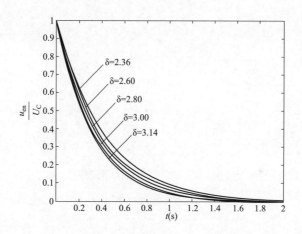

图 3-10   不同衰减常数下母线零序电压包络线随时间的变化情况

表 3-1   不同的衰减系数所对应的衰减时间

衰减系数 λ（%）	30	27	20	18	15
衰减时间（ms）	383.4～510.2	417.0～554.8	512.6～682.0	546.1～726.6	604.2～803.9

3.2.3   单相接地电弧的熄灭

补偿电网中接地电弧的熄灭，与残余电流的大小和性质等因素有关。而残流的大小和性质，又因消弧线圈的调谐状态不同而有所区别。在残余电流为有功电流、电感电流和电容电流的情况下，其数值的大小和恢复电压的特性，均随脱谐度与阻尼率的不同而改变。显然，消弧线圈在谐振点运行，接

91

地电弧最容易彻底熄灭。

消弧线圈在过补偿或欠补偿状态下，何种接地电弧较易彻底熄灭的问题，大家一直比较关心。为了更好地了解补偿电网中接地电弧的熄灭情况，先从一般交流电流电弧的熄灭问题谈起。

3.2.3.1 交流电流电弧的熄灭

典型的交流电流电弧可分为阻性、感性及容性等三种，现分别对它们的熄弧情况讨论如下。

（1）有功电流的熄弧。有功电流的熄弧，相当于图 3-5 中只有电阻 R 存在时断开隔离开关 S 的情况。此时的有功电流 $\dot{I}_{\rm R}$ 与电源电压 $\dot{U}_0$ 同相。当电流过零电弧熄灭后，恢复电压与电源电压相同，如图 3-11（a）所示。

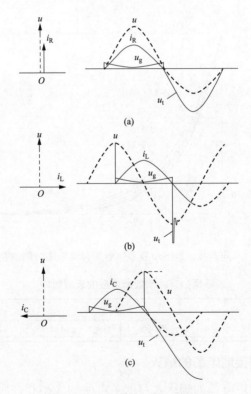

图 3-11 不同性质电流的熄弧情况

此时恢复电压的初速度一般为 $0.1 \sim 0.2 \rm kV/\mu s$。由于数值较低，故电弧一般较难重燃。

（2）电感电流的熄弧。电感电流的熄弧，相当于图 3-5 中只有 L 存在时断开 S 的情况。此时的电源电压 $\dot{U}_\circ$ 较电感电流 $\dot{I}_L$ 领先 90°，当电流过零电弧熄灭后，恢复电压如图 3-11（b）所示。

由于电感 L 的杂散电容很小，振荡电压的频率可以很高，它叠加在电源电压的正弦波上面，一般可使恢复电压的初速度达到 $1\sim2\text{kV}/\mu\text{s}$，最高有时可以超过 $10\sim20\text{kV}/\mu\text{s}$。由于恢复电压数值很高，在一般情况下，电弧容易重燃。

（3）电容电流的熄弧。电容电流的熄弧，相当于图 3-5 中只有 C 存在时断开 S 的情况。此时的电源电压 $\dot{U}_\circ$ 较电容电流 $\dot{I}_C$ 滞后 90°，当电流过零电弧熄灭后，由于电容上保持有等于电源幅值的电压，恢复电压如图 3-11（c）所示。

此时恢复电压的波形近似余弦曲线，恢复电压的初速度一般不大于 $0.1\text{kV}/\mu\text{s}$。由于数值最低，故电弧一般不易重燃。

比较以上三种情况可知：

1）在典型的交流电弧情况下，以电容电流熄弧最为容易，所以，当电网的接地电容电流较小时，中性点采用不接地方式运行是有根据的，而且也比较简单与经济实用。

2）电感电流熄弧最为困难，电网中性点经高电抗或低电抗接地时，实际上是初级的和不完善的谐振接地方式，缺点比较严重。

3）有功电流熄弧情况居中，这点与谐振接地的电网不同，中性点经高电阻接地时，增大了接地故障电流，在能够保证接地电弧瞬间熄灭的条件下，尚可使用；中性点经低电阻接地时，需要慎重考虑。

3.2.3.2　残余电流电弧的熄灭

补偿电网中残流过零电弧熄灭的情况，与上述的典型交流电弧相比有所不同。残余电流的接地电弧熄灭后，故障相的电压是伴随着振荡电压分量的衰减而逐渐恢复的，因此，总体来说，恢复电压的初速度较不同特性典型交流电弧熄灭后的初速度为小，所以，残余电流的接地电弧比较容易熄灭。

由式（3-12）、式（3-13）可知，残流越小，恢复电压的初速度越低，故障相电压恢复到额定相电压幅值的时间越长，则接地电弧越容易熄灭。显然，

93

当残流中仅含有功电流分量时，接地电弧的熄灭最为容易；但是，残流中通常含有感性或容性的无功电流分量，那么熄弧情况又将如何呢？上述的两个公式中虽然没有标明残流的特性，不过在脱谐度绝对值相等的条件下，容性的残流值小于感性的残流值。概括地讲，前者的接地电弧较后者容易熄灭。现分成三个区段进行说明：①当残流或脱谐度很小时，接地故障发生后故障点不建立电弧，两者的差异不易呈现；②当残流或脱谐度较大时，接地电弧处于不稳定状态，则两者的差别比较明显；③当残流或脱谐度很大时，接地电弧稳定燃烧，两者之差又较难出现，然而由于燃弧状态的不同，电弧接地过电压可能有所区别。

根据在我国 $10\sim110kV$ 补偿电网中多次电弧接地试验的结果，证明上述结论是正确的例如在一个 $Ic=25.35A$ 的 $35kV$ 补偿电网中进行消弧试验时，残流 I_δ 和脱谐度 ν 的变化范围分别为 $-13.4\sim+18.4A$ 与 $-53\%\sim+72.5\%$，当 $I_\delta\approx4A$ 或 $\nu\approx\pm15.8\%$ 时，接地电弧一闪而熄；当 $I_\delta\approx10A$ 或 $\nu\approx\pm40\%$ 时，欠补偿的接地电弧一般较弱，有时仅呈现几丝纤细的火花，而过补偿时电弧一般较大，有时为一团火球；当 $I_\delta=13.4A$ 或 $|\nu|\geqslant53\%$ 时，两者的差别明显缩小。最后，将消弧线圈退出运行又进行了两次接地试验，电弧不能自行熄灭，人工接地开关自动跳闸。

国外的一些熄弧试验结果与我国的试验情况是一致的。根据电弧接地过电压的测量结果，当脱谐度较大（例如 $|\nu|>20\%$）时，过电压稍有区别（过补偿时稍高，欠补偿时略低），不过即使脱谐度 $|\nu|=100\%$，两者的电弧接地过电压也只是在 3.2p.u.，上下略有升高与降低而已。

虽然欠补偿状态下的熄弧一般比较有利，且电弧接地过电压略低，但在欠补偿状态下发生断线故障时，一般比较危险，所以，补偿电网中的消弧线圈通常并不在欠补偿的状态下运行。

3.3 消弧线圈的分类

3.3.1 投入及退出补偿状态的方式分类

为达到最佳补偿及抑制电弧重燃，消弧线圈的脱谐度应该等于或者接近于零，即感抗应与对地容抗相等。但在电网正常运行时，如果消弧线圈还保持这样的工作状态，就会导致串联谐振。此时，中性点位移电压很大，被称为串联谐振过电压。我国运行规程中规定中性点位移电压不应大于 15% 的相电压。从避免串联谐振过电压的角度来说，消弧线圈的脱谐度应远离谐振点。显然，这是一对矛盾。从某种意义上说，消弧线圈的发展过程就是解决这个矛盾的过程。根据解决该矛盾方法的不同，可以把消弧线圈分为预调式和随调式两类。图 3-12 所示为消弧线圈原理图。

（1）预调式。为抑制电网正常运行时的串联谐振过电压，可以在零序回路增加阻尼率。增加阻尼率的办法有两种：①阻尼电阻与消弧线圈串联；②阻尼电阻与消弧线圈并联。无论是串联还是并联，常态时消弧线圈均被调节至接近全补偿的最佳补偿状态，等待接地发生。当发生接地故障后，立刻切除阻尼电阻（串联时短接掉电阻，并联时断开电阻的连接）以实现最佳补偿。采用这种方法的消弧线圈称为预调式消弧线圈。

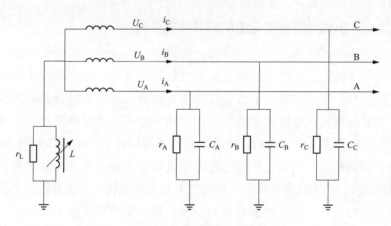

图 3-12　消弧线圈原理图

应选取合适阻值的阻尼电阻以适应预调谐方式。如果电阻太大，那么中性点位移电压将会偏低，从而造成测量系统灵敏度降低。如果不能快速切除阻尼电阻，那么较大的阻尼电阻又会增加接地点故障电流中的有功成分，影响熄灭电弧。更为严重的是，如果切除电阻的速度比较慢，那么在这段时间里接地点故障电流并没有被补偿，接地电弧并不会自动熄灭。此外，应选择合适的开关。这种开关需要能够耐高电压或者大电流，动作速度要快。需要注意的是，长期、频繁的操作开关也会导致设备的老化等问题。因此，无论阻尼电阻，还是开关都增加了消弧线圈整套设备的成本。

（2）随调式。针对上述预调方式的缺点，提出动态补偿的方法。这种方法的实质是通过增大脱谐度避免串联谐振。即：电网正常运行时，实时检测电网对地电容的大小，调节消弧线圈远离谐振点，避免串联谐振；当发生单相接地故障后，迅速调节消弧线圈电感至全补偿状态，减小故障电流，实现最佳补偿；当接地故障消除之后，再次调整消弧线圈远离谐振点。采用这种方式的消弧线圈被称为随调式消弧线圈。

随调式消弧线圈一般采用电力电子器件，因此能够快速调节消弧线圈的电感量。由于不需要加装阻尼电阻，因而也就不存在动作开关。偏磁式消弧线圈、相控式消弧线圈等都属于随调式消弧线圈，具体原理见后续章节介绍。这种方式要求消弧线圈能够快速、准确地测量对地电容以及快速调节电感值。但在接地故障发生后，随调式消弧线圈需要一段时间（几个周波）的调整才能达到最佳补偿位置，这无疑对电弧的熄灭造成了不利影响。

3.3.2 消弧线圈补偿电流的调节原理分类

消弧线圈发展初期，配电网结构比较简单，很少改变运行方式，一般多采用手动调节的消弧线圈。如果要调节消弧线圈的电感，必须首先停止消弧线圈工作，然后在离线状态下改变其抽头后再投入运行。随着配电网规模的扩大，尤其是系统运行方式经常变化，这种手动调节消弧线圈的方法就很难满足系统运行要求。资料表明，安装具有自动跟踪补偿功能消弧线圈的电网，单相接地短路平均时间是无补偿电网的 1/80，而具有手动补偿的电网是无补偿电网的 1/6。消弧线圈逐渐向自动跟踪对地电容电流、自动补偿兼具故障选线、定位方向发展。根据调感方式的不同，消弧线圈可以分为调匝式、可调气隙式、调容式、三相五柱式、相控式、偏磁式、主从式等。下面分别予以介绍。

3.3.2.1 调匝式消弧线圈

调匝式消弧线圈是最早发明的消弧线圈之一。如图 3-13 所示，这种消弧线圈具有多个抽头，不同的抽头代表不同的绕组匝数。改变绕组匝数就可以达到改变消弧线圈电感值的目的。最初采用离线调节的方法改变抽头，而自动调匝式消弧线圈采用有载分接开关在线选择抽头。自动调匝式消弧线圈补偿电流上下限之比一般为 2：1 或者 2.5：1，分 9～20 档调节，各档间电感级差较大，经常不能满足调节深度的要求。

调匝式消弧线圈采用预调方式工作，常态下调节消弧线圈在谐振点附近

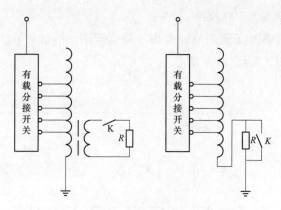

图 3-13　调匝式消弧线圈结构示意图

并投入阻尼电阻，确保串联谐振电压小于 15％相电压；接地故障发生后，切除阻尼电阻，调匝式消弧线圈达到最佳补偿状态；接地消除之后，再次投入阻尼电阻，恢复常态运行。

调匝式消弧线圈的电感量不能连续调节，需要有载分接开关配合使用。在其调节范围内，有限数量的抽头使其很难运行在全补偿状态。而且，当系统运行方式改变时，需要频繁调节抽头，有载分接开关的频繁动作导致其机械机构寿命缩短。

3.3.2.2　可调气隙式消弧线圈

根据电磁场的理论，铁芯线圈的电感量为

$$L = \frac{\mu_0 W^2 S_0}{\delta + \dfrac{S_0}{\mu_r S_m} l_m} \tag{3-16}$$

式中：$\mu_0 = 4\pi \times 10^{-7} \mathrm{H \cdot m^{-1}}$ 为真空中磁导率，μ_r 为相对磁导率；W 为绕组的匝数；S_0 和 S_m 分别为气隙等效磁路面积和铁芯磁路面积，$\mathrm{m^2}$；δ 和 l_m 分别为气隙长度和铁芯磁路长度，m；L 为电感，H。

从式（3-16）可以看出，改变铁芯气隙的长度 δ 可以改变消弧线圈的电感值。可调气隙式消弧线圈就是利用这个原理研制的。由于气隙可以连续改变，因此消弧线圈的电感值可以连续调节。

可调气隙式消弧线圈可以连续调节电感，运行可靠。但是，可调气隙式消弧线圈需要精密的机械机构，调节速度慢，噪音大，多应用于欧洲各地。

3.3.2.3　调容式消弧线圈

针对调匝式消弧线圈调节速度慢、补偿范围小的缺点，人们研制出一种调容式消弧线圈，如图 3-14 所示。

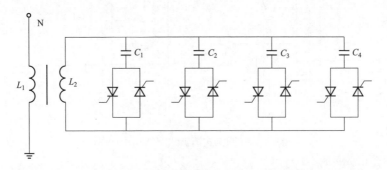

图 3-14　调容式消弧线圈结构示意图

图 3-14 中，L_1 表示消弧线圈的一次绕组，接入系统的中性点 N；L_2 表示消弧线圈的二次绕组，与多组电容器并联。各组电容器容量不同，C_1、C_2、C_3、C_4 的容量比为 1∶2∶4∶8，总容量为消弧线圈的一半。两只晶闸管反向并联作为双向开关使用。通过该开关的导通与关断控制电容器组 C_1、C_2、C_3、C_4 的投入与切除。这 4 个开关的不同组合可以得到 16 档不同的容抗，从一次侧看进去，消弧线圈的总感抗也会有 16 种不同值。从而达到调节消弧线圈的目的。如果要增加调节精度，则只需要在二次侧增加电容器组即可。

调容式消弧线圈采用晶闸管作为电容器投切开关，开关动作极快，因此消弧线圈响应时间非常短。但是，这种调容式消弧线圈的电感是非连续变化的，因此很难工作在全补偿状态。投切电容器组容易产生涌流，危害晶闸管。另外，电容器经过长期使用老化后，其容量降低，从而导致输出电流不准确，因而维护保养工作量大。

3.3.2.4　三相五柱式消弧线圈

在我国，由于变压器的角型接法，消弧线圈一般需要接地变压器的配合才能接入中压配电网中。三相五柱式消弧线圈把这二者结合为一体，其结构如图 3-15 所示。图中，A、B、C 相为配电网线路，L_1 为三相五柱式消弧线圈，L_2 为电抗器，两只晶闸管反向并联组成一个可控的双向开关，K 为交流接触器，R 为中值电阻。该类型消弧线圈主体有五个铁芯柱，中间三个柱绕有线圈，其一次侧首端接配网相线 A 相、B 相及 C 相（高压线圈），末端星形连接后与大地相接。二次侧（低压线圈）首尾相连形成开口三角，开口处接电抗器 L_2 及电阻 R。两边柱与中间柱之间存在气隙。

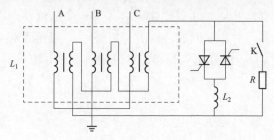

图 3-15 三相五柱式消弧线圈结构示意图

当系统发生单相接地故障时，三相五柱式消弧线圈一次侧线圈两端的三相电压不再平衡，可以分解为正序和零序分量。正序分量相量和为零，因此不会流入大地，其产生的正序磁通也只能在中间柱中流动，而零序分量大小相等，方向相同，通过气隙与两个边柱形成通路。通过控制开口三角处晶闸管导通角的大小，可以调节流经二次侧电感上的电流，从而达到改变一次侧零序电流的目的。具体分析如下：

当发生单相接地故障时，一次侧将存在零序电压 U_0。根据变压器的原理，在副边开口三角形上也将产生一个零序电压 U_{20}。图 3-16 表示消弧线圈副边电感回路等效示意图。此处的晶闸管实际上起到了交流调压器的作用。晶闸管的控制角 α 的调节范围为 $90° \sim 180°$，那么该回路基波等效感抗为

$$X_2 = \frac{\pi\omega L_2}{2(\pi - \alpha) + \sin 2\alpha} \quad (3\text{-}17)$$

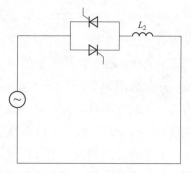

图 3-16 消弧线圈副边
电感回路示意图

三相五柱式消弧线圈是接地变与消弧线圈的统一，因而兼具接地变和消弧线圈的双重功能，因此也被称为接地变压器式消弧线圈。显然，三相五柱式消弧线圈占地少，能够节省变电所的空间位置，同时采用晶闸管控制可以提高响应速度。但是这种消弧线圈调节范围小，输出电流中含有谐波，而且二次侧电感 L_2 使消弧线圈的成本增加。

3.3.2.5 相控式消弧线圈

相控式消弧线圈的结构来源于单相晶闸管可控电抗器（Thyristor Controlled Reactor，TCR）。TCR 由一个电抗器 L 与一对反向并联的晶闸管串联而成，如图 3-17 所示。晶闸管相当于开关，不妨设 $\omega t = \alpha$ 时晶闸管导通，可以列出微分方程

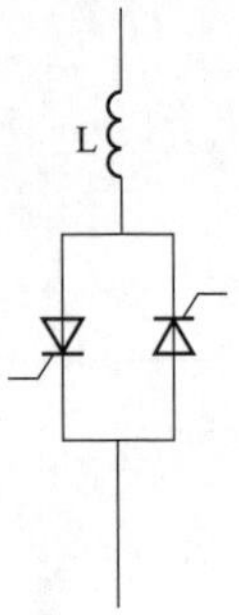

$$L\frac{\mathrm{d}i}{\mathrm{d}t} = \sqrt{2}U\sin\omega t \tag{3-18}$$

那么电抗器电流为

$$i = \frac{\sqrt{2}U}{\omega L}(\cos\alpha - \cos\omega t) \tag{3-19}$$

图 3-17　晶闸管控制电抗器

对其进行傅里叶级数展开，可以得到电抗器电流的基波分量 I_1 和谐波分量 I_n，其有效值分别为

$$\begin{cases} I_1 = \dfrac{U}{\omega L}\dfrac{\sin 2\alpha - 2\alpha + 2\pi}{\pi} \\ I_n = \dfrac{4U}{\pi\omega L}\left[\dfrac{\sin(n+1)\alpha}{2(n+1)} + \dfrac{\sin(n-1)\alpha}{2(n-1)} - \dfrac{\sin n\alpha\cos\alpha}{n}\right], n = 3,5,7,\cdots \end{cases}$$

$$\tag{3-20}$$

可以看出，除了基波之外，电抗器电流中还含有大量的 3 次、5 次等奇次谐波。因此相控式消弧线圈往往需要增加滤波装置以滤除谐波（一般采用如图 3-18 所示的结构）。这种结构与三绕组变压器类似，第一绕组接电网的中性点，第二绕组连接 2 个反并联的晶闸管。第一、二绕组之间的漏抗很大，充当被晶闸管控

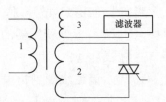

图 3-18　相控式消弧线圈结构示意图

制的电抗器的角色，因此也常被称作高短路阻抗变压器式消弧线圈。由于晶闸管的控制角 α 的变化范围为 $90°\sim180°$，因此从式（1-20）可知，基波等效感抗在 $[\omega L，\infty)$ 之间变化。图中，第三绕组连接 LC 滤波器，分别滤除三次、五次、七次谐波。这种消弧线圈采用晶闸管控制，响应时间短。由于不需要调节线圈匝数，因此也不要机械传动装置，结构相对简单。理论上，其输出的补偿电流可以在 $0\sim100\%$ 的量程范围内连续调节，伏安特性的线性度好。

3.3.2.6　偏磁式消弧线圈

根据励磁方式的不同，偏磁式消弧线圈可以分为他励式和自励式（磁阀式）。其基本工作原理是通过改变铁芯的磁导率，达到调节电感的目标。而他励式和自励式的区别在于：他励式需要外加励磁电源，而自励式可以利用电网电压经整流后提供电源，不需要外加励磁电源。

以他励式为例，简单介绍偏磁式消弧线圈的工作原理。偏磁式消弧线圈结构如图 3-19 所示。图中，在两个边柱上布置直流绕组 2 和 4，并且这两个直流绕组反向串联以互相抵消工频感应电压；交流工作绕组布置在两个边柱和中间柱上，并且两边柱绕组 3 和 5 并联，然后再同中间柱绕组 1 串联。中间柱有空气隙，其作用是减少

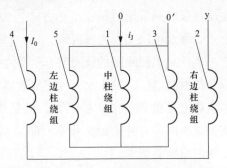

图 3-19　偏磁式消弧线圈结构示意图

漏磁通及漏磁损耗。该结构中，边柱上设置两级磁化区以降低工作电流谐波含量，中间柱上有气隙以改善低偏磁强度下的工作电流波形。

偏磁磁通经两边柱和上下轭铁构成回路。随着偏磁电流的增加，边柱上两级磁化区先后进入饱和状态和极度饱和状态，而大截面始终处于不饱和状态。交流工作电流随励磁增大而增大，其谐波随励磁增大而减小。这种消弧线圈无需传动装置，响应速度快，调节范围宽（可达 1∶10）。但是存在非线性，设计复杂，制造成本高，长时间励磁也会导致铁芯过热。而且，直流控制绕组、交流工作绕组中都含有谐波电流。

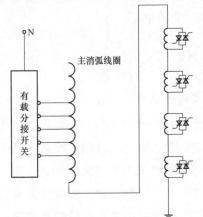

图 3-20　主从式消弧线圈
结构示意图（从消弧线圈为相控式）

3.3.2.7　主从式消弧线圈

主从式结构的消弧线圈，如图 3-20 所示。在该结构中，主消弧线圈采用自动调匝式消弧线圈，利用其快速熄灭瞬时性故障电弧，主要用作粗调；从消弧线圈采用多个晶闸管控制的电抗器串联而成，用作细调。这些电抗器的电抗值按照

二进制组合，由晶闸管作为电子开关控制投切，例如图中 4 个电抗器可以得到 24 个补偿值。电网正常运行时，主消弧线圈粗调至 15% 过补偿点附近，从消弧线圈被短接；故障时，从消弧线圈根据全补偿要求按照相应组合方式投入电抗器进行细调，使整个消弧线圈工作在全补偿状态附近。这种主从式消弧线圈是预调式和随调式结合的典型，其中主消弧线圈采用预调方式工作，而从消弧线圈采用随调式工作方式。如果从消弧线圈采用相控电抗器的控制方式，那么可以实现无级可调。

主从式消弧线圈的优点在于：发生瞬时故障时，主消弧线圈可以熄灭大部分的瞬时电弧；发生永久性接地故障时，从消弧线圈继续补偿使残流最小。这实质上是粗调与细调的结合。但是这也存在一些问题：在正常运行期间，从消弧线圈一直处于短路状态，即晶闸管开关一直处在工作状态，增加了消弧线圈故障的概率。

同时也有其他的主从式结构，从消弧线圈采用有源逆变式结构。由于采用有源逆变方式，从消弧线圈实质相当于一种发生装置。通过从消弧线圈向故障电网注入无功分量、有功分量、谐波分量等以实现接地残流最小，实现真正意义上的"全补偿"。这种方式与有源滤波类似。但是，为了补偿有功分量及谐波分量，需要准确测量这些量的大小。这是比较困难的。而且有功分量往往还作为一种特征量用来故障选线，因此完全补偿有功分量是否有益也是值得商榷的。另外，这种信号注入需要提供直流电源。

3.4　消弧线圈的技术要求

3.4.1　自动跟踪补偿消弧线圈成套装置要求

消弧线圈一般配合为系统提供人工中性点的接地变压器、控制消弧线圈行为的控制器以及相关辅助设备共同使用，也就是所说的自动跟踪补偿消弧线圈成套装置。装置的基本功能包括：自动跟踪系统电容电流的变化；当系统发生单相接地故障时，自动补偿系统单相接地电容电流的工频分量并降低故障点熄弧后恢复电压上升的速度，以利于接地电弧的熄灭并降低高幅值间歇性电弧接地过电压出现的概率。

自动跟踪补偿消弧线圈成套装置应能自动跟踪系统电容电流的变化，并据此设置执行机构的工作状态。当系统发生单相接地故装置应立即作出判断，尽快启动执行机构；执行机构应尽快到达设定状态。当系统单相接地故障消除时，装置应能及时判断并尽快退出补偿状态。装置不应对系统产影响，并应满足系统的相应要求。

（1）自动跟踪时间的要求。自动跟踪时间即系统在正常运行中，当系统电容电流发生一定程度变化时，装置由一种设定状态调整到另一种设定状态的时间。自动跟踪时间应尽量短，以在系统电容电流发生变化时，准确判断并进行装置的状态调整。

对于预调式装置，其设定状态的调整由执行机构实施，状态调整需要时间，其自动跟踪时间包括系统电容电流变化更新测量时间和装置由变化前设定状态调整到变化后设定状态的时间，应不大于 3min/档；对于随调式装置，其设定状态的调整由控制器设定，其状态调整时间可忽略不计，自动跟踪时间仅为系统电容电流变化更新测量时间，应不大于 3s。

（2）残流的要求。残流即谐振接地系统发生单相接地时，经消弧线圈补偿后流过接地点的全电流。对于不直接连接发电机的系统，残流不应大于10A；对于直接连接发电机的系统，残流不宜大于发电机接地故障电流允许值。根据 DL/T 620 要求，发电机接地故障电流允许值如表 3-2 所示。

表 3-2　　　　　　　　　　　发电机接地故障电流允许值

发电机额定电压（kV）	发电机额定容量（MW）	电流允许值（A）	发电机额定电压（kV）	发电机额定容量（MW）	电流允许值（A）
6.3	≤50	4	13.8～15.75	125～200	2
10.5	50～100	3	18～20	≥300	1

注　对额定电压为 13.8～15.75kV 的氢冷发电机为 2.5A。

（3）级差电流的要求。级差电流即有级调节的装置相邻挡位在消弧线圈额定电压下输出电流之差。装置宜采取减少级差电流或无级调节等措施减少残流。对于不直接连接发电机的系统，级差电流不宜大于 5A；对于直接连接发电机的系统，级差电流不宜大于表 3-2 规定的发电机接地故障电流允许值。

（4）中性点位移电压的要求。补偿电网中性点位移电压计算式为

$$U_0 = \frac{\rho}{\sqrt{\nu^2 + d^2}}U_{\text{ph}} \tag{3-21}$$

式中：U_0 为中性点位移电压有效值；ρ 为补偿电网的不对称度；ν 为补偿电网的脱谐度；d 为补偿电网的阻尼率；U_{ph} 为补偿电网额定相电压有效值。

由式（3-21）可知，当 U_{ph}、ρ、d 一定时，随着 ν 的减小而 U_0 增大，当 ν 小到一定数值时，U_0 将会达到一个最大值，中性点位移电压 U_0 过大，会破坏系统的绝缘，电网的绝缘薄弱部位将被击穿，这是不允许的。在正常运行情况下，中性点经消弧线圈接地系统中性点位移电压长时间允许值小于 15% 相电压，1h 允许值小于 30% 相电压，事故限时运行允许值小于 100% 相电压。以上规定表明，系统在正常运行状态，中性点位移电压须小于 15% 相电压；系统线路跳闸或停运时，位移电压须小于 30% 相电压；系统发生断线故障时，位移电压须小于 100% 相电压。

3.4.2 消弧线圈的容量的选择

消弧线圈的容量选择，应以现行电网的实际电容电流为主要依据，并同时考虑 5 到 10 年的发展趋势，并按式（3-22）计算确定。

$$Q = kI_C U_\varphi \tag{3-22}$$

式中：Q 为消弧线圈容量，单位为 kVA；k 为负荷增长系数，其大小根据实际情况来定，一般为 1.25～1.35；其值的大小取决于对电网发展趋势和消弧线圈的台数综合考虑。取值太小，会给运行带来不便，投入不久便需增容并花费二次投资；取值太大，会造成容量积压，特别是在电网发展初期，可能对消弧线圈的合理调谐造成一定的影响。I_C 为系统对地电容电流（A），U 为系统额定相电压（kV），由于消弧线圈在电网正常运行时空载损耗甚小，所以在选择消弧线圈时，根据计算的结果应向上靠拢。调容式自动消弧线圈，其补偿电流的调节范围宽为 0～100% 同时调谐精度也高，非常适用于发展中的补偿电网。

3.4.3 消弧线圈最小脱谐度的选择

（1）补偿电网中最小脱谐度的定义。最小脱谐度 ν_{min} 就是当中性点位移电压为最大值时的脱谐度，即

$$\nu_{min} = \frac{I_C - I_L}{I_C} \tag{3-23}$$

式中：I_C 为系统接地电容电流；I_L 为消弧线圈的补偿电流。

当 $\nu>0$ 时为欠补偿，$\nu<0$ 时为过补偿。

（2）消弧线圈的整定原则。中性点加装消弧线圈的主要作用是系统发生单相接地故障时，单相接地故障电流因消弧线圈的补偿作用而变小，从而使接地电弧能瞬间自行熄灭，系统能快速恢复运行。从减小接地故障电流的角

度考虑，脱谐度越小越好，但是消弧线圈的脱谐度越小，在电网正常运行和发生断线故障情况下中性点的位移电压就越高。

鉴于以上原因，若能保证中性点位移电压在规程规定的范围，脱谐度要尽可能选得最小，以使消弧线圈的消弧作用能达到最好效果，这是消弧线圈的整定原则。

在整定消弧线圈的脱谐度时要尽量采用过补偿方式。若采用欠补偿方式，当系统某条线路跳闸或停运后，电网电容电流将减小，消弧线圈有可能在全补偿状态下运行，不仅有可能引起谐振过电压，而且还会导致中性点位移电压超过允许值。同时，若系统某条线路发生断线故障，消弧线圈欠补偿状态下的中性点位移过电压要比过补偿状态下的更加严重。

（3）最小脱谐度计算。当系统发生不对称故障时，若消弧线圈过补偿运行，中性点位移电压将减小，脱谐度将会增大，因此可以按照正常运行情况计算过补偿时的脱谐度，即按照中性点位移电压不超过 15% 相电压来计算，得到

$$\nu = \sqrt{\frac{\rho^2}{0.15^2} - d^2} \tag{3-24}$$

多次计算与实测结果表明，以架空线路为主的电网不对称度一般为 0.5%~1.5%。架空线路电网对应较大的数值，电缆占主要比例的混合电网对应较小的数值，纯电缆网络的不对称度一般情况下数值很小。

不同电压等级、不同类型电网，阻尼率的大小并不相等，电气设备的绝缘水平与其关系密切。工程实测表明，对于中性点不接地电网，在绝缘正常的情况下，架空线路电网的阻尼率较大，一般为 1.5%~2.0%；电缆网络的阻尼率较小，一般不超过 1.5%。经消弧线圈接地的电网，消弧线圈的有功损耗会引起电网阻尼率增加，增加的阻尼率为 1.5%~2.0%。

鉴于以上论述，10kV 谐振接地电网的不对称度可取 1%，而阻尼率 d 可取 4%，则利用式（3-24），计算得到过补偿时的最小脱谐度：$\nu = 0.053$。

3.4.4　消弧线圈的安装要求

消弧线圈能否安装，在什么地方安装，应根据具体情况而定，不同的配电变压器及不同供电运行方式以及地区或城市的实际电网的具体情况来决定。但是，如果安装消弧线圈补偿装置，需要确定电网在最大运行方式还是最小运行方式下，必须满足过补偿运行的要求，当然，还要兼顾电网的发展，所

以，一般不将多台消弧线圈集中安装在电网的某一处，应分散安装在系统各个供配电中心，这样，不仅可以分区运行，当发生单相接地故障时，大部分网络不会失去消弧线圈的补偿。当然，在供电网络内，应尽量避免只安装一台消弧线圈运行。

（1）配电变压器 Y/△ 接线。流过消弧线圈的电流也同时流过变压器线圈绕组，所以，当变压器有一个绕组接成三角形的情况时，无论磁路的结构如何，在这个线圈中，一定会出现抵消零序电流的环流。所以，当消弧线圈的容量，在不大于该变压器额定容量的 50% 时，变压器不会受到任何不利的影响。

（2）三线圈变压器 Y/Y/△ 接线。考虑到三线圈变压器的容量比，在满足变压器 2h 过负荷 30% 的规定，所以消弧线圈的容量，不得大于三线圈变压器的任一线圈的容量，一般情况下，选择消弧线圈的容量为不大于该变压器容量的 1/3。

（3）三相内铁型变压器 Y/Y 接线。考虑到受零序电压降和铁壳损失的限制，一般消弧线圈的容量，小于变压器额定容量的 20%。

（4）单相变压器组或外铁型三相变压器 Y/Y 接线。由于其零序阻抗很大，所以，安装消弧线圈补偿意义不大，只会得不偿失，所以，一般情况下，在这类型的变压器中性点上不接消弧线圈补偿装置。

3.5　消弧线圈运行中存在的主要问题及应对措施

我国绝大多数配网是采用不接地方式，少数大中型城市采用小电阻接地方式。近几年来，随着自动跟踪消弧线圈的逐步成熟和性能更佳的新产品的不断涌现，越来越多的地方开始考虑或采用中性点经消弧线圈接地的方式。但另一方面随着自动跟踪补偿消弧线圈的逐步应用，带来了选线困难等问题，使得有些用户从运行方便的角度考虑而不得不采用其他如经小电阻接地的方式，实际上根据大量用户的反映，统计数据表明早期自动跟踪消弧线圈接地成套系统配套选线装置准确度不到 50%。

3.5.1　消弧线圈运行中的主要问题

（1）快速响应问题。当发生单相接地故障时，若需经过几十毫秒甚至多达数秒的时间才能投上消弧线圈，对于目前接地电流越来越大的系统来讲，已经越来越不适应了。理想的对策是利用快速响应的消弧线圈将弧光接地抑制在起弧的一瞬间，这就要求消弧系统具有极快的响应速度。同时，实际运行中（特别是在雷雨季节）通常会连续发生相隔时间极短的多次单相接地故障，消弧线圈必须具有极快的响应速度，才能有效地补偿并消除这些故障，保证系统的安全运行。

（2）补偿容量问题。随着架空线路长度的增加和电缆线路的增多，系统电容电流越来越大，传统的集中式消弧线圈补偿方法一方面难以在电容电流较大时取得满意的补偿效果，另一方面大容量消弧线圈制造工艺复杂、造价高，且变电站通常难以提供足够的位置来安装体积庞大的消弧线圈。为了解决这个问题，35kV 及以下系统将中性点的接地方式改为经小电阻接地，这样就牺牲了中性点非有效接地方式供电可靠性高的优点。

（3）残流问题。消弧线圈能使瞬时性故障恢复的前提是补偿后的残流小于熄弧临界值。消弧线圈为无源工频无功电流补偿装置，只能补偿接地故障电流中工频无功电容电流分量，由于线路实际存在有功损耗及消弧线圈等设备的有功损耗的影响，故障电流中还包含电阻性电流以及谐波电流，这部分消弧线圈无法补偿。

当谐波电流和阻性电流较大时，即使我们把电容电流和电感电流的差值控制在 10A 以内，叠加以后仍可使故障点的残流大于熄弧临界值，而无法使瞬时性接地电弧在一定的时间内可靠熄灭。特别是当电网电容电流较大，接近消弧线圈接地方式的容量上限时由于位移电压的限制而不得不把残流放大，还有采用有载开关调频方式时，由于受有载开关的挡位所限，而造成残流不易精确控制时，更容易使故障点的残流大于熄弧临界值而无法使瞬时性故障电弧在一定的时间内可靠熄弧。

（4）故障选线问题。消弧线圈可以熄灭电弧，消除瞬时性接地故障，避免馈线断路器的频繁操作。这是谐振接地系统的优点，但是也给故障选线工作造成的很大困难。因为消弧线圈输出的补偿电流破坏了故障馈线零序电流的特征，从而使利用零序电流的稳态值判别故障馈线的意图陷入困境。

3.5.2　应对措施

（1）快速响应问题的应对。消弧线圈的响应时间主要取决于接地发生的状态，以及暂态励磁电流的衰减速度快慢。为了提高消弧线圈的响应时间，调匝式可以采用延时短接阻尼电阻的方式提高系统的阻尼率，加快暂态电流的衰减；高阻抗式可以采用可控硅不对称控制方式来调节输出电流，提高响应时间。

（2）补偿容量问题的应对。解决传统的集中式消弧线圈补偿容量问题的有效方法之一是采用分布式电容电流补偿，即当电容电流过大时，利用分布在线路或用户侧的多个小容量消弧线圈来进行补偿。例如：在变电站所属的开闭站、配电室、悬挂式变压器等处都各自安装固定容量的消弧线圈；同时在变电站内安装集中式自动控制消弧线圈。在变电站所属线路长度或电气设备容量发生变化的情况下，由两者共同实现对电容电流的补偿，解决单一大容量集中式消弧线圈所带来的一系列问题分布式补偿总投资较小、补偿效果良好。

采用分布式电容电流补偿，需要根据每条线路电容电流的大小，确定所需消弧线圈的个数、容量和安装位置，此外还应该注意到，在某条线路切除或转供的情况下，相应的消弧设备也随之退出电网或转移，为防止出现因线路参数改变或消弧线圈配置容量的改变而引起谐振过电压，在配置消弧线圈容量时需结合该条线路电容电流大小进行综合考虑。

（3）残流问题的应对。消弧线圈只能补偿工频无功电容电流，对于残流较大的场景可考虑采用基于电力电子器件的有源全补偿系统，通过间接或直接的方式向故障接地点注入一个与接地残流方向相反的补偿电流，两者相互抵消使流入接地点的电流接近于零，实现电弧可靠熄灭目的。

（4）故障选线问题的应对。随着小电流接地系统选线方法的改进与发展，基于暂态量、并联中电阻等选线方法的准确率不断提升，可以良好地适用于消弧线圈接地系统；同时，主动干预式消弧装置采用主动法选线，可以利用母线消弧装置合闸前后故障线路与非故障线路的零序电流突变量进行故障选线，提高选线的准确率。

（5）运行维护。消弧线圈运行过程的运维工作也至关重要，运行维护需定期测试、比对各种运行方式下的电容电流，对架空线路、电缆线路电容电流估算值与实测电容电流值再与微机在线装置测试电容电流值，进行比较分析，判别分析电网的补偿、装置的正确投入以及选择优化合理的接地方式。同时，随着城市配网的增长、农村城市化的发展，也要及时核对消弧线圈配置容量，以满足补偿要求。

3.6 主动干预型消弧技术

3.6.1 主动干预型消弧技术原理

传统的中性点经消弧线圈接地方式属于电流型消弧,无法达到全补偿的目的。电压型消弧方式是通过对故障相恢复电压的控制,抑制电弧重燃,从而达到消除电弧的目的。电压型消弧与故障电流大小无关,故障电流很大时也可以达到完全消弧,相比于电流型消弧方式有很大优势。

主动干预型消弧采用电压型消弧方式,典型方法单相接地故障时利用开关在母线处将故障相直接接地,使故障相电压降到难以维持电弧的水平,并将流经故障点的系统电容电流转移到母线故障相的主动接地点上,从而起到了消弧的作用。其通过抑制弧光过电压并减小故障点电流,在故障线路被切除以前对接地故障点起到保护作用,也是防止电缆因单相接地故障引发火灾的有效手段。图 3-21 所示为主动干预式消弧原理图。

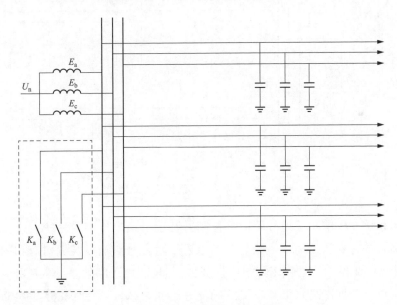

图 3-21 主动干预式消弧原理图

主动干预型消弧技术运用的基本流程为:①当检测到系统发生单相接地故障时,先利用选相技术得到故障相,将故障相接地后再进行故障选线。②在一定的时间延时后,断开故障相,若为瞬时性故障,则故障已消失,不需要动作；若故障依然存在，则为永久性故障，再次将故障相接地，由运维人员操作或者直接启动选线跳闸切除故障线路。

3.6.2 典型的主动干预型消弧装置

3.6.2.1 软开关触点消弧装置

软开关触点消弧装置的工作原理如图 3-22 所示，其中母线的三相分别通过 3 个开关 K_a、K_b、K_c（主触点）连接，下端接成公共端，通过一个大功率电阻 R 接地，K_1 为旁路开关与电阻 R 并联。

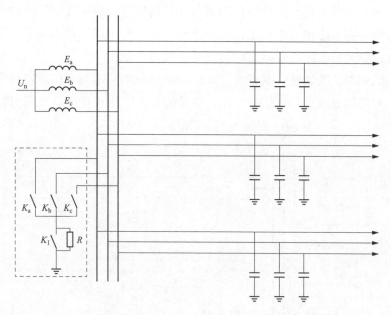

图 3-22　软开关触点消弧装置原理图

当系统发生单相接地故障时，控制器基于母线电压判定系统发生单相接地故障，并在确认接地故障相后，发出指令闭合触点消弧装置对应相的触点（K_a 或 K_b 或 K_c），故障相母线通过电阻 R 接地。由于电阻 R 的限流和衰减作用，可以有效抑制高频弧光电流的峰值并迅速衰减，避免保护熔丝熔断及对二次设备产生电磁干扰。同时，通过对主触点闭合后流过电阻 R 的电流的监测判定，确认主触点动作正确后，旁路触点 K_1 闭合短接电阻 R，故障相金属接地，完成对故障点的保护，限制弧光过电压，保证系统的连续供电。

若选相错误，则打开已闭合的相别开关，重新选相并完成动作，熄灭接地电弧并转移故障点电流，保护故障点防止出现事故扩大化。在接地故障恢复时，首先打开旁路触点开关 K_1，将接地相经过渡电阻 R 接地，然后打开接地相主触点开关（K_a 或 K_b 或 K_c），从而有效抑制系统中性点振荡，保护 TV 及 TV 熔丝。

3.6.2.2 低励磁阻抗变压器接地转移装置

低励磁阻抗变压器接地转移装置是集单相接地故障消弧、抑制过电压、人身触电保护、选线、故障定位与故障隔离等功能于一体的综合成套装置。装置由单相永磁真空断路器、低励磁阻抗变压器、零序电流互感器、隔离开关、信号发生器、滤波单元、接地选相控制单元、接地选线控制单元等组成。

当发生单相接地故障时，装置判别单相接地相别，控制故障相断路器合闸，将故障相经低励磁阻抗变压器接地。根据动作前后各个回路零序电流的变化特征进行选线。对于永久性接地，装置的信号发生器通过低励磁阻抗变压器向接地相注入特征信号，此时低励磁阻抗变压器为特征信号电压源，通过故障指示器和故障隔离装置检测特征信号进行故障定位与隔离。通过计算系统接地阻抗，如果接地阻抗恢复至系统正常状态，判断接地故障消失，控制接地断路器分闸，实现单相接地保护自动复归功能。其系统原理图如图 3-23 所示。

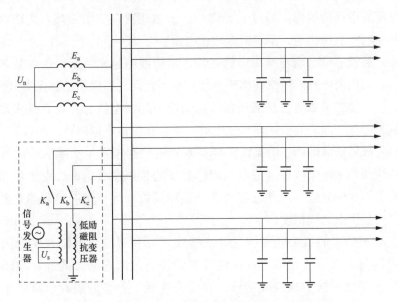

图 3-23　低励磁阻抗变压器接地转移装置原理图

应用故障相经低励磁阻抗变压器接地方式，在每个变电所的不接地系统中每相装设一台能够自动投入的接地器，由一组单相断路器来控制，当分相开关控制系统在母线电压互感器测量到系统接地并判别相别后，将接地相接地器以最短时间投入，同时闭锁其他相。由于接地器实现了低电阻接地，使该相对地电压钳制到与地基本等电位，使电击人员接地电流降至很小，且使电弧不能保持，人员脱离导电部分。由于作用在人体的电流时间很短，一般为 $0.05 \sim 0.2\mathrm{s}$，因此该接地方式能对电击人员起到有效的保护。

3.6.3   与消弧线圈对比

主动干预消弧与消弧线圈相比较，消弧线圈方式是通过中性点接电感进行补偿，而当电缆大量使用时，存在难以补偿、构成谐振等诸多问题；而故障相接地消弧采用的是开关的形式，仅需考虑系统最大电容电流，因此与消弧线圈补偿方式相比，具备独特的优势：

（1）调谐方式。消弧线圈接地方式脱谐度越小越好，但是脱谐度过小会使消弧线圈分接头数量增加，增加设备的复杂程度，同时频繁调节分接头，降低设备运行可靠性，并且容易引起系统谐振过电压，使中性点电压偏移放大，可能引起误发接地信号；另一方面，脱谐度过大会产生间歇性弧光接地。

主动干预式消弧装置不需要通过调节分接头去自适应补偿容性电流，而是在系统发生接地故障，通过装置选相合故障相对应的断路器，实现快速熄弧，并遏制间歇性接地、系统谐振和过电压。

（2）补偿容量。随着城市电网建设，电缆线路越来越多，越来越多处于过补偿状态的消弧线圈慢慢地出现补偿容量不足问题，后期扩容投资大。

主动干预式消弧装置是通过在故障情况下建立电流旁路，直接实现对故障电流的分流，而非补偿接地容性电流，不存在容量不适问题。

（3）故障选线问题。消弧线圈接地方式主要利用发生故障后故障线路与非故障线路的零序电流在幅值以及相位方面的特点进行选线。由于单相接地故障发生零序电流较小，并且容易受到线路参数和运行情况的影响，被动法选线将无法保证选线精度。

主动干预式消弧装置采用主动法选线，可利用母线消弧装置合闸前后故障线路与非故障线路的零序电流突变量进行故障选线。此外，主动干预消弧基于基波数据实现故障选线，在提升选线准确度的同时也降低了设备成本。

（4）人身触电伤害。经消弧线圈接地方式采用补偿接地容性电流的方式熄弧，在发生人身触电时，不能有效减少身上触电伤害程度，而主动干预式消弧装置则通过选相合上故障相断路器，建立接地故障电流旁路通道来实现熄弧，减少人身触电故障回路短路电流，减少人身触电伤害，因此具有良好的人身触电保护功能。

3.7　柔性接地消弧技术

传统的单相接地故障消弧主要分为电流消弧方式和电压消弧方式。电流消弧方式通过消弧线圈补偿接地故障残流，减小介质损耗，并抑制故障相恢复电压的上升速度，促进瞬时接地故障消弧；该电流消弧方法只能补偿故障点的无功残流，不能补偿有功电流，消弧效果具有局限性。

电压消弧方式，配电网发生单相接地故障时，通过将故障相接地，限制故障相恢复电压，旁路故障点电流，促进故障消弧。但在高阻接地故障时，受三相不对称参数的影响，故障选相错误会导致消弧柜投切引发相间短路故障；且在配电变压器高压绕组接地故障或高压电机接地故障时，消弧柜投切引发匝间短路故障，易烧毁变压器或电动机。

柔性接地消弧技术可以较好地解决上述问题，基于柔性接地控制的故障消弧方法采用有源逆变器与消弧线圈配合的方法，通过有源逆变器在系统中性点注入补偿电流，改变电网零序潮流分布，进而控制系统中性点电压，或补偿接地故障全电流，实现瞬时故障100%消弧。

3.7.1　电压型柔性接地消弧技术

接地故障的动态感知是接地保护判断的前提，该配电网柔性接地系统中，正常运行时，远离全补偿状态，可以根据零序电压大小可靠检测接地故障。在接地故障初始时刻，注入电流补偿接地故障全电流，控制零序电压，促使故障点电压为0，实现瞬时故障100%消弧；一定延时后，进行接地故障判断，如果故障点已消弧，则故障消失，零序回路中的唯一激励是通过有源逆变器注入电流，根据电路的齐性定理：在线性电路中，当激励增大或减小N倍时，响应零序电压也将同样增大或缩小N倍；所以减少注入电流，如果零序电压成正比例变化，则表明故障点已熄弧，判断为瞬时性故障；否则，判断为永久性故障，进行接地故障选线保护。

图 3-24 所示为消弧原理接线图，U_S 为电源，U_{DC} 为直流母线电压，C_{DC}、R_{DC} 为直流侧电容、电阻，L 为输出滤波电感，L_p 为消弧线圈，E_A、E_B、E_C 分别为配电网电源电动势，U_A、U_B、U_C 分别为三相电压，U_N 为中性点电压，I 为注入电流，r_A、r_B、r_C 为配电网故障相对地泄漏电阻，C_A、C_B、C_C 为配电网对地电容，R_f 为接地故障过渡电阻。

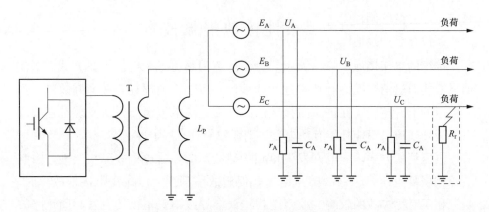

图 3-24　柔性接地消弧技术原理接线图

由基尔霍夫电流定律可知

$$I = (E_A + U_N) \times Y_A + (E_B + U_N) \times Y_B + (E_C + U_N) \times \left(Y_C + \frac{1}{R_f}\right) + U_N \times Y_0$$

(3-25)

式中：$Y_A = \dfrac{1}{r_A} + j\omega C_A$、$Y_B = \dfrac{1}{r_B} + j\omega C_B$、$Y_C = \dfrac{1}{r_C} + j\omega C_C$ 分别为三相对地参数的导纳，$Y_0 = -j\dfrac{1}{\omega L_P}$ 为中性点对地导纳。为实现单相接地故障有源电压消弧，使故障相电压恒为零（即 $U_C = 0$），则可由 $U_C = U_N + E_C$ 知此时 $U_N = -E_C$，将其代入式（3-25）并化简后可得到注入电流计算式为

$$I = E_A \times Y_A + E_B \times Y_B - E_C \times (Y_A + Y_B + Y_0) \qquad (3-26)$$

由式（3-26）可知注入电流与接地故障过渡电阻 R_f 无关，只与配电网相电压、三相对地参数的导纳和中性点对地导纳有关。且注入电流能够补偿故障电流的有功、无功分量，能有效克服现有消弧技术只能补偿无功电流的不足。因此，通过有源消弧装置向配电网中性点注入电流，可以有效地控制故障点电压到零，实现接地故障 100% 消弧。

114

3.7.2　电流型柔性接地消弧技术

电流型柔性消弧技术通过测量计算系统的零序导纳和残流大小，通过残流补偿器注入电流调控系统零序导纳，使得回归正常值，以此实现对接地故障电流的全补偿。其原理图同图 3-24，区别在于电压型柔性接地消弧技术通过控制零序电压，促使故障点电压为 0，实现故障 100% 消弧；而本方法基于系统零序导纳的调控，实现故障残流的补偿。主要原理如下：

假设在柔性接地系统完全不提供补偿电流的状态下，总零序电流为 0，此时系统零序总导纳为 0。若考虑有源消弧装置对零序网络的影响，由于补偿电流仅在故障线路中形成回路，因此故障线路的零序导纳值则改变为

$$Y'_{0n} = Y_{\text{inv}} - Y_{\text{p}} - \sum_{i=1}^{n-1} Y_{0i} \tag{3-27}$$

式中：Y'_{0n} 为考虑有源补偿作用下的故障线路零序导纳值；Y_{inv} 与 Y_{p} 分别代表有源逆变器提供的等效零序导纳以及消弧线圈的零序导纳。在有源消弧补偿状态下的系统总零序导纳 Y'_0 则为

$$Y'_0 = Y_{\text{inv}} - Y_{\text{p}} \tag{3-28}$$

考虑补偿作用之后的故障点接地残余电流为

$$I'_{\text{f}} = U_0 (Y_{\text{inv}} - Y_{\text{p}} - Y_0) \tag{3-29}$$

式中：$Y_0 = \sum_{i=1}^{n} G_i + \text{j} \sum_{i=1}^{n} B_i$ 为零序网络中线路对地自然零序导纳；G_i、B_i 分别为每条线路的等效对地电导以及等效对地电纳。

由式（3-28）、式（3-29）可知：故障点接地电流的大小取决于故障后系统总零序导纳与故障前自然零序导纳的适应情况。因此，通过对有源逆变器的控制，产生特定的有功分量以及无功分量补偿电流，当其等效零序导纳 $Y_{\text{inv}} = Y_0 + Y_{\text{p}}$ 时，接地残余电流可控制为 0，由此实现对故障电流的全补偿。

3.7.3　与消弧线圈对比

（1）故障残流的补偿能力。消弧线圈为无源工频无功电流补偿装置，只能补偿接地故障电流中工频无功电容电流分量，而对电阻性电流和高频电流，只输出感性电流的消弧线圈则无能为力，消弧效果具有局限性。

柔性接地消弧技术通过注入零序电流强制故障相恢复电压恒为 0，故障电流为 0，即注入电流补偿了故障电流的有功、无功和谐波分量，实现故障残流的全补偿，能有效克服现有基于消弧柜旁路故障点的无源电压消弧技术的不

足，可以控制故障恢复电压，实现瞬时接地故障的 100％熄弧。

（2）补偿零序谐波。PWM 有源逆变器可以补偿配电网非线性元件产生的零序谐波，原理类似于电能质量治理中三相回路的谐波补偿技术。

（3）残流增量接地保护。中性点非有效接地配电网发生单相接地故障时，接地故障电流小，保护灵敏度低。近年来，残流增量接地保护是一个发展方向。在经随调式消弧线圈接地配电网的永久性接地故障期间，改变中性点接地阻抗，增大故障残流，测量各条馈线的零序电流变化量，进行接地保护。由于该方法从源头上增大故障电流，提高了故障特征量的测量精度，进而改善了保护灵敏度，已实现工业应用。但此方法在保护过程中需要操作中性点接地阻抗，有可能影响故障消弧，产生谐波，限制了接地保护的精度。

在配电网柔性接地方式下，通过 PWM 有源逆变器注入零序电流替代中性点接地阻抗操作，提高控制速度，减少暂态过程及其对故障消弧的影响，是实现残流增量接地保护的有效手段之一。

3.8 本 章 小 结

（1）消弧线圈的电感电流补偿了电网的电容电流，限制了接地故障电流的破坏作用，使残余电流的接地电弧容易熄灭；当残流过零电弧熄灭后，还能降低恢复电压的初速度，避免电弧重燃，随即使接地电弧彻底熄灭。

（2）消弧线圈根据投入方式的不同主要分为预调式和随调式两类，与预调式消弧线圈相比，随调式消弧线圈不需要加装阻尼电阻，具有响应时间快、连续可调的优点。补偿电网在正常运行情况下，消弧线圈的电感与电网的对地电容等参数，构成电压谐振回路。为了抑制串联谐振导致的中性点位移电压升高，随调式自动消弧线圈应适当偏离谐振点运行，而预调式消弧线圈虽然可以靠近谐振点运行，但一般需要加装限压电阻。

（3）当补偿电网发生单相接地故障时，消弧线圈的调谐电感与电网的对地电容等多数又构成电流谐振回路。为便于接地电弧的自行熄灭，消弧线圈又应当尽量靠近谐振点运行，否则，故障点的残余电流与恢复电压的初速度同时增大，对接地电弧的自行熄灭不利。

（4）主动干预型消弧技术通过接地开关快速将故障相在变电站内接地，将故障相电压降为零，实现故障点熄弧，同时可以识别永久性故障，实现选线跳闸。同时，通过在故障情况下建立电流旁路，可以直接实现对故障电流的分流，而非补偿接地容性电流，不存在容量不适问题，并遏制间歇性接地、系统谐振和过电压。

（5）柔性接地消弧技术利用柔性电流源补偿故障全电流，促使故障点电压为零，实现瞬时故障100％消弧。柔性接地消弧技术可以解决小电流接地系统单相接地故障时，消弧线圈不能补偿有功电流，无法完全消弧的问题，避免人身触电、电缆起火等安全隐患。

4

小电流接地选线技术与应用

4.1　小电流接地选线技术介绍

随着我国经济建设的全面发展，人民对电力资源的需求也日益增加，电网中低压配电网的分布越来越密集。我国 6～66kV 的中低压配电网广泛采用的是小电流接地方式，而在电力系统中最容易发生的故障便是小电流接地系统中的单相接地故障，约占各类短路故障的 85% 以上。尽管配电网在电网中扮演越来越重要的角色，但不能因此降低安全、可靠、优质、经济等电力系统运行的基本要求。因此小电流接地选线技术的研究十分重要，在发生单相接地故障后应及时准确地确定故障线路，避免事故的扩大。

在我国，自 1958 年起就对小电流接地系统的单相接地故障开展了各类研究，也提出了许多选线的方法，开发出了相应的选线装置并得到了广泛的应用。当小电流接地系统发生单相接地故障时，流向故障点的电流实际上是各条线路的对地电容电流，且幅值较小，同时故障电流中的暂态分量在故障发生后处于高频振荡衰减状态，使得故障特征变得更为复杂。中性点经消弧线圈接地的系统中，消弧线圈所产生的电感电流会补偿故障线路的电容电流，使故障线路的工频稳态电流几乎没有故障特征，在这些不利的条件下，选线工作变得困难。

小电流接地选线的方法大多以零序电压的突增作为启动条件，除传统的选线方法外，新的选线方法日新月异，例如利用神经网络、模糊控制、粗糙集理论、证据理论等智能控制算法的接地选线方法，这些方法主要基于故障仿真，与实际现场情况还存在差异，目前大部分尚未在工程实践中应用。

4.2   小电流接地选线的主要技术原理

4.2.1   基于稳态分量的接地选线方法

稳态选线技术是利用单相接地故障时系统产生的稳态工频或者谐波信号进行接地线路选择的一类方法技术。小电流接地系统发生单相接地故障时，故障线路稳态电气量特征与非故障线路有明显的区别：对于中性点不接地系统，故障线路相电压降低，非故障线路相电压升高，流过故障点的电流数值是正常运行状态下电网三相对地电容电流的算术和，母线处非故障线路零序电流为线路本身的对地电容电流，其方向由母线流向线路，母线处故障线路零序电流为电网所有非故障元件对地电容电流之总和，幅值一般远大于非故障线路且其方向由线路流向母线，与非故障线路相反。对故障发生后的稳态电气量进行幅值、相位或者综合比较，可实现不同的稳态选线技术。

通过零序故障信号中稳态分量来进行接地选线的方法较多，主要有群体比幅比相法、零序无功功率方向法、五次谐波法、零序导纳法、零序有功分量法等，下面对上述几种方法进行简要介绍。

4.2.1.1   群体比幅比相法

群体比幅比相法适用于中性点不接地系统，该方法的基本原理是将故障发生后各条线路中零序电流幅值较大的线路进行相位比较，故障线路的零序电流相位应与其余线路相反，若所有线路的零序电流方向相同，则为母线接地。图 4-1 是现场实际的单相接地故障发生后各条线路的零序电流的情况，图 4-1（a）是某条线路发生了单相接地故障，可见故障线路的零序电流最大且相位与非故障线路均相反；图 4-1（b）是母线上发生了单相接地故障，所有支路的零序电流方向都相同。

群体比幅比相法实际上是利用各线路的故障信息之间的关系进行选线，并非单纯采用继电保护装置的"绝对整定值"的动作原理，如果仅仅比较幅值，零序电流采样的各个环节所存在误差以及系统不平衡产生的固有的零序电流均会对选线带来影响；另一方面，零序电流幅值较小时，相位难以计算准确，存在"时钟效应"。因此该方法较好地解决了上述问题，同时理论与实践都证明，零序电压越大，波形越稳定，对于零序电流的分析越稳定可靠。

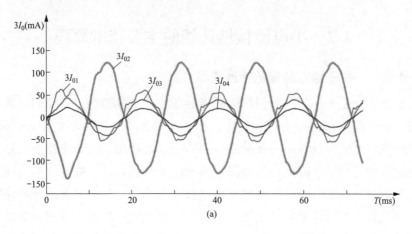

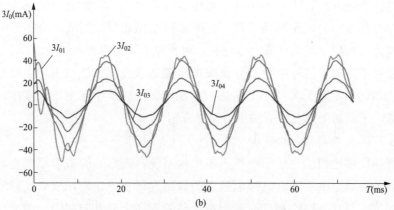

图 4-1 现场实际单相接地故障零序电流情况

(a) 线路单相接地；(b) 母线单相接地

值得注意的是，当系统的中性点经消弧线圈接地时，由于消弧线圈的补偿作用，故障线路零序电流中的工频分量基本失去故障特征，该类方法便不再适用，因此群体比幅比相法在实际应用中存在着不小的局限性。

4.2.1.2 零序无功功率方向法

基于稳态信号的零序无功功率方向法是最为常用的选线方法，但仅适用于中性点不接地系统。若规定线路零序电流的正方向由母线指向被保护线路，母线上零序电压的正方向为母线对地，那么在某条线路发生单相接地故障时，存在如下关系：非故障线路的零序电流由本线路对地电容形成，理论上超前零序电压的角度为 90°；故障线路的零序电流由系统中其他非故障设备对地电容形成，理论上滞后零序电压的角度为 90°。上述相位关系不受接地过渡电阻的大小影响，过渡电阻的变化仅影响各线路零序电流与故障相电压之间的相位关系，相量关系如图 4-2 所示。

零序无功功率方向法实际上就是利用上述理论分析，在零序回路中构建零序无功功率的方向判别方法，即计算零序电压与零序电流之间产生的无功功率的大小与方向，并利用其计算结果选出故障线路。该方法的基本原理是：对于不接地系统，故障线路的零序电流为非故障线路零序电流之和，

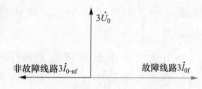

图 4-2　故障线路、非故障线路零序电流与零序电压间相位关系

且极性与非故障线路均相反，故障线路的零序电流滞后零序电压 90°，因此，故障线路的零序无功功率应大于零，同理，非故障线路的零序无功功率应小于零。

该方法可以只根据本间隔的电气量判断故障，独立性更强，但对中性点经消弧线圈接地系统失效，并且当零序电压的工频量较小时同样会受到"时钟效应"的影响。

4.2.1.3　谐波选线法

针对中性点经消弧线圈系统中零序电流的稳态工频分量被消弧线圈补偿而不利于选线的情况，利用电网中的谐波分量来进行选线的方法陆续被提出。电力系统中由于变压器、调频装置以及各类非线性设备的影响，线路电流中含有不少的谐波分量，其中五次谐波含量最大，在发生单相接地故障时，谐波分量还可能会有一定程度的增加。对于中性点经消弧线圈接地的系统，以五次谐波为例，消弧线圈对谐波所呈现的感抗是基波的 5 倍，而线路的分布电容对五次谐波所呈现的容抗却是基波的 1/5，因此消弧线圈几乎不能补偿高次谐波的电容电流。所以在中性点经消弧线圈接地的系统中，对于高次谐波分量，可以近似认为故障线路的电流大小等于所有非故障线路的电流之和，方向与非故障线路的电流方向相反。

进入稳态后的高次谐波分量往往较小，易受干扰，实际运行中较多地使用五次谐波分量法，也可采用高次谐波分量叠加的方法。由于过渡电阻本身就是非线性的，故障点本身实际上就是一个谐波源，且以基波和奇次谐波为主，根据谐波在整个系统内分布以及对保护的要求，谐波分量法使用五次谐

波分量为宜。中性点经消弧线圈接地系统中的消弧线圈的补偿度是针对基波而言的，因此可得 $\omega_L \approx 1/\omega_C$ 以及 $5\omega_L \gg 1/5\omega_C$，可以忽略消弧线圈对五次谐波产生的补偿效果，零序电流中的五次谐波分量在中性点不接地系统中也有着相同的特点。基于上述原理，使用前述各类方法（如五次谐波法）即可处理选线问题。

该方法对于小电流接地系统下中性点的接地方式没有要求，通用性强，不易受基波分量的干扰。但随着现代电力电子技术发展，配电网系统中的谐波源变多，当单相接地故障接地电阻较大时，谐波电流较小，会淹没在系统谐波源产生的谐波电流中，致使故障谐波分量无法正确检测，导致选线失败，此外系统的不平衡也会影响选线精度。

4.2.1.4 零序导纳法

零序导纳法的基本原理是测量各线路的零序电流和系统的零序电压，计算各线路的零序导纳，非故障线路的零序测量导纳应位于阻抗复平面的第一象限，而故障线路的零序测量导纳应位于阻抗复平面的第二象限或第三象限。

图 4-3 为一个有 n 条出线的中性点经消弧线圈接地系统发生单相接地故障时的三相系统图。其中 $C_1 \sim C_n$ 分别为 n 条线路的单相对地电容，C_T 为变压器对地电容，L 为消弧线圈，R_f 为故障点的过渡电阻。

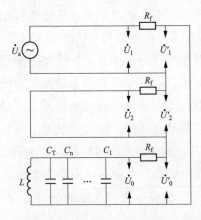

图 4-3 中性点经消弧线圈接地系统经过渡电阻接地序网图

令各线路和变压器的零序测量导纳分别为 Y_{0-1}、Y_{0-2}、$\cdots$、Y_{0-n}、Y_{0-T}。对于非故障线路 i，零序测量导纳为

$$Y_{0-i} = \frac{\dot{I}_{0-i}}{\dot{U}_0} \qquad (4-1)$$

式中：$\dot{I}_{0-i}$ 为非故障线路 i 的零序电流测量值，其值与该线路的对地电容电流相等。显然，考虑线路阻抗后，非故障线路的零序导纳测量值应在阻抗复平面上的第一象限。而对于故障线路，其零序导纳测量值为其他所有非故障线路及变压器零序导纳之和且方向相反。由于 Y_{0-T} 与 Y_{0-i} 一样位于复平面上的第一象限而 Y_L 位于第四象限，因此故障线路的零序导纳将位于第二象限或第三象限，根据

零序导纳相角的不同即可选出故障线路，如图 4-4 所示。图 4-4 中 Y_{0-f} 为不考虑消弧线圈补偿作用下时故障线路的零序导纳测量值，当投入消弧线圈且消弧线圈分别工作在"欠补偿""全补偿"和"过补偿"状态下时，故障线路的零序导纳测量值分别如图 4-4 中的 1、2 和 3 所示。

　　该方法的选线准确率不会受到过渡电阻大小的影响，当过渡电阻 R_f 较大时，各线路的零序电流测量值虽然变小，但此时系统的零序电压也随之减小，因此零序导纳基本不发生变化。但是在实际应用中，输电线路本身的阻抗很小，非故障线路的零序导纳角将非常接近 90°，当过渡电阻 R_f 较大时由于零序电流互感器的固有误差，零序导纳测量值可能进入第二象限，而消弧线圈一般均工作于"过补偿"状态

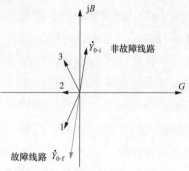

图 4-4　故障线路与非故障线路
　　　　的零序导纳

下，故障线路的零序导纳测量值也将位于第二象限，导致选线失败。因此在实际应用中，可以考虑提取谐波分量进行导纳计算，对于中性点经消弧线圈接地系统，消弧线圈仅补偿零序基波电流，谐波电流处于欠补偿状态，线路的零序谐波导纳与中性点不接地系统相同。

　　考虑到谐波电流通常较小，如果仅使用特定某次谐波导纳进行接地故障判别，则可能由于该次谐波电流过小，而导致误判。为此，可将多个谐波导纳向量叠加，避免单一谐波导纳导致的误判，提升抗干扰能力，例如将 3～11 奇数次谐波导纳向量叠加，得到

$$Y_0 = Y_{03} + Y_{05} + Y_{07} + Y_{09} + Y_{11}$$

　　式中：Y_{03}、Y_{05}、Y_{07}、Y_{09}、Y_{11} 分别为所计算线路的 3、5、7、9 和 11 次谐波的零序导纳向量。

　　对于故障线路，当某次谐波电流达到装置精工电流范围，则该次谐波导纳向量理论上应位于第三象限；若某次谐波电流过小时，则不参与谐波导纳向量叠加。因此，故障线路谐波导纳向量和最终应位于第三象限，即当 Y_0 的虚部小于零时，则可判定本线路为接地故障线路。

4.2.1.5　零序有功分量法

　　消弧线圈一般都会并联或串联阻尼电阻用于限制谐振电压，可以利用这

一点检测故障线路与非故障线路零序电流方向的差别，从而构建基于零序有功分量的接地选线方法。

在中性点经消弧线圈接地的系统中，虽然故障时处于过补偿状态，但这只影响到零序电流无功分量的大小，零序电流的有功分量不受影响。单相接地时，由于消弧线圈中的阻尼电阻是延时切除的，因此在故障初期，故障线路通过接地点与消弧线圈和阻尼电阻构成串联回路。该回路在零序电压的作用下，产生的零序电流必然经过阻尼电阻，因而零序电流必然含有有功分量，而有功分量在消弧线圈的电感对接地电容电流的补偿中是不会被补偿抵消的，因此该有功分量电流将全部流回故障线路的首端。非故障线路则没有与消弧线圈阻尼电阻构成回路，必然没有流过消弧线圈的有功电流分量，只有本线路的零序电流. 其中包含的有功零序电流为线路对地的泄漏电流，数值很小。因此可以测量各线路基波零序有功分量的大小，零序有功分量最大的线路如果满足有功功率为负值，那么该线路为故障线路。

图 4-5 为某中性点经消弧线圈接地系统发生单相接地故障时的零序等效网络图，如图所示，设线路 n 发生 A 相接地故障，接地点过渡电阻为 R，中性点接地等效电阻为 R_N。

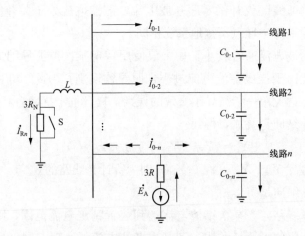

图 4-5　中性点经消弧线圈接地系统零序等效网络图

由图 4-5 可知，对于非故障线路来说

$$3\dot{I}_{0-i} = \dot{U}_0 \times \mathrm{j}3\omega C_{0-i} \qquad (4\text{-}2)$$

而故障线路始端所反映的零序电流为

$$3\dot{I}_{0-n} = -\dot{U}_0\left[\frac{1}{R_N} + j3\omega(C_{0\Sigma} - C_{0-n})\right] = -\dot{I}_{R_N} - 3\sum_{i=1}^{n-1}\dot{I}_{0-i} \qquad (4-3)$$

式中：$C_{0\Sigma}$ 为全电网 A 相的对地电容之和。

可见，流过故障线路始端的零序电流可分两部分：中性点电阻器 R_N 产生的有功电流：$\dot{I}_{R_N}$，其相位与零序电压差 $180°$；非故障线路零序电流之和：$3\sum_{i=1}^{n-1}\dot{I}_{0-i}$，其相位滞后于零序电压 $90°$。流过非故障线路的零序电流只有由本支路对地电容产生的容性电流，相位超前零序电压 $90°$。

由于有功电流只流过故障线路，与非故障线路无关，因此，只要以零序电压作为参考矢量，计算有功电流分量，即可实现接地选线判别。这就是零序电流有功分量法的基本原理。

对中性点经消弧线圈接地系统，目前主要采用消弧线圈并（串）电阻运行的派生接地方式，且消弧线圈本身的有功成分较大（实测单相接地时其有功电流可达 $2\sim3A$）。当此系统发生接地故障时，故障线路始端所反映的零序电流除增加一部分感性电流外，其余两部分与上述分析结果相同。对于中性点不接地系统，当发生接地故障时，流过故障和非故障线路的零序电流皆为容性，且方向相反。此时，可采用移相的方法，使故障线路的零序电流与零序电压反相位，使非故障线路的零序电流与零序电压同相位，相当于将它们变成了有功电流。因此，对于中性点不接地系统，该方法实质上是零序无功功率方向原理的延伸，但经过上述处理后，相当于将原有的零序电压、零序电流比相范围从原有的 $90°$ 扩大到 $180°$，从而创造了更好的选线条件。

该方法适用于中性点经消弧线圈接地的系统，特别是接有阻尼电阻的情况下，在故障发生初期有较高的灵敏度，它利用经消弧线圈接地系统中故障线路零序电流有功分量大于非故障线路零序电流中有功分量的特点选出故障线路。但是有功分量路法受电网结构影响较大，当电网出线较少、各线的零序阻抗差异较大时，不能保证正确性，有功分量也存在幅值太小的问题，而且受不平衡电流影响很大。

4.2.1.6　技术特点

利用稳态信号的选线方法在实际应用中的效果不理想，特别是在谐振接地电网中选线的成功率很低。根本原因有两个，一是稳态接地电流微弱，故障线路中零序电流仅有几安培，远小于线路正常负荷电流，检测起来比较困难；二是故障线路的工频零序电流在幅值及方向上都与非故障线路没有明显的差异。

4.2.2 基于暂态分量的接地选线方法

人们早就认识到小电流接地故障产生的暂态信号中包含着故障信息。20世纪 50 年代，德国提出了利用故障线路暂态零序电压与零序电流初始极性相反而非故障线路初始极性相同的特点进行接地选线，由于该方法利用的是故障暂态信号的第一个半波（二分之周期）内的信息，被称为首半波法。我国在 20 世纪 70 年代推出过基于这种原理的晶体管式接地选线装置，但由于该方法仅利用了故障暂态的部分信号，其可靠性有限，同时故障暂态频率较高且受系统结构、参数、故障条件等影响较大，使得首半波极性关系成立的时间非常短（1ms 以内，远小于暂态过程）且不确定，极易受后续暂态信号干扰而致误选故障线，该技术并未获得成功应用。计算机与电子技术的发展，为开发新的暂态选线技术创造了条件，进入 21 世纪，暂态量选线技术取得突破性进展，开发出了基于暂态零模电流方向法、暂态零模电流幅值和极性比较法、暂态库伦法、小波法、暂态行波法、HHT 法等原理的选线技术，使暂态选线技术达到了实用化水平。此处主要介绍基于暂态电流群体比幅比相法、暂态电流方向法、暂态零序无功功率方向法和暂态行波法四种方法，其他方法读者可参考相关资料了解。

由第二章的分析可知，发生单相接地时，暂态电流存在如下规律：

（1）故障线路的容性电流幅值大于任何一条非故障线路的容性电流幅值；

（2）故障线路中的容性电流从线路流向母线，而非故障线路中的容性电流从母线流向线路，二者流向相反；

（3）非故障线路暂态零序电压、电流特征频段分量 $u_0(t)$、$i_{0k}(t)$ 满足

$$i_{0k}(t) = C_k \frac{\mathrm{d}u_0(t)}{\mathrm{d}t} | k \neq i$$

而故障线路暂态零序电压、电流特征频段分量 $u_0(t)$、$i_{0i}(t)$ 满足

$$i_{0i}(t) = - C_{0h} \frac{\mathrm{d}u_0(t)}{\mathrm{d}t} \tag{4-4}$$

式中：$C_{0h} = \sum\limits_{k=1, k \neq i}^{n} C_k$ 为非故障线路电容与母线及其背后电源系统分布电容之和。

4.2.2.1　暂态电流群体比幅比相法

对于不同接地方式的小电流接地系统，故障线路特征频段内的零序电流幅值最大，且方向与非故障电流相反。故可以通过比较零序电流的幅值大小确定故障线路，即选择其中幅值最大的几条线路作为备选故障线路，若其中有一条线路的相位与其余线路均相反，那么该线路即为故障线路。虽然零序电流中含有部分有功分量（特别是谐振接地系统和经高阻接地系统中，中性点人为接有的电阻会在故障线路中产生较大的有功电流），但无论有功电流幅值还是总电流幅值，故障线路均比非故障线路大。从保证检测灵敏度及易于实现的角度出发，可以计算暂态电流的真有效值（True RMS）。第 k 条出线暂态电流 $i_{0k}(t)$ 的真有效值（幅值）I_{0k} 可表示为

$$I_{0k} = \sqrt{\frac{1}{T}\int_0^T i_{0k}^2(t)\,\mathrm{d}t} \tag{4-5}$$

式中：T 为暂态过程持续时间。

$$I_{0k} = \sqrt{\frac{1}{N}\sum_{n=1}^N i_{0k}^2(n)} \tag{4-6}$$

式中：N 为用于计算的数据个数，其大小根据暂态过程的持续时间而定。

为了防止某些非故障线路暂态零序电流过小时容易受噪声干扰发生极性误判，可以先从中选择幅值最大的若干条（如不小于 3 条）线路再进行极性比较。

对于零序电流中的有功分量，虽然故障线路也与非故障线路反极性，但由于各线路检测阻抗的阻抗角不同，使故障线路总零序电流的极性与非故障线路的并不完全相反。因此严格来讲，参与极性比较时（特别在经高阻接地系统有功电流较大时）需要滤除零序电流中的有功分量，但对于不接地和谐振接地系统工程上也可以直接利用暂态特征电流参与极性比较。

第 k、m 条出线暂态零序电流 $i_{0k}(t)$、$i_{0m}(t)$ 的极性比较可采用内积运算获得

$$P_{km} = \frac{1}{T}\int_0^T i_{0k}(t)i_{0m}(t)\,\mathrm{d}t \tag{4-7}$$

如果 $P_{km} > 0$ 表明 $i_{0k}(t)$ 和 $i_{0m}(t)$ 同极性，$P_{km} < 0$ 则表明两者反极性。P_{km} 可通过式（4-8）获得，即

$$P_{km} = \frac{1}{N}\sum_{n=1}^{N} i_{0k}(n)i_{0m}(n) \qquad (4-8)$$

比较各出线暂态零序电流的极性，如果某一条出线和其他出线极性相反，则判该出线为故障线路；如果所有出线都同极性则判为母线接地故障。

4.2.2.2　暂态电流方向法

非故障线路暂态电流由母线流向线路，而故障线路暂态电流由线路流向母线，二者流向相反，可以通过计算暂态电流方向选择故障线路。

对于工频分量，一般是比较电压和电流的相位关系实现方向判断。暂态电压电流包含了较大范围内的连续频谱信号，不具备相位概念，无法用传统办法判断电流方向，必须设计独有的方向算法。

故障线路出口的电压、电流信号，在暂态过程的首个半周波时间内极性相反，这也是早期首半波原理选线的依据。但在首半波后，电压和电流的极性关系将交替相同和相反，即使是滤除了工频分量和高频干扰分量后的纯暂态电压电流信号，如图 4-6（a）所示，其在暂态过程中的极性也是交替相反和相同，因此无法通过直接比较暂态电压电流的极性确定故障方向。

根据故障线路暂态电压电流间的容性约束关系，可以推算出其暂态电压的导数将始终与暂态电流反极性，如图 4-6（b）所示。相应的，非故障线路暂态电压的导数将始终与暂态电流同极性。

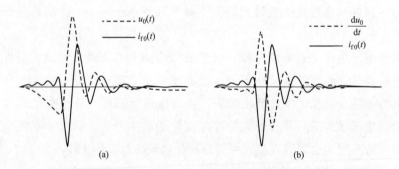

图 4-6　故障线路暂态电压及其导数与暂态电流的极性关系示意图
（a）暂态电压与暂态电流；（b）暂态电压导数与暂态电流

定义 $d_k(t)$ 为

$$d_k(t) = i_{0k}(t)\frac{\mathrm{d}u_0}{\mathrm{d}t} \qquad (4-9)$$

则对于非故障线路 k 有

$$d_k(t) = i_{0k}^2(t)/C_k \geqslant 0 \big|_{k \neq i}$$

而对于故障线路 i 有

$$d_k(t) = -i_{0i}^2(t)/C_h \leqslant 0$$

为防止非故障线路电流微弱受干扰影响发生误判，判据可定为

$$d_k(t) < -d_Z$$

$$d_Z = I_{0d}^2/nC_0 = \frac{\omega_0}{n}U_{0d}I_{0d} \tag{4-10}$$

式中：d_Z 为整定值；ω_0 为工频频率；U_{0d}、I_{0d} 为金属性接地故障时零序电压和整个系统零序电流的工频稳态值。

为充分利用故障后所有暂态信息及增加抗干扰能力，可对参量 $d_t(t)$ 从故障起始时刻开始进行积分，得到参量 D，即

$$D_k(t) = \frac{1}{T}\int_0^T d_{tk}(t)\mathrm{d}t \tag{4-11}$$

如果 $D>0$，则暂态电流流向线路，为非故障线路；如果 $D<0$，则暂态电流流向母线，为故障线路。基于暂态信号的方向算法如图 4-7 所示。

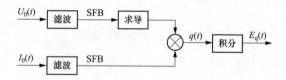

图 4-7　暂态方向算法示意图

暂态电流方向算法与极性比较算法原理和效果类似，仅利用了本出线的电压和电流，不需要其他线路信息，有自具性，可以应用于线路保护等装置实现故障选线。同理，也可以用于馈线终端（FTU）实现小电流接地故障方向指示和定位。

4.2.2.3　暂态零序无功功率方向法

零序网络的特征频段内，故障线路中无功功率和瞬时无功功率从线路流向母线，而非故障线路中从母线流向线路。故可以通过无功功率或瞬时无功功率流向确定线路是否为故障线路。即如果无功功率或瞬时无功功率为负则该线路为故障线路，否则为非故障线路。对于零序功率（电流）中的有功分量，由于瞬时无功功率使用的是分解后的无功电流，而无功功率已经证明等于瞬时无功功率的平均值。因此，有功功率（电流）对无功功率和瞬时无功

功率的计算没有影响。

暂态零序特征信号容性无功功率方向法，简称为特征信号无功功率方向法或暂态零序无功功率方向法，其包含利用瞬时无功功率和无功功率的两种选线算法。

（1）基于暂态零模特征信号瞬时无功功率方向的选线算法。

1）确定特征频段范围及获得特征电压和特征电流；

2）计算特征电流的无功分量；

3）计算特征电压的 Hilbert 变换 $\hat{u}_{0b}(n)$；

4）计算瞬时无功功率：$q_k(n) = \hat{u}_{0b}(n)i_{0kq}(n)$；

5）根据瞬时无功功率的极性确定是否为故障线路，判据为

$$q_k(n) < 0$$

（2）基于暂态零模特征信号无功功率方向的选线算法。

1）确定特征频段范围及获得特征电压和特征电流；

2）计算特征电压的 Hilbert 变换 $\hat{u}_{0b}(n)$；

3）计算无功功率 Q_k，即

$$Q_k = \frac{1}{N}\sum_{n=1}^{N}\hat{u}_{0b}(n)i_{0k}(n) \tag{4-12}$$

4）根据无功功率的极性确定是否为故障线路，判据为：$Q_k < 0$。

由于瞬时无功功率的极性本质上依赖于无功电流的极性，即采用了整个暂态时间段内而非某瞬时刻的信号，因此，其可靠性和抗干扰能力与无功功率相同。但由于瞬时无功功率的计算要复杂得多，因此，一般使用基于无功功率方向的选线方法即可。

无功功率方向选线法有自具性。在母线或未监测线路发生接地故障时也能正确选择故障线路，同时也能适用两出线系统。基于暂态无功功率和瞬时无功功率方向的选线方法与基于无功电流方向的选线方法本质上是一致的。

4.2.2.4　暂态行波法

当配电线路发生单相接地故障时，由于故障点附加电源的存在，故障处的电压传递到了其他非故障处，但因为电感电容等储能元件大量存在于分布电路中，根据电感电流和电容电压的特性，这两者无法突变，当由附加电源处传来电压时存在一个充电的过程，而这个过程就是暂态故障行波的形成过程。

在配电线路上发生接地故障最初的一段时间（微秒级）内，故障点虚拟电源首先产生的是形状近似如阶跃信号的电流行波，初始电流行波向线路两侧传播，遇到阻抗不连续点（如架空电缆连接点、分支线路、母线等）将产生折射和反射；初始电流行波和后续行波经过若干次的折反射形成了暂态电流信号（毫秒级），并最终形成工频稳态电流信号（周波级）单相接地产生的电流行波包含了零模分量和线模分量。初始零模电流行波与线模电流行波的幅值相等，且其传播特征也相似，均可用于故障选线。下面根据图 4-8 所示故障行波的折射与反射进行模量分析。

如图 4-8 所示，Z_{ln0}（$n=1$、2、3、…、N）表示线路 n（$n=1$、2、3、…、N）的波阻抗，Z_{eq0} 则表示母线到电源侧的波阻抗；u_{0M} 为母线零模电压；u_{0F} 为故障零模网络的等效电源。

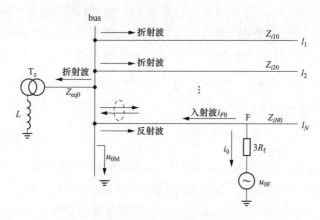

图 4-8　故障后初始行波在零模网络中的传播过程

如图 4-8 所示，当单相接地故障位于线路 l_N 上 F 点时，用 Z_{B0} 表示的零模等效波阻抗为

$$Z_{B0} = \cfrac{1}{\cfrac{1}{Z_{Tz0}} + \sum_{k=1}^{N-1} \cfrac{1}{Z_{lk0}}} \qquad (4\text{-}13)$$

式中：Z_{Tz0} 为接地变压器侧的零模等效波阻抗；Z_{lk0} 为第 k 条线路的零模等效波阻抗。

当故障线路的初始电流行波 i_{F0} 传到母线时，会发生折反射，其反射波 $i_{reflect0}$ 和折射波 $i_{refract0}$ 分别为

$$i_{\text{reflect0}} = \frac{Z_{B0} - Z_{N0}}{Z_{B0} + Z_{N0}} \cdot i_{F0}$$

$$i_{\text{refract0}} = \frac{2Z_{B0}}{Z_{B0} + Z_{N0}} \cdot i_{F0}$$

式中：Z_{B0} 为母线的等效波阻抗；Z_{N0} 为故障线路的等效波阻抗。

因此故障线路的初始暂态行波电流零模分量为

$$i_{N0} = i_{\text{reflect0}} - i_{F0} = \frac{2Z_{N0}}{Z_{B0} + Z_{N0}} \cdot i_{F0} \tag{4-14}$$

假设非故障线路 L_k 波阻抗为 Z_{k0}，则非故障线路的初始暂态行波电流零模分量为

$$i_{k0} = -i_{\text{refract0}} \cdot \frac{Z_{B0}}{Z_{k0}} = -\frac{2Z_{B0}^2}{Z_{k0}(Z_{B0} + Z_{N0})} \cdot i_{F0} \tag{4-15}$$

通过对故障后初始行波模量的分析可知，故障线路初始暂态行波电流零模分量的实际方向为由线路流向母线，而非故障线路初始暂态行波电流零模分量的实际方向与故障线路相反，方向为由母线流向线路；将上述两式作商可得故障线路初始暂态行波电流零模分量与非故障线路初始暂态行波电流零模分量的幅值之比

$$k = -\frac{Z_{N0} Z_{k0}}{Z_{B0}^2} \tag{4-16}$$

在小电流接地系统中变电站母线一般含有较多回路出线，所以非故障线路的零模波阻抗一般远大于母线的零模等效波阻抗，即 $Z_{k0} \gg Z_{B0}$。因此，易知 $|k| \gg 1$，即故障线路初始暂态行波电流零模分量幅值要远大于非故障线路，而且 $k < 0$，故两者极性相反。同时也可得出所有非故障线路的初始暂态行波电流零模分量的极性相反而且幅值近似相等。

故障线路初始暂态行波电流零模分量的实际流向与图 4-8 中所示的方向相反，非故障线路初始暂态行波电流零模分量的实际流向与图 4-8 中所示方向相同。结合图 4-8 中所示的母线零模电压 u_{0M} 的方向与各线路电流零模分量的方向，对比可得：故障线路初始暂态行波电流零模分量的方向与母线零模电压方向相反，非故障线路初始暂态行波电流零模分量的方向与母线零模电压方向相同。

故障产生的电流行波和暂态电流在系统内的分布规律相似，利用其实现选线的判据也相似，区别主要在于两种方法利用了故障信号的不同分量，其

技术性能也有所不同。由于暂态电流幅值（可达数百安培）远大于初始电流行波（数十安培），暂态电流的持续时间（毫秒级）大于初始行波（微秒级），从利用信号的幅值与持续时间来看，暂态选线方法所利用的信号能量均远大于行波选线方法。

4.2.2.5　技术特点

（1）选线成功率高。小电流接地系统单相故障时，暂态电流幅值大，一般大于100A，抗干扰能力强；不受不稳定电弧影响，且弧光接地和间歇性接地时检测更可靠。

（2）适应性广。不受消弧线圈影响，可适用于不接地、谐振接地和经高阻接地系统；可适用架空线路或电缆线路，也可适用电缆架空混合线路；零序电流可通过普通零序TA获得，也可通过三相TA合成；对永久接地故障和瞬时性接地故障均能可靠检测；可适用母线并联运行、环网供电等特殊系统；可适用两相接地并短路、两故障点交替接地等特殊故障；适用各种电压等级的配电系统。

（3）安全性高。只接入电压信号和电流信号，不附加其他高压一次设备，也不需要其他设备配合，对一次系统无任何影响；施工便利，可在不停电情况下安装及维护。

（4）可提供线路绝缘监测信息。利用瞬时故障的发生频率和持续时间等信息对线路绝缘状况提出预警。

4.2.2.6　存在的主要问题

（1）对装置的软硬件要求较高。对于稳定性接地故障，暂态过程持续时间较短，需要装置具有实时采样能力。暂态信号频率高，装置要有较高的采样速率，每周波采样点数应大于100，算法相对复杂，对装置计算能力要求也较高。

（2）在电压过零故障时，暂态电流幅值相对较小，影响检测灵敏度。不过，这时暂态电流的幅值也与稳态电容电流幅值接近，而且实际配电网中电压过零附近故障概率在1%左右，故障初始相角对检测灵敏度的影响并不是一个突出的问题。

（3）暂态过程时间短，暂态信号频率高。有效的暂态信号一般出现在故障发生后1～2ms内，当故障发生时刻判别不正确或采样频率不足时，会导致暂态信息错误，致使选线失败。并且在判别故障的时间窗2ms之内，暂态信号受电网结构参数影响较大，发生弧光接地时抗干扰能力较弱，使得选线效果不理想。

4.2.3 并联中电阻选线方法

4.2.3.1 基本原理

并联中电阻选线方法是一种主动选线技术，该方法是在消弧线圈旁通过开关并联一个阻值适当的电阻。当线路发生瞬时性故障时，电弧被消弧线圈熄灭，故障自动消除装置不会进行选线，电阻不投入。如果是永久接地故障，发生接地故障时，消弧线圈控制装置则延迟一段时间发生作用，消弧线圈控制装置进入选线过程，闭合开关投入电阻。中性点接地回路变为消弧线圈和中电阻的并联电路，该电阻产生的有功电流仅流过故障线路，而正常线路基本不受影响，据此可实现选线。十几个周期后即可切除中电阻，投入过程中，残余电流有短时明显增量的即是故障线路，需要注意的是，对于金属性接地故障，仅故障线路零序电流变化，如果故障点存在过渡电阻，则各出线零序电流均有变化，但故障线路变化最大。下面就线路单相接地时并联中电阻技术投切过程电气量变化规律进行分析。消弧线圈并联电阻的小电流接地系统发生单相接地故障示意图如图 4-9 所示，在图中还标注了电网电流的分布。

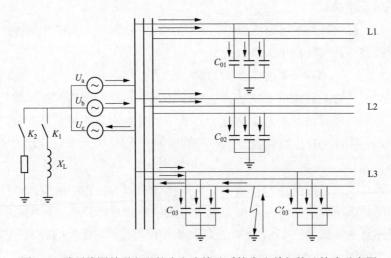

图 4-9 消弧线圈并联电阻的小电流接地系统发生单相接地故障示意图

图 4-9 为线路 L_3 的 C 相发生接地故障，其中：K_1、K_2 分别是消弧线圈和并联电阻的开关，U_a、U_b、U_c 为系统的三相电压，C_{01}、C_{02} 分别为线路

L_1、L_2 的等效对地电容，C_{03} 为故障点到母线之间的等效对地电容，C'_{03} 为故障点到负荷之间的等效对地电容。

忽略线路的泄漏电导，单相接地故障时的电网等场效电路如图 4-10 所示。其中：E_C 为电源电压，R 为过渡电阻，$3C_\Sigma$ 为系统三相等效电容，L 为消弧线圈，K 为并联电阻开关，R_n 为并联接地电阻，U_0 为系统零序电压，I_D 为流过故障点的总电流，I_C 为流过三相对地电容的电流，I_L 为流过消弧线圈的电流，I_R 为流过并联电阻的电流。

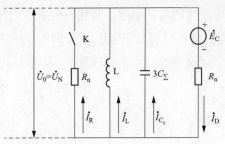

图 4-10　单相接地故障时的电网等效电路

投入电阻后零序电压 U_0 降低，其表达式为

$$\dot{U}_0 = \dot{U}_N = -\frac{\dot{E}_C}{R + \left(\frac{1}{R_n} + \frac{1}{j\omega L} + j3\omega C_\Sigma\right)^{-1}} \times \frac{1}{\frac{1}{R_n} + \frac{1}{j\omega L} + j3\omega C_\Sigma}$$

$$= -\frac{\dot{E}_C}{1 + \left[\frac{R}{R_n} + j3R\left(\omega C_\Sigma - \frac{1}{\omega L}\right)\right]} \tag{4-17}$$

式（4-17）表明，投入电阻后，零序电压将降低，而零序电压的降低使得故障点残余电流中的零序电流的无功分量呈减小趋势，有功分量呈增加趋势，零序电流总体上呈增大趋势，故障点的总电流为

$$\dot{I}_D = \dot{I}_R + \dot{I}_L + \dot{I}_C$$

$$= \dot{U}_0\left(\frac{1}{R_n} + \frac{1}{j\omega L} + j3\omega C_\Sigma\right)$$

$$= \dot{U}_0\left(\frac{1}{R_n} + j\frac{3\omega^2 LC_\Sigma - 1}{\omega L}\right) \tag{4-18}$$

非故障线路 k 的零序电流仍为原线路的电容电流，相位超前于零序电压 90°，其表达式为

$$3\dot{I}_{0k} = \dot{I}_{Ak} + \dot{I}_{Bk} + I_{Ck}$$

$$= j\omega C_{0k}(\dot{U}_A + \dot{U}_B + \dot{U}_C)$$

$$= j\omega C_{0k}\dot{U}_0 \tag{4-19}$$

单相接地故障情况下，中性点并联电阻产生的阻性电流主要流经中性点至故障线路接地点电源侧的部分线路。故障线路始端与故障点之间增加了由 R_n 产生的有功电流，其相位与零序电压相差 $180°$，过补偿时故障线路无功电流为感性，超前于零序电压 $90°$，因此零序电流与零序电压之间的相位差大于 $90°$，而小于 $180°$。设线路 L_3 故障，其零序电流表达式为

$$3\dot{I}_{03} = \dot{I}_{A3} + \dot{I}_{B3} + \dot{I}_{C3}$$

$$= \dot{U}_0 \left\{ -\frac{1}{R_n} + j \left[\frac{1}{\omega L} - 3\omega(C_{01} + C_{02}) \right] \right\} \tag{4-20}$$

故障点电源侧的零序电流表达式为

$$3\dot{I}_{03f} = \dot{I}_{A3f} + \dot{I}_{B3f} + \dot{I}_{C3f}$$

$$= \dot{U}_0 \left\{ -\frac{1}{R_n} + j \left[\frac{1}{\omega L} - 3\omega(C_{01} + C_{02} + C_{03}) \right] \right\} \tag{4-21}$$

故障点负荷侧的零序电流表达式为

$$3\dot{I}'_{03} = \dot{I}'_{A3} + \dot{I}'_{B3} + \dot{I}'_{C3}$$

$$= 3j\omega C'_{03} \dot{U}_0 \tag{4-22}$$

由以上分析可以看出，中性点接入并联接地电阻后，系统的零序电压降低，使故障点的残余电流减小，这有利于系统的安全可靠运行。

在中性点并联电阻之前，电网运行于谐振接地方式下，当电网发生单相接地故障时，由于消弧线圈具有感性补偿电流的作用，使得流过故障线路的零序电流方向与流过非故障线路的零序电流方向相同，都为由母线流向线路，其方向超前零序电压 $90°$。

中性点接入并联接地电阻后，故障线路始端与故障点之间增加了由并联电阻产生的有功零序电流，流过故障线路的零序电流明显增加，并且其方向与系统零序电压相反，而非故障线路的零序电流变化不大。据此可得到消弧线圈并联电阻的小电流接地选线的基本判据：零序电流最大或零序电流的有功分量最大，并且有功分量的方向与零序电压的方向相反的即为故障线路。具体实现方法可参考前文介绍的节零序有功功率法相关内容。

4.2.3.2 技术特点

（1）中性点经消弧线圈并联电阻接地方式，既充分发挥了消弧线圈补偿电容电流、提高单相接地故障自恢复的作用，又利用并联电阻实现了单相接

地故障选线和定位以及抑制暂态过电压的功能，是配电网的一种较为理想的接地方式。利用接入并联电阻后产生的零序电流有功分量或增量可实现单相接地故障检测。

（2）需要增加电阻及相应的开关控制设备，加大了设备成本，且电阻的开关控制设备是系统运行的薄弱环节。

（3）消弧线圈并接电阻后，其故障线路接地点电流将大幅增加，加大对接地点绝缘的破坏，可能导致事故扩大，对电缆线路来说，这一问题更为突出。

（4）消弧线圈并接电阻是在判断系统稳定单相接地后进行的，其接地选线时间一般大于 5s，对小于 5s 的瞬时单相接地，通常不能反映。

（5）当发生高阻接地故障时，零序电流本身与其变化量的灵敏度可能都不足，难以检测出故障的发生，同时高阻接地易伴随有间歇性特征，当中电阻并入后一段时间内若处于熄弧状态，不再发生故障，则会导致选线失败。

4.2.4　"S"注入选线方法

4.2.4.1　基本原理

"S"注入法也称信号注入法，是一种小电流接地系统故障选线的新思路和新方法，其突破了长期以来使用故障产生信号选线的框架。该方法利用单相接地故障时原边被短接，暂时处于不工作状态的接地相 TV，人为向系统注入一个特殊电流信号，用寻迹原理即通过检测跟踪该信号电流的通路来实现接地故障选线。

一般从 TV 二次侧注入电流信号，为区分电网原有信号和注入信号，一般注入信号的频率位于工频 n 次谐波与 $n+1$ 次谐波之间（n 为正整数），从而保证不被工频分量及高次谐波量干扰。对于非故障线路注入信号回路电阻为故障相对地绝缘电阻，其值一般很大，则在线路中几乎无注入信号电流流过。而对于故障线路注入信号回路电阻为故障点接地阻抗，其值较绝缘电阻小得多，因此故障线路中注入信号电流最大，据此即可选出故障线路。其信号注入原理如图 4-11 所示。

正常运行时，TV 二次侧电压分别为 $U_{AN} = U_{BN} = U_{CN} = 57.8V$，$U_{LN} = 0V$。当系统发生单相接地故障时（以 A 相为例），系统相对地电压降为零，B、C 两相对地电压升高为线电压，其二次电压分别为 $U_{AN} = 0$，$U_{BN} = U_{CN} = 100V$，$U_{LN} = 100V$。

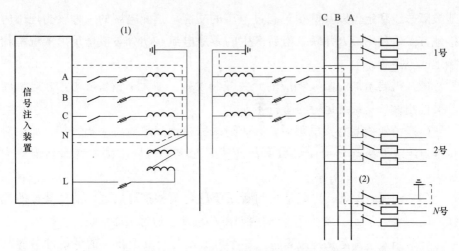

图 4-11　信号注入原理图

信号注入装置根据 TV 副边电压的变化，自动判断出接地相别。并向接地相注入特殊的信号电流，如图 4-11 中虚线（1）所示。由于此时接地相 TV 原边处于被短接状态，信号电流必然会感应到原边，感应电流路径如图 4-11 虚线（2）所示。

注入信号电流的基波频率 f_0 处于工频 n 次谐波与 $(n+1)$ 次谐波之间，即

$$n \times 50 < f_0 < (n+1) \times 50$$

信号电流探测器为注入信号电流的探测装置，它的频率特性曲线如图 4-12 所示。它只反应频率为 f_0 的注入信号，而不反应工频及其各次谐波。这样，用信号电流探测器在开关柜后对每一条出现进行探测，探测到注入信号的出线即为接地点所在线路。

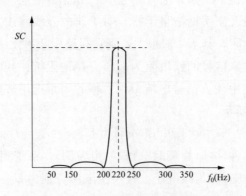

图 4-12　信号电流探测器频谱特征

4.2.4.2　技术特点

"S"注入法适用于中性点不接地和谐振接地、TV 二次 N 接地或 B 相接地、为防谐振加装零序 TV 或消谐器等情况下的系统，不需要任何 TA。

在实际电网中，由于电力系统的非线性特性和电力负荷的种类较多对电网造成污染，电网中存在一些与注入信号频率接近的频率信号，可能会对"S"注入法选线形成干扰，此外该方法需向系统注入信号，构成较复杂，投资大，适用于电阻较小的稳定接地故障。

4.2.5　利用三相电流不对称的选线方法

4.2.5.1　基本原理

利用三相电流选线的方法是一种接地选线功能集成在线路保护装置中所利用的一种选线方法，其不完全依赖于传统判别方法中所利用的零序电压及零序电流，而是利用在发生单相接地故障后故障线路与非故障线路三相电流中故障分量的差异来进行选线。

当小电流接地系统中发生单相接地故障时，如图 4-13 所示，非故障线路三相电流中的故障分量主要是本线路的对地电容电流，为零序分量且三相基本相同；故障线路的三相电流故障分量中包含正、负、零序分量，而且正、负、零序分量近似相等，两个非故障相流过的是本线路的零序电流，大小相同，故障相电流中则含有正序分量与负序分量，因此故障相与非故障相的电流存在明显差异。

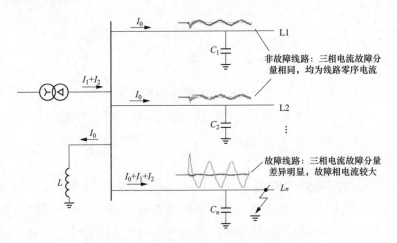

图 4-13　单相接地故障电流故障分量示意图

可以从三相电流序分量的角度入手，在故障分量中提取出提取正、负、零序分量，通过故障序分量的特性寻找故障线路。如通过故障分量相间做差动的方法来提取正负序分量，具体如下

$$\begin{cases} i_{da} = i_{fa} - i_{fb} \\ i_{db} = i_{fb} - i_{fc} \\ i_{dc} = i_{fc} - i_{fa} \end{cases} \tag{4-23}$$

式中：i_{fa}、i_{fb}、i_{fc}分别为三相电流中的故障分量，是发生单相接地故障后，线路三相电流的变化量，不包含线路中的负荷电流；i_{da}、i_{db}、i_{dc}分别为故障分量做相间差动计算后得到的结果，用于体现三相电流故障分量中的正序及负序分量，如式（4-24）所示（以 A 相接地为例）。

非故障线路的计算结果为

$$\begin{cases} k_a = \dfrac{i_{da}}{i_{fa} + i_{fb}} \approx 0 \\ k_b = \dfrac{i_{db}}{i_{fb} + i_{fc}} \approx 0 \\ k_c = \dfrac{i_{dc}}{i_{fc} + i_{fa}} \approx 0 \end{cases} \tag{4-24}$$

而对于故障线路来说，一般可得

$$\begin{cases} k_a = \dfrac{i_{da}}{i_{fa} + i_{fb}} > k_{set} \\ k_b = \dfrac{i_{db}}{i_{fb} + i_{fc}} \approx 0 \\ k_c = \dfrac{i_{dc}}{i_{fc} + i_{fa}} > k_{set} \end{cases} \tag{4-25}$$

式中：k_a、k_b、k_c分别为三相电流基于故障分量做差动计算后得到的判别系数，k_{set}为判别门槛定值，一般可取 0.5～0.7，当三相中有两相判别系数超过判别门槛，且一相基本为零时，可以认为该条线路为故障线路。

4.2.5.2 技术特点

利用三相电流选线的方法适用于单相接地故障判别功能集成于线路自身保护装置中的场景，可直接利用线路保护装置的三相电流进行故障判别。该方法在接地选线判别时不依赖于零序电流，仅利用线路保护自身的三相电流就可以进行选线和选相，规避了由于二次回路接线的错误而导致选线出错的

情况，同时也消除了系统本身不平衡以及线路负荷大小对选线判别的影响，可以有效提高接地选线的准确率。

在实际应用中，对于三相电流的故障分量提取较为关键，提高了对装置的硬件以及计算能力的要求。此外判别三相电流的变化量是否为故障分量存在一定难度，该选线方法还面临两个主要问题：第一，当线路上负荷出现较大波动时，相电流也会呈现较大的变化量；第二，空投变压器时产生的励磁涌流也会导致线路的相电流发生突变，因此利用三相电流不对称的方法进行选线时，建议启动条件要增加零序电压同时满足启动门槛的条件。

该方法不适用于传统独立配置的接地选线装置，该类装置需要接入全站备选线路间隔的信息，一般不具备足够的资源将所有线路的三相电流全部接入。

4.3　小电流接地选线装置的技术要求

4.3.1　基本要求

对于小电流接地选线装置而言，其对于不同的接地方式及不同的故障类型均应适用，接地方式一般如不接地系统、经消弧线圈接地等，不同的故障类型如金属性接地、间歇性弧光接地、经高阻接地等。按照 DL/T 872—2016《小电流接地系统单相接地故障选线装置技术条件》规定，小电流接地选线装置应满足下列基本要求：

（1）当小电流接地系统发生单相接地故障时，装置应准确选出故障支路，并显示接地线路及母线编号（名称）。当系统发生铁磁谐振时不能误报警、误动作。

（2）装置应具备故障录波功能，可保存故障录波数据不少于 500 次。录波文件满足 comtrade 格式，包括至少故障发生前的 2 个周期和故障发生后 6 个周期的波形，录波数据能够方便地分析和提取。

（3）装置应设有通信接口，具备远程维护功能，能够同主站进行通信，向远动设备或上位机传送报警信息，通信规约应符合 DL/T 667—1999 或 DL 860 系列标准的规定。

（4）装置能够记忆不少于最近 500 次接地信息，除故障录波数据外，接地信息还应包含每次选线结果、接地起止时间等，装置失电后，保存的数据不应丢失。

（5）发生单相接地后装置输出接地信号，接地消失后自动复归。

（6）装置应具有同步对时功能，能够接收校时命令。应保证在时钟源断开的情况下守时，守时精度不大于 5s/24h。

（7）可就地或远程设置装置的参数和定值，如母线编号（名称）、出线数、线路编号（名称）、启动电压（电流）等。

（8）装置应具有在线自动检测功能，在正常运行期间，装置中单一电子元件损坏时（出口继电器除外），不应造成装置误动作，并能发出装置异常信号。

（9）具有装置自身故障自恢复功能。

（10）装置应具备对各条线路的瞬时接地和永久接地次数进行统计功能，为分析线路的运行状况提供依据。

（11）单套装置最低容量配置不小于 16 个支路。

（12）装置应具有装置异常、谐振、系统接地等硬接点报警出口。

4.3.2　性能要求

4.3.2.1　基本性能要求

（1）启动电压：5～100V（二次值）；

（2）启动电流：5～100mA（二次值）；

（3）跳闸继电器出口持续时间：60ms；

（4）装置采样频率不应低于 6000Hz。

4.3.2.2　交流测量准确度要求

在正常试验大气条件下连续测量 5 次，准确度用最大相对误差或绝对误差表示，交流电压回路、交流电流回路的准确度应满足表 4-1 和表 4-2 的要求。

表 4-1　　　　　　　　　　交流电压回路准确度要求

输入电压	$0.05U_N$	$0.1U_N$	$0.5U_N$	$1.0U_N$	$1.5U_N$	$2.0U_N$
幅值相对误差	≤5%	≤2.5%	≤1%	≤0.5%	≤1%	≤5%

注　U_N 为交流电压额定值。

表 4-2　　　　　　　　　　交流电流回路准确度要求

输入电流	$0.1I_N$	$0.2I_N$	$0.5I_N$	$1.0I_N$	$5.0I_N$	$10.0I_N$
幅值相对误差	≤5%	≤2.5%	≤1%	≤0.5%	≤1%	≤2.5%

注　I_N 为交流电流额定值。

4.3.2.3　动作性能要求

（1）告警延时整定范围：0～7200s。

（2）跳闸延时整定范围：0～7200s。

（3）选线跳闸动作时间误差：延时定值不大于 0.5s 时，整组时间不大于540ms；延时定值大于 0.5s 时，误差不大于 0.5% 或 40ms。

（4）首次选线跳闸准确率：不低于 90%。

4.3.3　其他功能要求

上述内容只是对小电流接地选线装置的基本要求，在设备选型的过程中还应结合本地电网实际特点制定合理的技术要求。下面简单举例说明：

（1）按照 DL/T 872—2016《小电流接地系统单相接地故障选线装置技术条件》规定，小电流接地选线装置应具备下列选配功能：

1）跳闸功能：跳闸延时整定范围 0～2h；

2）打印记录：发生单相接地后打印接地信息；

3）接地相判断、TV 断线判断功能。

（2）按照 Q/CSG 1203068—2019《小电流接地选线装置技术规范》规定，小电流接地选线装置应具备下列功能：

1）装置应具备接地选线功能。当系统发生单相接地时，装置应能根据设置选出 1～3 条故障支路，并显示接地线路及母线名称（编号）；当系统发生铁磁谐振时，不能误报警、误动作。

2）装置应具备接地保护跳闸功能，跳闸功能通过接入保护跳闸回路实现。装置的跳闸功能投退和跳闸延时可按线路独立整定。

3）装置应具备轮切（试漏）功能。当选线跳闸失败后可直接启动轮切功能来跳闸切除故障线路；或当保护灵敏度不足时（选线保护定值>3U_0>轮切定值）可经延时来启动轮切功能（长时限轮切）；该功能可投退，延时可整定；各线路是否参与轮切可独立整定；轮切（试漏）策略可整定，至少具备固定轮切与自动轮切两种模式，如表 4-3 所示。

表 4-3　　　　　　　　　　轮　切　模　式

模式	策略
固定轮切	按人工设定顺序进行
自动轮切	按照先架空后电缆；同类型线路按装置统计的故障率由高到低排序进行

4）装置应具备后加速跳闸功能，该功能可投退。当重合于永久性故障时，装置可加速跳闸切除该故障线路，具体要求为：

① 装置应设置后加速开放时间，从装置发选线跳闸命令或轮切跳闸命令开始计时。

② 后加速开放时间内开放选线功能，装置加速跳原故障线路。如后加速跳闸后系统故障未消失，应将新的选线结果记录并上送。

③ 选跳或轮切后零序电压未消失，线路开关重合后，无需等待后加速开放时间；如选跳或轮切线后零序电压恢复正常，应等待后加速开放时间，以确保线路故障能加速跳闸。

5）装置选线或轮切跳闸失败，应告警并终止相关逻辑。

6）装置选线跳闸后电压恢复正常但无对应的开关变位信息，应告警，不闭锁选线逻辑。

7）装置的零序电压采样回路应使用双 A/D 或双通道结构，应有防止单一 A/D 损坏导致装置不正确动作的措施。

8）发生单相接地后装置输出接地信号，接地消失后自动复归。

9）装置应具有接地相判断、TV 断线判断功能。

10）装置宜具有就地打印功能，支持定值、事件记录、故障录波等打印。

11）装置应能模拟单相接地故障信号输出，便于联调测试。

12）装置应具备对各间隔的瞬时性接地和永久性接地次数进行统计功能，应可查阅，为分析线路的运行状况提供依据。调试、检修过程不参与统计。

13）装置应能够适应现场运行工况变化，如分段开关、环网结构的联络开关位置变化。

14）装置的校验码应由装置根据软、硬件实际情况自动生成，与软件版本号一一对应，支持版本信息上送后台或主站。

4.3.4　试验要求

4.3.4.1　基本功能试验要求

采用试验仪器对小电流接地选线装置进行如下项目试验，试验结果应满足上述对于小电流接地选线装置有关功能与性能的要求。

（1）各项功能的定值；

（2）各项功能的动作及时间特性；

（3）故障在不同线路或母线处时的选线动作行为；

（4）接地保护跳闸功能及与线路保护重合闸配合的动作行为；

（5）轮切功能及与线路保护重合闸配合的动作行为。

4.3.4.2　动态模拟试验要求

可使用实时仿真系统或电力系统动态模拟系统，对小电流接地选线装置进行如下试验（不限于），结果应满足 4.3.1～4.3.3 中对小电流接地选线装置的要求。

（1）不接地系统、谐振接地系统的动作行为；

（2）故障在不同线路，母线处的动作行为；

（3）故障在线路首端、末端、中间和分支线处的动作行为；

（4）故障在架空线、电缆、混合线路，长线、短线的动作行为；

（5）故障在不同相的动作行为；

（6）故障初相角在 $90°$、$75°$、$60°$、$30°$和 $0°$时的动作行为；

（7）金属性接地、带过渡电阻（2Ω～10 倍系统零序阻抗）接地时的动作行为；

（8）电源侧与负荷侧电压总谐波畸变系统在 1.0%～6.0%时的动作行为；

（9）故障持续时间分别为 60ms、1s、10s、1min 和 5min 情况下的动作行为；

（10）间歇性接地、弧光接地时的动作行为；

（11）系统三相不平衡情况下（以零序电压的幅值为基准，电压互感器二次侧的不平衡电压为 10V、3V 和 1V 以下）的动作行为；

（12）系统谐振过电压下的动作行为；

（13）零序电流互感器存在变比不统一、极性不统一情况下的动作行为；

（14）故障在同相两点同时刻和不同时刻故障时的动作行为；

（15）故障所在馈线在两段母线之间切换，每次切换后接地的动作行为；

（16）两段母线并联运行的动作行为；

（17）环网供电的动作行为。

4.3.4.3　人工接地试验要求

小电流接地选线装置根据以下试验项目要求，在变电站及相应线路上进行人工接地试验，试验结果应满足 4.3.1～4.3.3 中对小电流接地选线装置的要求。

（1）不接地系统、谐振接地系统的动作行为；

（2）故障在不同线路，母线处的动作行为；

（3）故障在线路首端、末端、中间和分支线处的动作行为；

（4）故障在架空线、电缆，长线、短线的动作行为；

（5）故障在不同相的动作行为；

（6）故障在线路重负荷、轻负荷或空载下的动作行为；

（7）金属性接地的动作行为；

（8）经固定电阻（100Ω～2kΩ）接地的动作行为；

（9）弧光接地的动作行为；

（10）经水塘接地的动作行为；

（11）经草地、土壤表面、水泥、柏油路面接地的动作行为。

4.4　小电流接地选线的工程应用

根据小电流接地选线的形态及结构不同，目前接地选线实现方案主要可分为四种：独立配置的小电流接地选线装置、选线功能集成于线路保护装置中、集成于消弧线圈控制器中、集成于后台监控系统中等，如图 4-14 所示。下面上述几种方案分别进行简要介绍。

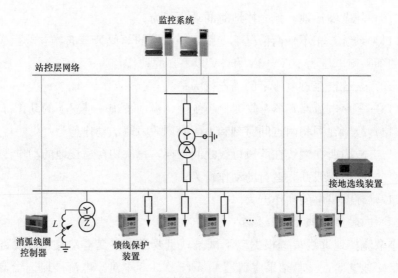

图 4-14　小电流接地选线工程应用方案

4.4.1　配置独立的小电流接地选线装置

4.4.1.1　应用方案

该方案是在变电站内配置独立的小电流接地选线装置，采集母线的电压（包括三相电压及零序电压）和各出线的零序电流，综合比较后选择出故障线路。在市场上已有不少企业具备该类产品，品牌众多。

独立的小电流接地选线装置在变电站中独立于其他保护之外，通过母线TV 采集三相电压与零序电压，通过各出线的零序 TA 采集各条线路的零序电流，同时可具备有跳闸回路连接至各条线路的操作机构。在运维方面，除各条线路的零序电流二次回路较为复杂外，与普通继电保护装置差异并不大，可以通过站控层网络上送接地选线相关事件及告警报文至后台及远动。变电站中结构拓扑图如图 4-15 所示。

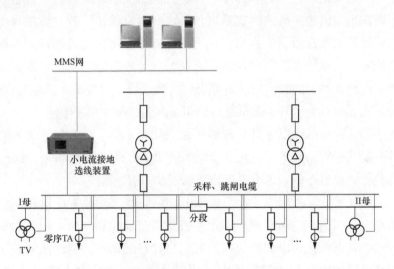

图 4-15　配置独立的接地选线装置整体方案示意图

独立的小电流接地选线装置一般可支持 2 段或以上母线的接入，可接入的线路间隔总数由选线装置的硬件资源多少决定，装置可以通过母联（分段）的位置判别运行方式。

4.4.1.2　主要功能及动作逻辑

独立的小电流接地选线装置通常具备以下功能：

（1）自动选线跳闸功能。自动选线跳闸是选线装置的基本功能，当发生单相接地故障时，零序电压及线路的零序电流发生突变，选线装置启动。选线装置根据母线电压及各线路零序电流的故障特征，利用 4.2 中所介绍的选线方法进行综合判别，找到故障线路并予以切除。

在独立配置的小电流接地选线装置中，一般采用的较多的选线方法是群体比幅比相的方法，可以利用所有间隔的电气量信息之间的关系进行比较判别，这也是该类装置的优势所在，其他一些选线方法也可运用在装置中作为辅助判据进行综合判别。此外，市场上也存在利用主动式选线方法的装置，主要采用的有并联中电阻、注入法等选线方法。

由于所有的线路都接入同一台选线装置，因此在选线的过程中有可能会选出多条具备故障特征的线路，而其中有一些线路为误选线路。因此在必要的情况下（如需要选线跳闸）可在装置中设置"选线支路数"。装置选线完成后，首先对选线结果进行判断排序，排序最前的支路即为最有可能接地故障线路，首次出口以排序最前的支路出口，跳开对应线路后若故障零序电压仍未消失，待开关重合后装置会第二次出口跳开排序第二的可能故障线路；此时若故障零序电压仍未返回，再次合上开关后装置会第三次出口跳开排序第三的可能故障线路，此时出口后装置出口次数已等于"选线支路数"，如果此时故障还未返回待合上开关后再进行轮切或人工试拉等相关操作。

为了防止铁磁谐振以及 TV 断线引起选线误出口，只有在没有铁磁谐振以及 TV 断线报警情况下，才允许选线跳闸动作出口。如果判断为母线接地，为了避免扩大停电范围，也不进行选线跳闸或轮切逻辑。

（2）轮切功能。当选线装置无法选出故障线路或故障零序电压无法达到选线启动电压门槛时，则需要人工干预或执行自动轮切逻辑，因此轮切功能元件一般包括选线错误启动轮切和长时限启动轮切两种。当选线装置所选出的线路都已跳闸出口而故障零序电压仍未返回时，则应合上已跳开的开关，执行选线错误启动轮切逻辑；当选线启动定值灵敏度不足时，可设置长时限启动轮切的相关门槛定值，当零序电压介于长时限启动轮切门槛定值与选线启动电压门槛时，经延时后直接启动轮切。

轮切策略一般有固定轮切及自动轮切两种。当轮切策略为固定轮切时，选线装置依据各线路的固定轮切顺序依次跳开线路开关；当轮切策略为自动轮切时，首先线路类型可分别设置为：架空线路、电缆线路及站内设备，依次而后按照不同类型分类，最后同类型线路按装置统计的接地故障次数由高到低再排序。

典型的轮切过程为：轮切启动后，装置首先排除已选线跳闸出口的线路，然后按照既定轮切顺序，跳开第一条线路，若零序电压返回，则轮切成功，结束轮切逻辑。若零序电压未返回，则合上开关后紧接着跳开下一条线路，以此类推直到最后一条线路被跳开后，此时若零序电压仍未返回，则轮切不成功，合上跳开的开关后，结束轮切逻辑。

轮切功能的典型逻辑执行流程图如图 4-16 所示。

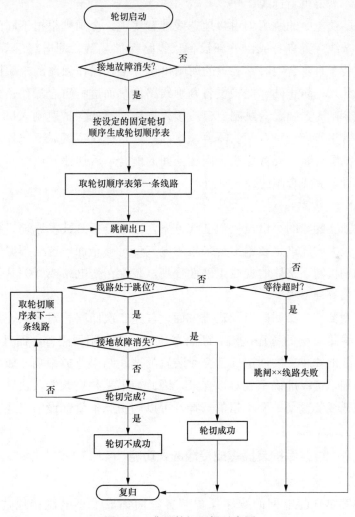

图 4-16　典型轮切逻辑示意图

（3）合闸后加速功能。后加速跳闸功能与选线装置或其他外部装置的合闸功能相配合，当选线跳闸线路重合于永久性故障时，装置可加速跳闸切除该故障线路，其典型逻辑如下：

若装置选线跳闸（或轮切跳闸）后故障零序电压返回，说明选线（或轮切）成功，而后开放后加速跳闸功能。若在后加速开放时间内开关发生重合，并且零序电压大于选线启动门槛定值，则后加速跳闸动作。后加速动作后，若故障消失，则表示加速跳闸成功；若故障未消失，则说明先前选跳线路发生了错误，需要重新选线。

上述各功能中的跳闸均由接地选线装置实现，合闸则根据不同的工程设计要求由选线装置自身或由外部设备（线路保护装置、配电终端等）实现。当由选线装置自身合闸时，装置的跳闸出口应接入操作回路的永跳回路或闭锁重合闸开入，防止外部保护设备判别线路偷跳而进行重合操作；当由外部保护装置合闸时，装置的跳闸出口应接入操作回路的保护跳闸入口，以便外部保护装置正常启动重合闸。需要注意的是，当选线装置需要与外部保护装置的重合闸配合时，要考虑跳合闸相互间的配合，后加速开放时间整定时需躲过外部设备完成合闸的最大时间。

4.4.1.3　方案特点

上述独立配置的小电流接地选线方案，通过分析其技术原理，结合现场运维，其最大的优点是装置本身采集的电气量足够全面，选线判据先进且采取综合判别机制，整体的选线正确性较高，装置在变电站或开关站等场所较为独立，依赖性不强。

缺点主要在二次回路以及运维方面，首先二次回路相对复杂，需要接入母线所有线路支路的零序电流、断路器位置、跳合闸回路等，而且零序 TA 选型、屏蔽地安装、极性接反都会对装置的选线结果造成影响，如果运维管理不够精细，选线准确率就难以保证，因此如果是替换改造，独立配置的小电流接地选线装置是一个不错的选择，可以利用原本就铺设的电缆，减少很多工作量。

4.4.2　线路保护装置集成接地选线功能

4.4.2.1　应用方案

该方案是在配电网的线路保护装置里面集成了小电流接地选线功能。由各馈线的保护装置基于本间隔电气量（三相电压、三相电流和零序电流）

完成单相接地故障的判别，该方案可以优化二次回路，同时也简化了运维管理。变电站中的网络架构无需调整，目前仅有少量的企业实现了该应用方案。

由于装置是采用自身的电气量进行故障判别，因此有些独立的接地选线装置方案中运用的方法如群体比幅比相等便无法施展，装置宜采用基于暂态量以及三相电压、电流的方法进行综合判别，以此来提高选线准确率。此外，各线路保护装置之间可以选择通过相互通信的方式实现单相接地故障判别信息以及结果的共享，以此来得到最优解，进一步提高选线的准确率，本方案的结构拓扑图如图 4-17 所示。

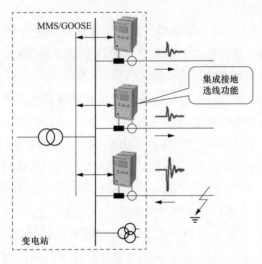

图 4-17　线路保护集成接地选线整体方案示意图

独立的接地选线装置要利用故障暂态分量相关的判据，在线路保护中集成接地选线功能时也不例外，暂态分量的获取在本方案中也十分重要，为精确地提取暂态信号，一般要求每周波采样点数在 120 点以上，因此对线路保护装置的 CPU 模件的性能提出了更高的要求。传统的 10kV 保护装置的采样频率，已经完全满足保护以及测控功能的需求，测量值可以精确计算到 13 次谐波，但这并达不到接地选线的要求。因此本方案中的线路保护测控装置需支持高频采样，在此基础上还要保证原有的保护测控功能，防止原保护性能下降，不影响保护功能的封装和可靠性，在现场采用本方案改造时只需要更换升级 CPU，备份好原来的站内通信配置，升级程序后恢复通信即可。

4.4.2.2 主要功能与动作逻辑

（1）集成在线路保护装置中的接地选线功能是根据本线路间隔的电压电流判别本线路是否发生单相接地故障的，采用的是稳态量和暂态量相结合的接地选线判据，一般主要包括以下选线方法：

1）暂态零序方向法：利用故障线路暂态零序电流滞后暂态零序电压90°、非故障线路暂态零序电流超前暂态零序电压90°的特点。当暂态零序电流的导数与暂态零序电压同极性时，则判定本线路为故障线路。

2）暂态零序电流波形识别法：发生单相接地故障时，故障相电压初相角与暂态零序电流首半波的极性存在对应关系，而且对应关系在故障线路和非故障线路中正好相反。

3）三相电流不对称法：非故障线路的三相电流故障分量中只有零序分量，故障分量三相对称；故障线路的三相电流故障分量差异明显。通过故障分量相间差动检测三相电流差异性，差流到达门槛值时则判定本线路为故障线路。

4）零序无功功率法：利用中性点不接地系统故障线路零序电流相位滞后零序电压90°、而健全线路超前零序电压90°的特点，当发生接地故障，若零序电流大于动作门槛，且零序无功功率为感性时，则判定本线路为故障线路。

5）零序有功分量法：对于经消弧线圈接地系统，非故障线路的零序有功功率为本线路零序有功分量，$P_0 > 0$；故障线路零序有功功率由消弧线圈阻尼电阻的有功分量和其他非故障线路的零序有功分量之和，$P_0 < 0$。

线路保护装置根据上述判据综合判别完成本间隔单相接地故障的检测，当判别出本线路发生单相接地故障时，根据控制字选择跳闸或者告警，单相接地保护功能逻辑如图 4-18 所示。

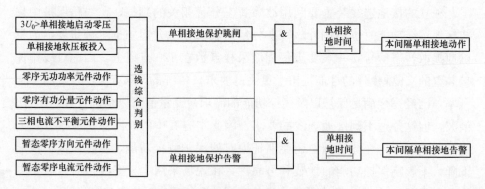

图 4-18 单相接地保护功能逻辑图

（2）在发生铁磁谐振以及 TV 断线时，闭锁接地选线保护逻辑。此外，单间隔线路保护装置中的接地选线模块还应具备相关附加功能，具体如下：

1）重合闸及后加速功能。装置可以通过控制字选择在单相接地跳闸后是否闭锁重合闸。在重合闸功能投入的情况下，当该控制字投入时，本间隔单相接地跳闸动作后，重合闸瞬时放电；当该控制字退出时，本间隔单相接地跳闸动作时，在开关跳开后启动重合逻辑。

装置可以通过控制字选择在单相接地跳闸后是否投入后加速功能。当该控制字投入时，如果本间隔单相接地跳闸，则在开关跳开且电压恢复后，开放后加速功能，在后加速开放时间内，若零序电压再次出现，则单相接地加速段动作。

2）外接零序电流极性自检。装置应具备外接零序电流极性在线检验的功能，当外接零序电流和三相测量电流同时接入保护装置时，装置实时计算外接零序电流和自产零序电流，当二者幅值均大于无流门槛时，则装置比较二者的电流相位，若二者相位相反，则判定为外接零序电流极性接反，经延时发出告警。同时，如果确认外接零序 TA 极性接反，无需调整外部接线，可通过装置软件设置，将外接零序电流极性取反。仅当零序电流选择取外接，并且一次 TA 为三相时，才进行外接零序电流极性自检。

3）自产零序电流异常检测。装置在选择使用自产零序电流进行单相接地的判别时，需要在正常运行时判别自产零序电流是否正常，以便在 TA 断线、或两相 TA 配置情况下，提醒运行人员自产零序电流异常。在正常运行时，若自产零序电流的大小达到最大相电流大小的 70%，并且持续时间达到固定延时时，装置发出自产零序电流告警的信号。

为防止正确选线的线路与误选自己的线路同时跳闸，各线路保护装置之间可以选择通过相互通信的方式实现单相接地故障判别信息以及结果的共享，以此来得到最优解，进一步提高选线的准确率。各线路保护装置在进行自身单相接地故障初步判别时，计算各自接地的综合概率。然后装置将自身的判别结果通过站内的站控层网络实现共享，各线路保护装置得到其他线路发过来的判别结果与概率，与自己相比较后进行排序，当发现自身接地概率最高时，判别是本间隔发生了单相接地故障。总的来说，依赖装置互相之间网络的连接，存在一定的风险，同时考虑到互相之间的跳合闸配合，增加了控制难度。因此，应尽可能提高单装置自身选线的准确率，尽可能避免站内装置之间的数据交互。

4.4.2.3　方案特点

该方案总体上具有成本低、二次回路简单、配置灵活（可不配置零序TA）、运维方便，跳合闸便捷等多个优点。

如果单间隔装置可以利用自己的电气量完成单相接地故障的检测，那么站外配网终端、线路保护装置就可以通过动作时限级差配合，就地切除永久性接地故障，避免变电站内选线装置把整条线路切除。因为是小电流接地系统，负荷开关和断路器均可遮断单相接地故障电流，所以对一次开关也没有太多的要求。

4.4.3　消弧线圈控制与接地选线一体化

将接地选线功能集成于消弧线圈控制器中，对于永久性单相接地故障，在调节消弧线圈对接地故障点熄弧后，再投入并联中电阻，根据各线路零序故障电流变化情况确定接地故障线路，实际上是一种主动式选线的方案，该方案的原理及优缺点之前已做阐述，此处不再赘述。下面对该方案的设计与工作原理进行简单介绍。

如图 4-19 为采用消弧线圈并联电阻的小电流接地系统故障选线装置的典型结构图，包括：消弧线圈 L、三相断路器 QS、接地变压器 TM、中电阻 Z_R、高压真空断路器 K、接地零序电流互感器 TA、各出线零序电流互感器 1TA~nTA、单相电压互感器 TV 以及控制器 XH。

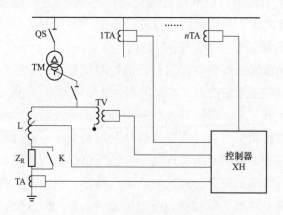

图 4-19　消弧线圈并联电阻的小电流接地
故障选线装置结构图

该故障选线装置的连接关系为：三相断路器 QS 用于连接接地变压器 TM 和母线，并联电阻 Z_R 与接地变压器 TM 的中性点相连，该电阻的另一端经过零序电流互感器 TA 后接地，该接地零序电流互感器的输出端连接控制器 XH 的电流采样信号输入端，可控断路器 K 用于控制并联接地电阻 Z_R 的投切。另外接地变压器 TM 中性点还通过单相电压互感器的原边线圈接地，其副边线圈接控制器 XH 的电压采样信号输入端。各出线零序电流互感器 1TA～nTA 连接母线和控制器 XH，其中，各出线零序电流互感器的输出端分别连接控制器 XH 对应的出线零序电流采样信号输入端。

上述三相断路器 QS 作为母线和接地变压器 TM 的断开点，接地变压器 TM 的作用是产生中性点，单相电压互感器 TV 的作用是将中性点的电压信号送入控制器 XH，用于判断小电流接地系统是否发生单相接地故障。并联电阻 Z_R 平时不投入，当发生单相接地故障时，经一段时间的延时投入并联接地电阻 Z_R，并联接地电阻可以限制系统的过电压，同时为故障选线提供足够的零序有功电流分量。各出线的零序电流互感器 1TA～nTA 完成 1～n 路线路零序电流的采样，采到的数据送入控制器 XH 进行分析，用于小电流接地系统单相接地故障的选线。

4.4.4　变电站监控系统集成接地选线功能

以往综合自动化水平较为落后的情况下，10kV 配网线路发生单相接地故障后，调度监控无法准确把握接地线路，只能进行"试拉"操作，大大降低配网供电可靠性。随着计算机技术、自动控制技术及通信技术在供配电系统中的应用，35kV 及以下变电站已逐渐实现了综合自动化，计算机监控、微机继电保护及数据的远程传输等功能在此类变电站也已成为主要的技术手段。

35kV 以下的供配电系统主接线简单，电压等级不高，运行模式灵活，监控系统集成接地选线功能一般是通过站控层 MMS 网络或串口通信将供配电系统中的保护测控装置计算得到的电气量的信息上送至监控计算机，并通过分析计算选出故障线路。当单相接地故障发生时，零序电压升高，此时保护装置将采样的零序电流和零序电压进行如下处理：采集零序电压、零序电流的幅值与相位，并将这两个特征量上传至监控后台汇总。监控后台在接地选线模块中进行综合分析，选出相应的接地支路。在中性点不接地系统中，零序电流幅值最大的一般为故障支路；中性点经消弧线圈接地系统中，一般则需要计算零序电流的谐波来进行判别（通常是五次谐波）。在监控后台无法进行接地选线模块开发的前提下，调控系统监控的接地选线模块简化为了零序电流幅值的比较判定，主要基于稳态量的判别，成功率较低。

小电流接地故障选线需要利用所有线路的零序电流和母线的零序电压，具有间隔多、数据实时性要求高、数据通信量大等特点。但对于中小型的配电系统，如果出线回路少，可以采用出线间隔的保护装置及监控系统实现小电流接地选线，减少选线装置与出线间隔之间的二次电缆，节省了空间与成本。

4.5 小电流接地选线装置的安装调试

4.5.1 安装前准备工作

选线装置的选线准确率不仅仅与装置本身的算法原理、设计质量有关，还与选线装置配套的其他一次、二次环节有关。在选线装置安装前，应检查并确保 TV、TA 以及各二次回路的接线正确。

4.5.1.1 TV 与 TA 安全检查

对于 TV、TA 的安装工作应严格参考互感器使用手册及相关安装检测规程。尤其是零序 TA 的安装，应该确保同一变电站内各零序 TA 的极性一致，TA 的极性端应朝向母线，以电容电流由母线流向线路为正方向。电缆屏蔽层回穿接地方式正确，如图 4-20 所示，注：零序互感器极性必须一致，安装方向依据选线装置说明书。屏蔽线在回穿零序 TA 之前不能接触任何接地导体，确保电缆屏蔽层回穿零序 TA 有效。

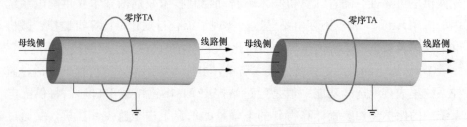

图 4-20 零序电流互感器接线示意图

开口式零序 TA 在安装时应确保两侧紧固螺丝的力矩平衡，两侧铁芯不应反装，以避免磁路畸变，影响测量精度。在安装时，开口式零序 TA 的铁芯接触面应采取涂抹防锈油等措施。

零序 TA 二次绕组具有不同变比抽头时，应根据变比选择抽头接线，该绕组其他抽头不能短接。若一条线路上需安装多个零序 TA，零序 TA 的二次回路应并联接入装置。对于采用三相 TA 合成零序电流的各相 TA 规格、型号应一致，极性端均应朝向母线，二次回路连接应正确。

对于零序互感器一次设备，还必须满足如下要求：

（1）同一变电站的零序电流互感器应选择合适的变比、容量，宜采用相同性能参数；

（2）零序电流采集应优先采用专用零序电流互感器；新建和扩建工程零序 TA 应选用闭合式，改造工程宜选用闭合式，不具备条件的户外柱上开关架空线配置专用零序电流互感器较为困难情况除外；

（3）外接零序电流互感器的电流误差、相位误差和复合误差不应超过表 4-4 所列限值；

表 4-4　　　　　　　　　　交流电压回路准确度要求

准确级	额定一次电流下的电流误差（±%）	额定一次电流下的相位误差		额定准确限值一次电流下的复合误差（%）
		±（'）	±crad	
5P	1	60	1.8	5

（4）零序 TA 一次侧额定电流宜不高于 100A；

（5）零序 TA 二次侧额定电流宜选用 1A，二次侧额定容量应不低于 5VA；

（6）零序 TA 的饱和倍数应不低于 10 倍；

（7）零序 TA 二次回路应经过开关柜端子排转接并一点接地。

4.5.1.2　二次回路接线检查

变电站内二次回路接线应规范正确，电缆号牌和线芯号头标记应符合规范。二次回路的电缆均应使用屏蔽电缆，电缆屏蔽层应双端接地，使用截面面积不小于 $4mm^2$ 的多股铜质软导线可靠连接到等电位接地网的铜排上。

对于强电回路，控制电缆或绝缘导线的芯线截面面积不应小于 $1.5mm^2$；屏柜内导线的芯线截面面积不应小于 $1.0mm^2$；对于弱电回路，芯线截面面积不应小于 $0.5mm^2$；电流回路的电缆芯线，其截面面积不应小于 $2.5mm^2$，并满足 TA 对负载的要求。

TV 二次回路线不应短路，两段母线的地线应分开独立。TV 二次、三次绕组应采用独立的电缆，并实现一点接地。

TA 二次回路线不应开路，与其他设备串联时应注意方向。TA 二次回路应一点接地，接地点宜选择在开关柜处。

装置的工作电源应配置独立的空气开关；TV 三相电压的二次回路应配置三相联动的空气开关，宜在装置屏柜处安装，零序电压二次回路不得接有可能断开的空气开关或熔断器。

4.5.2 现场安装与调试

4.5.2.1 接地选线装置安装

小电流接地故障选线装置的现场安装工作由选线设备厂商的工程安装人员负责，主要是根据不同的选线装置现场安装方式，对选线屏柜或选线装置进行现场固定、接线、软件下载配置参数与保护定值等设置整定工作。

选线装置的安装应严格按照相关规范以及选线装置的技术说明书和技术图纸执行。屏柜内交、直流电源接线端子应分布在屏柜两侧布置，如无法避免则需在接线端子间设置挡板或增加至少 5 个空接线端子隔离，防止交流电源窜入直流电源系统。装置屏柜应设置截面面积不小于 $100mm^2$ 的接地铜排，铜排应用截面面积不小于 $100mm^2$ 的电缆与等电位地网可靠相连，装置的接地端子、二次电缆的屏蔽层均应通过接地铜排接地。

4.5.2.2 接地选线装置调试

选线装置的调试应严格按照不同的选线装置现场调试要求和步骤执行。确认选线装置软件版本符合现场要求并下载到现场选线装置，设置和整定选线装置的配置参数和保护定值有严格要求，配置参数必须与电压、电流二次电缆接线以及现场一次系统对应，保护定值按整定原则和用户要求整定，并备份保护定值整定表。

选线装置安装和调试工作完成后，应对选线装置的外观、工作电源以及参数设置进行检查。外观检查主要包括装置的屏幕显示、运行指示、按键操作是否正常；装置是否有螺丝松动，是否有机械损伤，是否有烧伤现象，小开关、按钮是否良好；装置接地端子是否可靠接地，接地线应为截面积不小于 $4mm^2$ 的多股铜导线等。工作电源检查包括电源自启动试验和直流电源拉合试验，即合上装置电源插件上的电源开关，将试验直流电源由零缓慢调至 80% 装置电源值，此时装置应正常运行。在 80% 直流电源额定电压下拉合三次直流工作电源，装置不应误选线、误发信号。参数设置检查主要包括检查装置的运行参数、定值设置的正确性，确认装置所设参数、定值应与现场实际、定值通知单一致，装置的参数、定值一般包括：中性点接地方式、启动电压、启动电流、母线编号（名称）、出线数、线路编号（名称）、TA 变比等。装置断电后重新上电时，装置参数、定值不应丢失。

4.5.3　现场测试与验收

选线装置安装与调试完成后，需要进行现场测试检验。现场测试检验应严格按照相关规程及选线装置技术说明书开展。现场测试检验主要包括绝缘性能测试、准确度测试、装置基本功能及性能测试、装置整组测试等。

绝缘性能检查需要从装置屏柜的端子排处将所有外部引入的回路及电缆全部断开，分别将电流、电压、直流控制回路的所有端子各自连接在一起，用 1000V 兆欧表测量绝缘电阻，各回路对地和各回路相互间的阻值均应大于 10MΩ。

装置准确度测试是指对装置的交流电压回路、交流电流回路测量准确度的测试，装置准确度测试时，标准信号发生器的准确级应高于装置的准确级。准确度测试应该在装置要求的正常工作的大气条件下进行，连续测试 5 次，测试误差应符合相关规定。部分现场不具备测试条件的可以不做装置准确度测试。

装置功能及性能试验需要根据不同选线装置的具体功能和性能指标进行测试，主要包括选线功能、故障记录与录波功能、开关量输入输出功能、对时功能、通信功能及跳闸功能等其他附加功能的测试。在完成各单项功能和性能的测试后，可以进行包含整个二次回路、选线装置、通信通道的整组测试。

完成全部测试后，对选线装置进行验收，验收时需要具备装置的技术说明书、图纸、出厂试验报告及合格证书，备品备件清单，安装施工图、新安装检验报告等相关文件和资料。并编制验收报告，验收报告至少应包括现场验收大纲、现场验收记录、现场验收测试及分析报告、现场验收结论。

4.6　影响接地选线效果的因素

4.6.1　接地选线装置自身因素

4.6.1.1　选线原理缺陷

理论和实践表明，没有任何一种选线方法能够保证对所有的配电网结构和全部故障类型都有效。不同的选线方法都有其各自的局限性，需要满足一定的适用条件，因此仅依靠一种选线方法进行选线可能造成选线失败。

利用小电流接地故障产生的稳态电压、电流信号选线的方法原理简单，对选线装置的要求低，但是在经消弧线圈过补偿的情况下，由于故障线路零序电流最大，且与非故障线路相反的特征被破坏，无法正确选线。即使在中性点不接地系统中，对于故障持续时间较短的瞬时性故障由于没有达到一定的故障稳定状态，因此也不能准确启动和选线。而对于不稳定电弧造成的间歇性弧光接地，由于稳态过程频繁遭到破坏，也无法正常选线。

采用注入特殊信号或投入中电阻的主动式选线方法，不受消弧线圈补偿的影响，因此适用于中性点不接地系统和谐振接地系统。但是由于注入信号较小，其准确率在过渡电阻稍大时受到较大影响，无法准确选线。对于故障持续时间较短的瞬时性故障由于不能及时注入信号或投切中电阻，不能准确启动和选线。对于不稳定电弧造成的间歇性弧光接地，也会受到接地点不稳定电弧的影响导致部分情况下无法正常选线。

利用小电流接地故障产生的暂态电压、电流信号选线的方法对选线装置要求比较高。由于暂态信号不受消弧线圈补偿的影响，因此适用于中性点不接地系统和谐振接地系统。利用故障线路暂态信号进行启动和选线还可以检测到故障持续时间非常短的瞬时性接地故障。在间歇性弧光接地时，由于暂态信号更丰富，选线反而更准确。但是，暂态信号与接地故障发生的相角有关，当单相接地故障发生在电压过零点时，暂态信号的幅值与稳态信号接近，因此将不再有明显的优势，而实际系统中基本上不存在绝对的过零点接地故障，因此该影响因素作用不大。暂态选线与其他选线方法也存在相同的弱点，在接地点过渡电阻较大时（高阻接地），由于暂态与稳态零序电流均比较小，选线准确率会降低。

4.6.1.2 选线装置硬件存在缺陷

由于选线装置厂商众多，产品设计和生产环节各不相同，部分选线装置的软、硬件平台可靠性较低，甚至存在硬件或软件设计缺陷，例如 A/D 采样不准、CPU 执行程序错误等问题，将导致现场误选、漏选情况，无法满足使用要求。具体包括：

（1）环境适应性差。小电流接地选线装置通常安装在变电站主控室内，但是部分选线装置可能会安装在开关柜等一次设备区，其冬夏室内温度的变化较大，可能达到 $-10\sim40℃$。因此，厂家在生产时，要选择对应的高质量工业标准元器件，保证选线装置在恶劣环境下正常运行。

（2）电磁兼容性差。有些选线装置电磁兼容性差，在变电站强电磁干扰的环境下，当发生静电干扰、浪涌干扰、脉冲群干扰或其他电磁干扰时，无法正常检测接地故障和正确选线，甚至发生死机情况，无法满足现场应用要求。

（3）设计落后，元件性能不高。例如，如果采用 8 位 AD 芯片，无法采集较小的故障电流信号，或在故障电流较大时发生饱和，导致无法正确选线；不具备大容量的存储机制，导致现场检测到的接地故障信息和录波数据被不断覆盖，不能完整地记录等。

4.6.2　配电网自身参数因素

配电系统结构复杂，小电流接地故障类型多种多样。不同的线路结构参数，不同的中性点接地方式，不同的接地故障类型都会对选线装置的选线准确率产生影响。

4.6.2.1　线路电容电流的影响

被动式原理的选线装置，无论是采用稳态信号选线、谐波信号选线，还是暂态信号选线，一般均需要依赖于小电流接地系统发生单相接地故障时的零序电流信号。小电流接地系统发生单相接地故障时，故障支路和非故障支路都产生零序电流，其零序电流值大小主要由线路对地电容和接地点过渡电阻决定。对地电容越大，接地点过渡电阻越小，系统中的零序电流越大，被动式选线原理的选线装置准确率越高。单位长度的电缆线路的电容远远大于架空线路的电容，因此，以电缆线路为主的配电系统一般比以架空线路为主的系统电容电流大，当发生单相接地故障时，其暂态过程更明显，自由振荡频率更高，选线准确率较高。

主动式选线原理中，其用来选线的电流信号主要取决于其注入的信号，或投入的中电阻阻值，与系统的电容电流关系不大。因此线路结构参数对主动式选线原理的选线装置影响较小。

4.6.2.2　中性点接地方式的影响

小电流接地系统发生稳态单相接地故障时，故障线路零序基波电流的大小除与系统对地电容、故障点过渡电阻等有关外，还与系统中性点的接地方式有关。当中性点采用消弧线圈接地方式时，如图 4-21 所示，系统故障时故障线路 1 的接地电流得到补偿，扰乱了原有不接地系统的零序电流分布规律，使得信号特征量提取困难，规律重复性差，故障线路与非故障线路之间的差别减小，影响了选线的准确性。

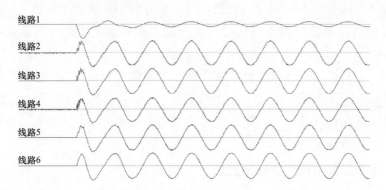

图 4-21　经消弧线圈接地系统故障零序电流信号

现场接地选线装置的运行情况也表明中性点不接地系统或中性点经高阻接地系统选线的准确性远较谐振接地或经消弧线圈并（串）电阻接地系统高。小电流接地系统中，国内外很多学者专家提出在消弧线圈上串并电阻以增大阻尼率、消弧线圈主动调节脱谐度获得故障残流增量等措施，这些主动式措施一定程度上克服了选线干扰，但是大大提高了弧光过电压的概率。

由于消弧线圈时间常数很大，在故障初始时期，消弧线圈的补偿电感电流很小，而且消弧线圈对于暂态高频电流的电抗值非常大。消弧线圈的补偿对暂态信号几乎没有影响。因此，中性点接地方式对利用暂态信号特征进行小电流接地故障选线的方法没有影响。

4.6.2.3　系统参数不平衡的影响

由于三相对地参数的不平衡，在消弧线圈接地系统中，如果在具有合适的脱谐度和阻尼率的情况下，线路本身的偏移电压会等效产生不平衡电流，该电流的大小和方向变化不定，且各线路各不相同，当电网发生单相接地故障时，检测到的零序电流为该线路零序电流与不平衡电流的矢量和。

此外，对于电网中的部分架空线路，由于直接安装零序 TA 不方便，多采用三相 TA 的组合成零序电流。由于 TA 测量的线路本身的工作电流较大，而发生单相接地故障时合成零序电流较小，测得的零序电流线性度较差，互感器本身固有的不平衡输出较大。

当不平衡电流足够大时，利用稳态信号的选线方法，包括投入中电阻后利用稳态零序电流的选线方法必然会受到影响导致选线错误。而对于注入信号的选线方法由于注入的信号在电网系统中不会自行产生，选线不受影响。利用暂态信号的选线方法由于只利用了单相接地故障时产生的暂态信号，也不受系统不平衡电流的影响。

4.6.2.4　过渡电阻的影响

几乎所有单相接地故障的接地点都存在一定的过渡电阻，当过渡电阻较小时，各线路的零序电流与金属性接地故障相近，其故障信号特征也与金属性接地故障相同，选线准确率较高。但对于高阻接地故障，各线路零序电流很小，同时受零序 TA 误差、检测装置误差以及干扰信号等影响，必然使故障线路与非故障线路的故障特征差别减小。因此，对于直接利用故障产生的电压、电流信号选线的被动式选线原理装置，其选线准确率受到较大影响。

由于故障点过渡电阻较大时，系统由欠阻尼状态过渡到过阻尼状态，暂态电流不再存在振荡过程，而是呈现非周期的衰减特性，各条线路很快由暂态过渡到稳态。暂态零序电流信号虽然受接地点过渡电阻的影响更大，但是其幅值仍然大于稳态零序电流信号，只是相对于金属性接地时的优势将被减弱。在过渡电阻较大时，投入中电阻选线方法和外部注入信号的选线方法的电流信号也受到过渡电阻的影响，无法准确选线。

因此，小电流接地系统单相接地故障在接地点过渡电阻较高时，各类选线法均受到不同程度的影响，导致无法准确选线，这也是小电流接地故障选线技术目前的难点和热点之一。

4.6.2.5　故障初始相角的影响

小电流接地系统单相接地故障的暂态分量受接地故障初始电压相角的影响较大。由于大部分小电流接地故障是因为绝缘损坏造成的，因此故障一般发生在相电压接近峰值的时刻，故障初始电压相角较大，故障存在明显的暂态过程，暂态电容电流也非常大。

但是，少部分由于外力引发的单相接地故障发生在电压相角较小的时刻，甚至电压过零点附近的故障也可能发生。当小电流接地故障发生在相电压过零值附近时，此时故障零序电流中高频暂态分量很小，衰减的直流分量很大。因此，接地故障初始相角较小时，暂态选线原理的选线设备优势不再明显。

由于接地故障发生在电压过零点附近的概率极低，并且在接地故障初始相角较小时，暂态电流信号仍然存在并且大于或等于稳态电流信号，因此，

角情况下的零序电流波形图（线路 2 为接地线路），可以看出，合闸角为 90°
情况下的暂态电流明显大于合闸角为 0°情况下的暂态电流。

4.6.2.6　不稳定接地电弧的影响

小电流接地系统中，大部分单相接地故障都存在燃弧过程。电弧接地故
障由于稳态过程被频繁破坏，稳态特征不明显。因此，对于稳态过程被严重
破坏，不具备特定稳态特征的电弧接地故障，无法利用稳态信号进行选线。
对于投入中电阻以及注入信号的选线方法，其附加的信号同样受到不稳定电
弧的影响，在稳态过程被严重破坏的情况下，无法通过简单的判定信号幅值
或有功功率分量进行选线。由于每次电弧放电过程中，都会产生强烈的暂态
过程，零序电流信号中具有丰富的暂态零序电流分量，因此暂态选线方法在
电弧接地故障时选线更准确。

4.6.3　现场安装施工因素

4.6.3.1　零序 TA 特性的影响

理想的电流互感器励磁损耗电流为零，在数值上一次和二次侧安匝数相
等，并且一次电流和二次电流的相位相同。但在实际使用中，由于励磁电流
的存在，一次和二次侧的安匝数并不相等，电流的相位存在一定的角差。零
序电流互感器存在非线性特性，受磁化特性影响的电流互感器往往在传变小
信号和大信号时呈现非线性的特性，造成测量误差。这必然影响到依靠零序
幅值和相角原理构成的选线装置，尤其是小信号时的非线性影响更严重。

当系统较小或是加装自动调谐的消弧线圈后，电容电流数值较小，接地
点电弧电阻不稳定时，零序电流（或谐波电流）数值很小，零序电流互感器
工作在非线性区域存在传变误差，同时受到其他信号干扰，其幅值、相位误
差较大，从而造成误判。工程上所采用的零序电流互感器往往精度较低。当
一次侧零序电流在 5A 以下时，许多厂家生产的零序电流互感器，带上规定的
二次负荷后，变比误差达 20% 以上，角误差达 20′以上，当一次零序电流小于
1A 时二次侧基本无电流输出，无法保证接地检测的准确度，且选线检测装置
用的电流变换器线性性能差，目前变电站自动化系统的选线检测元件大多按
保护级选择，保护级互感器在所测电流远小于额定电流值时，精度难以满足
要求，两级电流变换元件的总误差是造成现场误判的主要原因。工程实际中
使用的零序电流互感器的线性测量范围超出了实际可能的接地电容电流。

测量环节的综合误差是导致各种微机选线装置误判的重要原因，工程应

用中应尽量采取有效措施，减小测量环节的综合误差，提高小电流接地选线系统的选线准确率。工程中一般采取的有效措施包括：

（1）尽量选择准确度高的专用零序电流互感器，额定一次侧电流的选择应保证系统最大接地电容电流不超出零序电流互感器的线性范围，一次侧电流的线性测量范围应向下延伸到 0.2A 左右，用以适应谐振接地的小电流接地系统。

（2）选线装置的电流变换器线性测量范围应与互感器的二次输出值配套，工程实践计算经验表明：零序电流互感器的二次侧电流一般为 mA 级，电流变换器的线性测量范围应以 mA 级起步。

（3）接线时注意尽量减小误差和电磁干扰影响，二次电缆采用屏蔽电缆，屏蔽层两端接地。在安装零序电流互感器时标有"P1"（或"L1"）端应朝向高压母线，零序电流互感器与母线之间不应有接地点，保证电缆屏蔽层回穿接地正确，由电缆头穿过零序电流互感器的一段电缆金属护层和接地线应对地绝缘。

4.6.3.2 二次接线的影响

多数选线方法需要比较零序电压、零序电流的相位，因此接入选线装置的二次侧线路极性必须与装置要求一致，否则就会造成选线程序选线错误。现场经常发生如某些线路零序电流的极性接反或零序电压极性接反的情况。某现场单相接地故障录波如图 4-23 所示，实际故障线路为线路 2，母线零序

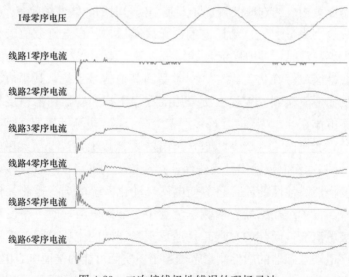

图 4-23　二次接线极性错误的现场录波

166

电压滞后线路 2 和线路 5 的零序电流约 $100°$，超前其余零序电流明显的线路的零序电流约 $70°$，以此可以判定母线零序 TV 极性存在接线错误情况；非故障线路 5 极性与其他非故障线路不一致，存在零序 TA 安装或接线错误的情况。特别是利用三相 TA 合成零序电流的时候，必须保证三相 TA 同极性并联，否则合成后在二次线上将会出现很大的零序电流，不仅影响选线结果，严重的情况甚至会烧坏选线装置。

单相接地故障定位技术与应用

5.1 小电阻接地系统单相接地故障隔离方法

对于中性点经小电阻（阻值通常为 $10\sim20\Omega$）接地的配电网，发生单相接地时故障电流较大，所以必须快速切除故障线路。单相接地故障隔离方法主要有零序过流保护、纵联电流差动保护、纵联过流（方向）保护，其中零序过流保护是基于单端电气量的保护，纵联电流差动保护和纵联过流（方向）保护均需要综合比较线路两侧的电气量。

5.1.1 零序过流保护

当中性点经小电阻接地的配电网发生单相或者两相接地故障时，将会出现较大的零序电流，而在正常运行时不存在零序电流，因此可以利用零序电流构成接地保护。零序电流保护具有灵敏度高、动作速度快、不受负荷电流影响的优点。

5.1.1.1 三段式零序过流保护

在发生单相接地故障或两相接地故障时，可以得到如图 5-1 所示的零序电流随线路长度 L 变化的曲线，通过级差配合整定，最终实现故障的选择性切除。

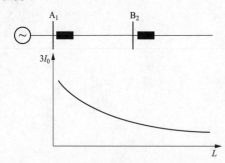

图 5-1 零序电流随线路长度变化曲线图

三段式零序电流保护分为瞬时零序电流（Ⅰ段）速断保护，限时零序电流（Ⅱ段）速断保护与定时限零序过电流（Ⅲ段）保护。

瞬时零序电流速断保护的整定原则是动作电流躲过下一级相邻线路首端发生接地时流过保护安装处的最大零序电流，即

$$I_{set}^{I} = K_{rel} \times 3I0_{max} \tag{5-1}$$

式中：K_{rel} 为可靠系数，取 $1.25 \sim 1.3$；$3I0_{max}$ 为相邻线路首端单相接地时流过保护安装处的最大零序电流。

限时零序电流速断保护的整定原则，与一般的限时电流速断保护相同，与下一级线路的零序过流 I 段配合，即

$$I_{set}^{II} = K_{rel} \times I_{set.2}^{I} \tag{5-2}$$

式中：K_{rel} 为可靠系数，取 $1.1 \sim 1.2$；$I_{set.2}^{I}$ 为下一级相邻线路的零序电流速断保护定值。

若保护与下一级相邻线路的零序电流速断保护相配合，要求在线路末端发生接地短路时的灵敏系数 $K_s \geqslant 1.3$。若 K_s 不能满足要求，则可改为与下一级相邻线路的限时电流速断保护相配合，这时保护的动作时限需要再抬高一级（增加一个 Δt）。

定时限零序过流保护的动作电流应躲过正常运行时保护输入的最大零序电流。在正常运行状态下，一次系统中的零序电流可以忽略，但如果采用三相电流互感器并联或三相电流采样值相加的方法获取零序电流，则可能由于三相电流互感器之间特性上的差异，出现不平衡零序电流。设零序不平衡电流的最大值为 $I_{imb.max}$，定时限零序过流保护的动作电流值整定为

$$I_{set}^{III} = K_{rel} \times I_{imb.max} \tag{5-3}$$

式中：K_{rel} 为可靠系数，取 $1.1 \sim 1.2$；$I_{imb.max}$ 根据经验可取 $2 \sim 4A$。

若作为本线路接地短路的后备保护时，定时限零序过电流保护应按本线路末端发生接地短路时的最小零序电流校验，要求 $K_s \geqslant 2$；作为下一级相邻线路的后备保护时，应按下一线路末端接地短路时的最小零序电流校验，要求 $K_s \geqslant 1.5$。

在中国，配电网中性点有效接地方式主要是小电阻接地。接地电阻在 10Ω 左右，金属性接地短路电流在 $600A$ 左右。由于小电阻接地配电网单相接地短路的零序阻抗比较大，且主要取决于中性点的接地电阻，线路不同点发生接地短路时零序电流的幅值变化并不大，无法通过零序电流保护定值的配合实现选择性动作，因此应采用零序电流Ⅲ段保护，通过动作时限的配合实现与下游分支线路以及配电变压器保护的配合。

零序电流Ⅲ段保护电流定值的整定要躲过本线路的最大电容电流，以防止其在同母线上其他线路上发生接地故障时误动作。配电线路的电容电流一

般不会大于 20A，如果采用零序电流互感器获取零序电流，可将电流定值统一选为 30A。如果采用零序电流滤过器获取零序电流，还要躲过线路冷起动时的不平衡电流。线路冷起动时零序电流滤过器输出的不平衡电流一般是 5%～10% 的最大负荷电流，并且大于本线路的电容电流，因此，在采用零序电流滤过器时，出口零序电流Ⅲ段保护的电流定值应选为 10%～20% 的最大负荷电流，实际工程中，可统一选为 60A。

线路出口零序电流Ⅲ段保护的动作时限既要与下级分支线路或配电变压器接地保护配合，也要与上级变电站主变压器二次侧断路器接地保护配合，一般选为 2～3s。因为接地电流比较小，因此，可以把上级主变压器二次侧接地保护的动作时限选得长一些，从而使线路出口零序电流Ⅲ段保护的动作时限也可以选得比较长。例如上海供电公司将主变压器二次侧零序电流保护的动作时限整定为 4s，线路出口零序电流Ⅲ段保护的动作时限选为 3.5。这样做的好处，一是可以更好地解决与下级熔断器保护配合问题，再就是避开冷起动电流的影响，把电流定值选得低一些，提高接地保护耐接地电阻的能力。

5.1.1.2 方向零序过流保护

在大电流接地配电网中，当双电源配电线路发生接地短路时，零序电流双向流动，零序电流保护往往需要加装零序功率方向元件才能满足选择性要求。

对于图 5-2（a）所示中性点经小电阻 R_n 接地的配电网来说，在线路上发生接地故障时，零序等效网络如图 5-2（b）所示，保护安装处零序电压 $\dot{U}_{M0}$ 与零序电流 $\dot{I}_{M0}$ 关系为

$$\dot{U}_{M_0} = Z_{SM0} \dot{I}_{M0} \tag{5-4}$$

式中：Z_{SM0} 为 M 侧母线背后系统的零序阻抗，等于本侧主变压器 T1 的零序阻抗 Z_{T10} 与 3 倍的中性点接地电阻 $3R_n$ 之和，即 $Z_{SM0} = Z_{T10} + 3R_n$。

由于中性点电阻 R_n 比较大，Z_{SM0} 阻抗角 φ 很小，根据式（5-4），正向故障时 $\dot{I}_{M0}$ 超前 $\dot{U}_{M0}$ 接近 180°，如图 5-2（c）所示。

同理，当发生反方向（母线背后）接地故障时，$\dot{U}_{M0}$ 与 $\dot{I}_{M0}$ 之间关系为

$$\dot{U}_{M0} = Z_{LM0} \dot{I}_{M0} \tag{5-5}$$

式中：Z_{LM0} 为 M 前方系统的零序阻抗，等于被保护线路的零序阻抗 Z_{L0}、

对侧主变压器 T2 的零序阻抗 Z_{T20} 与 3 倍的对端中性点接地电阻 $3R_n$ 之和，即 $Z_{LM0} = Z_{L0} + Z_{T20} + 3R_n$。

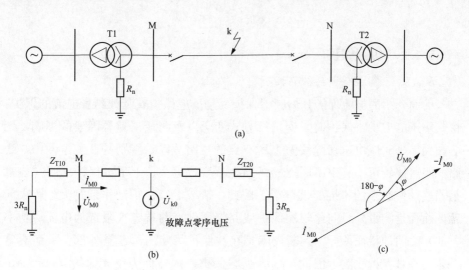

图 5-2 中性点经小电阻 R_n 接地短路时零序等效网络

（a）系统接线；（b）零序网络；（c）正方向短路时保护安装处零序电压、电流相量图

Z_{LM0} 阻抗角也比较小，根据式（5-5），反方向故障时 $\dot{I}_{M0}$ 滞后于 $\dot{U}_{M0}$ 一个小的角度。

Z_{SM0} 与 Z_{LM0} 的阻抗角 φ 均取为 15°，则正方向故障时，$\dot{I}_{M0}$ 超前于 $\dot{U}_{M0}$ 165°；反方向故障时，$\dot{I}_{M0}$ 滞后于 $\dot{U}_{M0}$ 15°；由此得出，小电阻接地配电网零序方向元件的动作方程为：

$$75° < \arg\left(\frac{\dot{U}_{M0}}{\dot{I}_{M0}}\right) < 255° \qquad (5\text{-}6)$$

根据式（5-6），零序方向元件的动作特性如图 5-3 所示，其最大灵敏角为 165°。

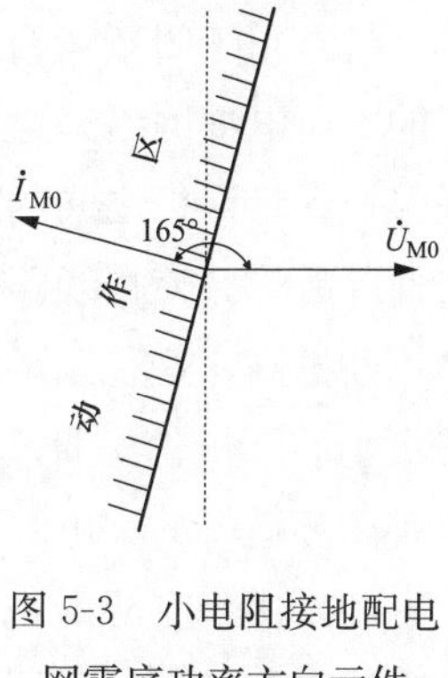

如果配电网中性点直接接地，中性点接地电阻 R_n 等于零，Z_{SM0} 等于主变压器 T1 的零序阻抗，Z_{LM0} 等于线路零序阻抗角加对端主变压器 T2 的零序阻抗。Z_{SM0} 与 Z_{LM0} 阻抗角均取为 70°，则在正方向故障时，$\dot{I}_{M0}$ 超前于 $\dot{U}_{M0}$ 110°；反方向故障时 $\dot{I}_{M0}$ 滞后于

图 5-3 小电阻接地配电网零序功率方向元件动作特性

$\dot{U}_{M0}70°$；由此得出，中性点直接接地配电网零序方向元件的动作方程为

$$20° < \arg\left[\frac{\dot{U}_{M0}}{\dot{I}_{M0}}\right] < 200°$$

5.1.2 纵联保护

5.1.2.1 纵联保护的必要性

前面介绍的电流保护和熔断器保护都是反应保护安装处测量电流的保护，将其用于电力线路保护时，受运行方式变化以及测量误差等因素的影响，无法做到无延时地快速切除线路上所有点的短路故障。特别是在配电网中，线路的距离比较短，其中不同点的短路电流变化不大，上下级保护之间一般都是通过动作时限的不同实现配合，因此，造成上级保护动作延时大。解决问题的途径是测量并纵向比较被保护线路（元件）两端电气量（如电流、功率方向）之间的特征差异，判断故障是在被保护线路内部还是外部，从而决定是否切除被保护线路，因此，称为纵联保护，国外称为单元保护（unit protection）。这种双端电气量保护的优点是能够无时限切除被保护线路内部故障，具有绝对的选择性。

中压配电线路处于电力系统的末端，短路时丢失的负荷容量有限，影响面较小，不会危害系统运行的稳定性，而且配电设备选型时对热稳定与动稳定都留有一定的裕度，允许延时切除故障，一般来说采用电流、熔断器保护满足配电网保护的要求。然而，在一些特殊情况下，还是需要采用纵联保护来提高保护的动作速度：

（1）用于闭环运行的配电环网线路。为提高供电可靠性，一些国家、地区的中压电缆网络采用闭环运行方式，环网柜进线开关使用断路器并配备纵联保护在环网柜之间的线路区段发生故障时，快速跳开故障线路两端的断路器切除故障，使得线路上故障不会导致环网柜停电。随着对供电可靠性要求的不断提高，这种闭环运行配电线路受到了更多的关注。中国沿海地区的大城市，如广州、深圳，尝试在个别对供电可靠性要求特别高的场合试点采用这种闭环运行的配电环网。

（2）用于有源配电线路。对于分布式电源高度渗透的配电线路来说，故障电流双向流动，采用常规的电流保护难以满足保护选择性与快速性的要求，而采用纵联保护则可以解决这一问题。

（3）用于接有电压暂降敏感用电设备的场合。配电线路短路将会引起母线电压出现暂降现象，如果保护动作速度慢，将导致母线电压暂降持续时间长，影响电压暂降敏感用电设备的正常工作。而采用纵联保护则可在保证保护动作选择性的前提下，快速切除故障，避免出现长时间的电压暂降。

纵联保护利用线路两端的电气量在内部故障、区外故障及非故障状态的不同电气特征构成保护判别依据，根据不同的原理纵联保护又可分为纵联电流差动保护和纵联方向保护两种，两种保护虽原理各不相同但均需通过通信通道实现两端的信息互传，通道的质量很大程度上决定了纵联保护的性能。

5.1.2.2 纵联通信通道

纵联保护一般构成如图 5-4 所示，包含两侧线路保护装置、通信设备和通信通道。

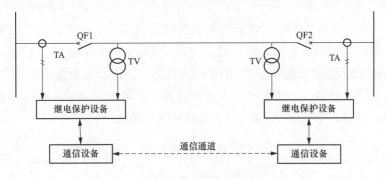

图 5-4　纵联保护示意图

目前线路保护常用的通信通道类型有以下几种。

（1）光纤通道。随着光纤通信技术的快速发展，用光纤作为继电保护的通道使用越来越多，这是目前发展速度最快的一种通道类型。用光纤通道做成的纵联保护有时也称作光纤保护。光纤通道通信容量大又不受电磁干扰，且通道与输电线路有无故障无关，近年来发展的复合地线式光缆（OPGW）将绞制的若干根光纤与架空地线结合在一起，在架空线路建设的同时光缆的铺设也一起完成，使用前景十分诱人。由于光纤通信技术日趋完善，因此它在传送继电保护信号方面虽然起步晚，但发展势头迅猛，目前国家电网和南方电网均将光纤通道作为纵联保护的主要通道方式，由于光纤通道容量大，能够承载不同原理的纵联保护类型。目前光纤通道有两种应用模式，专用光纤传输通道和复用通信设备传输通道。

图 5-5 是采用继电保护专用光纤通道的连接方式，两地之间给保护装置配置了专用的光缆，这种方式传输全程为光信号，抗干扰能力强，系统构成简单，环节较少，故障处理容易，专用光纤通道不经中继设备，目前最大传输距离在 100km 左右。

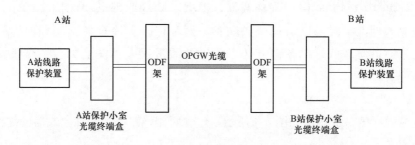

图 5-5　线路保护专用光纤通道

图 5-6 是采用复用通信设备传输通道的连接方式，两地之间通过通信网（例如 SDH 传输网）通信，由于通信网是复用的，所以需要通信设备进行信号的复接，通信设备是在电信号中进行复接的，而保护装置输出的是光信号，所以中间还有通信接口装置来实现光电转换，这种复用通道连接方式涉及的中间设备较多，通信延时也较长，传输距离不受限制。

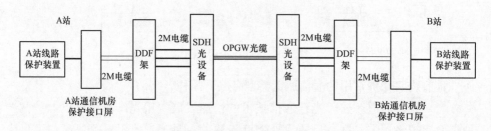

图 5-6　线路保护复用光纤通道

（2）载波通道。载波通道是早期我国电力系统中使用较多的一种通道类型，其使用的信号频率是 50～400kHz，这种频率在通信上属于高频频段范围，所以把这种通道也称作高频通道（见图 5-7），也把利用这种通道的纵联保护称作高频保护。一般将输电线路作为高频通道的一部分，这样输电线路里除了传送 50Hz 的工频量还有高频信号。由于输电线路是高压设备，收发高频电流的继电保护专用收发信机或载波机是低压设备，所以在输电线路与收发信机之间还有耦合电容器、连接滤波器、高频电缆这样一些连接设备，在输电线路和断路器之间还装有阻波器，上述这些设备统称为高频加工设备。高频加工设备一方面实现高低压的隔离以确保人身与设备安全，另一方面实现阻抗匹配并防止输电线路上的高频电流外泄到母线，以减少传输衰耗。高频载波通道又分相-相耦合和相-地耦合两种方式，多与比较两侧功率方向的继电器配合使用，构成纵联方向保护。

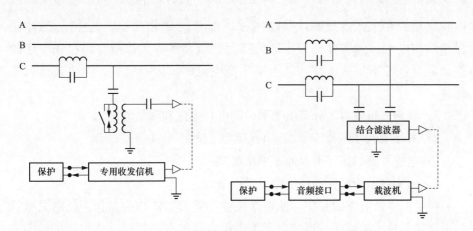

图 5-7　高频通道示意图

5.1.2.3　纵联差动保护

（1）纵联电流差动保护以基尔霍夫电流定律为原理基础，如图 5-8 所示，一般规定电流方向以母线流向被保护线路的方向为其正方向，当正常运行或外部故障时：$\dot{I}_M + \dot{I}_N = 0$，在内部故障时：$\dot{I}_M + \dot{I}_N = \dot{I}_F$，其中 $\dot{I}_M$ 为 M 侧电流相量，$\dot{I}_N$ 为 N 侧电流相量。纵联电流差动保护为两侧分相比较，因此具有天然的选相功能。

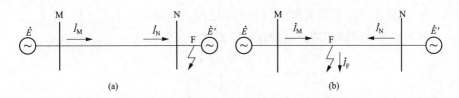

图 5-8　正常运行及故障电流示意图

（a）正常运行或区外故障；（b）区内故障时示意图

线路两端的电流信号通过编码成码流形式并通过光纤等通信手段传到对端，传送的电流信号可以是电流相量的幅值和相位或者电流相量的实部和虚部，也可以是离散的采样值信息，由对侧做相量计算。线路保护装置接收到对端传来的电流信息与本端的电流信号构成纵联电流差动保护。

通常定义 $I_d = |\dot{I}_M + \dot{I}_N|$ 为线路两端的差动电流，其中 $\dot{I}_M$ 为 M 侧电流相量，$\dot{I}_N$ 为 N 侧电流相量。理想状态下，仅根据是否存在差动电流即可判别是否存在区内故障，即以 $|\dot{I}_d| > I_{set}$ 作为动作判据，其中 I_{set} 为差动保护动作电流。但实际工程中即使被保护线路区内无故障时仍存在一定的差动电流，即不平衡电流，产生不平衡电流的原因有很多，主要包括以下几种：

1）线路分布电容、分布电导引起的电容电流和漏电流；

2）两侧电流互感器传变误差不一致引起的不平衡电流；

3）电流互感器饱和引起的不平衡电流；

4）两侧数据同步误差产生的不平衡电流。

由于不平衡电流的存在，使得单纯使用差动电流作为动作判据时灵敏性与可靠性不足。灵敏度不足是由于不平衡电流的存在使得动作门槛的整定需要高于一定值，导致区内故障容易拒动；可靠性不足也是由于不平衡电流的存在，区外故障时不平衡电流的大小会因故障电流大小而不同，使得区外故障可能误动。

（2）差动比率特性继电器。为降低不平衡电流的影响，解决差动保护灵敏性与可靠性的矛盾，在差动电流判据基础上增加制动电流判据。制动电流是使纵联电流差动保护继电器趋向于不动作的电流，线路纵联电流差动保护的制动电流选取方式有多种，本章介绍其中两种主要有形式：

1）以两侧电流相量差的模值为制动电流，即制动电流 $I_r = |\dot{I}_M - \dot{I}_N|$；

2）以两侧电流相量模值的和为制动电流，即制动电流 $I_r = |\dot{I}_M + \dot{I}_N|$。

基于比率差动保护继电器的纵联电流差动保护的动作判据为

$$\begin{cases} I_d > k \cdot I_r \\ I_d > I_{set} \end{cases} \tag{5-7}$$

式中：I_d 为差动电流；I_r 为制动电流；k 为比率制动系数。

比率差动保护继电器在 I_d-I_r 平面上的动作特性见图 5-9。

对于区外故障引起较大不平衡电流的情况，由于制动电流的存在，使得纵联电流差动保护能够可靠不动作。下面针对不同制动电流选取方式进行详细分析。

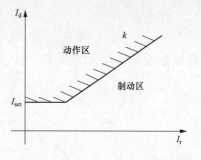

图 5-9　差动继电器动作曲线

1）以两侧电流相量差的模值为制动电流。

通常情况下对于区外故障，$\dot{I}_{\mathrm{M}}$ 与 $\dot{I}_{\mathrm{N}}$ 相位相反，此时差动电流最小，制动电流最大，差动电流与制动电流的比值（以下简称差制比）趋于 0；对于区内故障，$\dot{I}_{\mathrm{M}}$ 与 $\dot{I}_{\mathrm{N}}$ 相位相同，此时差动电流最大，制动电流最小，差制比很大；因此此制动方程对于区内故障有较高的灵敏度；但若由于某种原因使得在线路正常运行时两侧电流相位差就偏离 180°较多时，采用本制动方式，区外故障时动作量会增大而制动量会减小，可靠性有所降低。

2）以两侧电流相量模值的和为制动电流。

相比以两侧电流相量差的模值为制动电流的方式，采用两侧电流相量模值的和为制动电流的保护更为可靠，但区内故障灵敏度不如前一种制动方式。这种制动方式下，差动电流与制动电流的比值上限为 1，对于区内故障，$\dot{I}_{\mathrm{M}}$ 与 $\dot{I}_{\mathrm{N}}$ 相位相同，此时差动电流最大，差制比近似为 1；对于区外故障，$\dot{I}_{\mathrm{M}}$ 与 $\dot{I}_{\mathrm{N}}$ 相位相反，差制比近似为 0。

（3）采样同步技术。基尔霍夫电流定律指出，电路中任意一个节点上，在任意时刻，流入节点的电流之和等于流出节点的电流之和，这个理论的前提是各端口均采用同一时刻数据比较，同样，众所周知，两侧同步采样是线路纵联电流差动保护可靠工作的基础。而实际中两侧线路保护装置独立工作，无法在同一时钟下同步采样，因此需要对保护的采样进行同步化处理。

假设线路正常运行时本侧采样电流函数为

$$i_{\mathrm{M}}(n) = A_1 \cos\left(\frac{n}{N} \times 2\pi\right) \tag{5-8}$$

对侧采样电流应为

$$i_{\mathrm{N}}(n) = A_1 \cos\left(\frac{n}{N} \times 2\pi + \pi\right) \tag{5-9}$$

177

从而

$$i_M(n) + i_N(n) = 0 \tag{5-10}$$

即差动电流为 0，如图 5-10（a）所示。

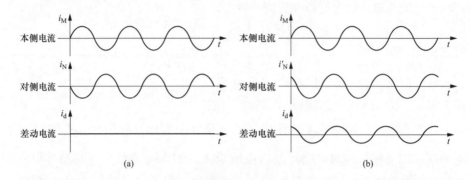

图 5-10　正常运行及故障电流示意图

（a）同步后的本对侧电流及差动电流；（b）未经同步的本对侧电流及差动电流

但是如果两侧线路保护装置采样数据及通道传输未经过同步化处理，设本侧为 M 侧，对侧为 N 侧，假设对侧采样点滞后本侧时间为 t_1，通道传输延时为 t_2，那么本侧接收到对侧采样电流的函数则变为

$$i_N'(n) = A_1 \cos\left(\frac{n}{N} \times 2\pi + \pi + \frac{t_1 + t_2}{T} \times 2\pi\right) \tag{5-11}$$

此时不平衡电流即差动电流为

$$i_M(n) + i_N(n) = 2A_1 \cos\left(\frac{n}{N} \times 2\pi + \frac{\pi}{2} + \frac{t_1 + t_2}{T} \times \pi\right) \cos\left(\frac{\pi}{2} + \frac{t_1 + t_2}{T} \times \pi\right) \tag{5-12}$$

如图 5-10（b）所示不平衡电流不为零，其大小与两侧实际采样时刻误差 $t_1 + t_2$ 的大小相关，当同步误差为 $T/2$，即采样周期的一半时间，不平衡电流达到最大，为线路负荷电流的 2 倍。

目前常用的电流采样同步化方法有采样数据修正法、采样时刻调整法、时钟校正法、基于参考矢量的同步法和基于 GPS 的同步法。其中采样数据修正法、采样时刻调整法、时钟校正法的基本原理均是利用乒乓同步算法，基于通道收发延时一致，求出通道延时以及同步误差时间，进一步进行不同方式的补偿及调整。基于参考矢量的同步法是利用电力系统的电气参考矢量，通过输电线路等效模型，从两端计算出代表同一电量的两个矢量，再通过与这两个矢量的相位差对比来实现采样同步。基于 GPS 的同步法是通过接入外部 GPS 同步时钟信号进行各侧采样时刻调整及数据同步的方法，出于安全性考虑基于 GPS 的同步方法较少应用。

采样数据修正法是不改变两侧线路保护装置独立采样，通过同步误差时间对一侧的电流相量进行相位补偿，从而使得两侧电流相量数据同步。采样时刻调整法是设定一侧线路保护装置的采样时刻为基准，另一侧线路保护装置采样时刻根据同步误差时间进行实时的调整，以使采样时刻与对侧一致。时钟校正法是根据同步误差时间对一侧的线路保护时钟进行校正，使得两侧时钟同步，在发送数据时携带时钟标签，从而进行数据同步。

下面以采样时刻调整法为例，详细介绍乒乓同步算法的实现过程。

乒乓同步算法的基础是基于通道收发延时一致。如图 5-11 所示，首先随机确定两侧线路保护装置一侧为参考端，另一侧为同步端。初始两端的采样速率相同，采样间隔均为 T_s，由各自的晶振控制实现。两端分别对本侧的采样点进行顺序编号，参考端为 P_N1、P_N2、……，同步端为 P_M1、P_M2、……。参考端采样时刻保持不变，同步端在 P_M1 点向参考端发送一帧数据，携带采样点编号信息及此时刻时间信息，参考端接收到这一阵数据时记录下接收时刻时间，在下一个采样点 P_N3 时，计算出参考端滞留时间 T_n，同时携带采样点编号信息向同步端发送一帧数据。同步端再次接收到此帧数据时，记录下接收时刻，则计算出 P_M1 点发送时刻到此接收时刻的时间差 T_m。由于通道

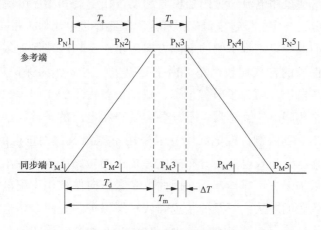

图 5-11 乒乓同步原理示意图

收发延时一致，因而计算出通道延时 $T_d = \dfrac{T_m - T_n}{2}$。计算出通道延时后，由同步端接收时刻回推一个通道延时时间则在同步端得到参考端 P_N3 点的采样时刻时间，此时找到最近的同步端的采样点 P_M3，则计算出两点的时间差，即同步误差时间 ΔT。每个采样点都通过同样的方法计算出同步误差时间 ΔT。通过微调同步端的采样间隔，逐步使得同步误差时间 ΔT 趋近于 0，则完成了两侧采样时刻的同步调整。此外，将此采样编号 P_M3 与参考端的 P_N3 对应起来，作为同步采样点，随后同步进行顺序编号，即完成两侧采样数据的同步。

5.1.2.4 纵联方向保护

纵联方向比较保护（简称纵联方向保护）利用被保护线路在内部与外部短路时两端短路电流方向（功率方向）之间关系的不同构成保护。由图 3-28 可见，在被保护线路内部故障时，两端保护装置测量到的短路电流方向相同；而在外部故障时，两端保护装置测量到的短路电流方向相反。据此，可以判断故障是否在被保护线路上。

在线路上发生相间短路故障时，方向比较保护利用被保护线路两端相间短路功率的方向，判断故障是否在保护区内。在中性点直接接地或采用小电阻接地方式的配电网中，则利用的是被保护线路两端零序电流的方向，以提高接地故障保护的灵敏度。为克服负荷电流的影响，方向比较保护一般是在检测到相电流或零序电流超过门槛值时起动，相电流和零序电流起动门槛值的整定方法分别与定时限过电流保护和定时限零序过电流保护相同。

纵联方向保护只需将本侧的电流方向传至对侧，两端保护装置的采样不需要同步，保护的构成比较简单。由于是以电流方向作为保护信息，因此，需要测量三相电压，而为了节省投资、减少设备占用的空间，配电线路开关只是配备一个相间电压互感器，不具备测量三相电压的条件，这使得纵联方向保护的应用受到限制。配电线路一般采用单电源放射性供电的运行方式，即便线路上接有分布式电源，分布式电源提供的短路电流比较小，不足以使短路点下游保护装置可靠地起动。因此，纵联方向保护用于配电网存在弱馈问题。解决问题的办法：当保护装置确认对端保护装置因短路电流小没有启动时，判断为短路点在被保护线路上，在跳开本地断路器的同时向对端保护装置发出远方跳闸命令。

由于不需要借助通道实现采样同步，纵联方向保护对通信通道的要求相对较低，除采用与纵联差动保护类似的导引线、点对点光纤通道外，还可使用无线通道、以太网等。

（1）基本原理。当线路发生区内故障［如图 5-12（a）中 K1］，M、N 侧零序保护的方向都会判断为正方向；发生区外故障［如图 5-12（b）中 K2］，正方向侧 M 的零序功率方向元件判断为正方向，N 侧的零序功率方向元件判断为反方向。通过比较两侧方向元件动作情况即可判别故障点是否处于所保护线路内部，据此构成的保护叫纵联方向保护。

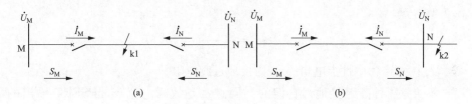

图 5-12　双端电源线路区内、区外故障功率方向示意图
(a) 区内故障；(b) 区外故障

（2）纵联保护元件。纵联保护是一种综合比较两端方向元件动作行为的保护，主要是利用方向元件特点构成保护，纵联方向保护一般以能量方向、零序功率方向等作为主要的方向判别元件。零序功率方向元件的正方向动作判据为

$$180° \leqslant \arg \frac{3\dot{U}_0}{3\dot{I}_0} \leqslant 360° \tag{5-13}$$

式中：$3\dot{U}_0$ 为保护安装处零序电压；$3\dot{I}_0$ 为保护安装处零序电流，零序电流以母线指向线路为正方向。

发生高阻故障时可能出现零序电压灵敏度不足问题，可用经补偿的零序电压弥补，亦可与其他灵敏度更高的方向元件综合判别。

（3）纵联保护类型。在纵联保护中，可将收到对侧正方向元件动作信号作为本侧纵联保护开放依据，亦可将收不到对侧发来的反方向动作信号作为本侧保护动作的条件之一，即一个是在通道传送允许信号，一个传送闭锁信号，据此又将纵联保护分为允许式逻辑和闭锁式逻辑两种。实际应用中根据通道传输设备的特点选用不同的通道逻辑，载波机高频通道和光纤通道多用

允许式逻辑，专用收发信机高频通道多用闭锁式逻辑。

5.1.3　高阻接地保护

接地故障点形态可能是金属性接地，也可能是非金属性接地。一般非金属性接地包括经树枝、杆塔、水泥建筑物接地或它们的组合，经非金属介质接地常常又被称为高阻接地。高阻接地故障的主要特点是非金属导电介质呈现高电阻特征，导致接地故障电流小，而且故障呈现电弧性、间歇性、瞬时性特点，普通的零序电流保护难以检测。当导线对位于其下面的树木等放电时，接地过渡电阻可能达到 $100\sim300\Omega$，若中性点电阻取 10Ω，则接地点电流 I_j 最大为

$$I_j \approx \frac{E_A}{R_0 + R_g} = \frac{5774\text{V}}{110\Omega} = 52.5\text{A} \tag{5-14}$$

式中：R_0 为中性点电阻；R_g 为接地过渡电阻。

不论是哪种高阻接地，它们的共同点都是故障电流小，PSERC 给出的 12.5kV 中性点接地系统高阻接地电流典型值见表 5-1，一般情况下，高阻接地故障电流小于 50A，低于一般过电流保护最小动作值。

表 5-1　　　　12.5kV 中性点接地系统高阻接地故障电流典型值

介质	电流（A）	介质	电流（A）
干燥的沥青/混凝土/沙地	0	潮湿草皮	40
潮湿沙地	15	潮湿草地	50
干燥草皮	20	钢筋混凝土	75
干燥草地	25		

按照零序电流Ⅲ段保护整定原则，其电流定值在 30A 以上，还是比较高的，实际配电网中，一部分接地故障的接地电流低于零序电流保护Ⅲ段电流定值，但仍有一定幅度，例如零序电流定值选为 60A，实际接地电流（零序电流）等于 50A。这种情况下，配电线路长期带接地故障运行，中性点接地电阻可能因持续发热而烧毁或影响其寿命；对于导线断线引起的接地故障来说，还容易发生触电事故，因此，还要为线路出口断路器配置高阻接地保护，以减少这两种风险。

（1）固定时限高灵敏度零序过流保护。可采用固定时限的零序电流保护作为高灵敏度接地保护，其电流定值按躲过最大负荷时的不平衡电流整定。简单起见，电流定值可选为普通零序电流Ⅲ段保护电流定值的 40%，如果采

用零序电流滤过器，可将零序电流Ⅲ段保护的电流定值统一选为 25A；采用零序电流互感器，可统一选为 12A。动作时限的整定要躲过冷起动电流的持续时间，选为 15～30s。

在线路上发生金属性接地或低阻接地故障时，非故障线路的零序电流会比较大，可能造成其高灵敏度接地保护起动，但这时故障线路的零序电流Ⅲ段保护将及时动作于跳闸，非故障线路的高灵敏度接地保护返回，不会出现误动。在发生接地电流低于零序电流Ⅲ段保护电流定值的高阻故障时，如果接地电流大于高灵敏度接地保护的电流定值，故障线路的高灵敏度接地保护动作于跳闸。这种情况下，因为接地电阻比较高，变电站母线的零序电压也比较低，非故障线路的零序电流比较小，达不到其高灵敏度接地保护的电流定值，不会出现误动。

（2）基于 3 次谐波电流检测的接地保护。3 次谐波电流方法的依据是配电线路中发生高阻接地故障时故障电流的波形会因为接地电阻的非线性而扭曲，这一方面是因为电弧具有非线性特征，另一方面是因为土壤等介质中化合物（如碳化硅）本身具有非线性特性。正是因为在高阻接地时基波电流小，所以其非线性特性表现得更为明显，在低频时主要表现为 3 次谐波。同时，考虑到一般配电系统中，三角形接线的变压器会阻隔零序 3 次谐波，使得单相接地的配电线路成为 3 次谐波电流相对孤立的通路。因此，3 次谐波被称为高阻接地故障的特征谐波。

美国诺顿（Nordon）公司于 20 世纪 90 年代开发出一种检测三次谐波电流与故障相电压之间相位关系的高阻故障检测装置。装置的工作原理：发生高阻故障时，故障线路的三次谐波电流与故障相电压同相位，而非故障线路三次谐波电流则相位相反。装置连续测量三次谐波电流与相电压，当线路的三次谐波电流幅值超过预定的门槛值且其相位与故障相电压相同时，则判断为发生了接地故障。实际高阻故障的故障电流本身就比较小，其中三次谐波电流的含量更低且受电弧变化影响而不稳定，因此，这种三次谐波电流装置的检测灵敏度与可靠性都没有保证，并没有获得大量的应用。

（3）有功分量制动的高灵敏度零序过流保护。如图 5-13 所示，高阻接地时，小电阻接地系统不存在小电流接地系统的类似暂态故障特征，不能套用其判据。但是故障线路和非故障线路的零序功率特征有明显不同，故障线路中存在显著的零序有功，明显大于非故障线路；非故障线路以零序无功为主，零序有功很小，因此，可以利用零序有功分量制动来提高零序过流保护的灵敏度。

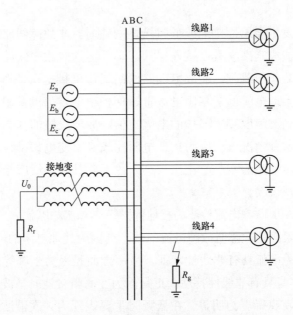

图 5-13　小电阻接地系统高阻故障系统图

对于非故障线路，考虑到分布式电阻、测量误差等因素的影响，非故障线路的零序有功功率不会完全为零，但是会呈现出零序无功功率远大于零序有功功率的特征，而故障线路具有明显的零序有功功率，零序功率有功无功分布特征上是不同的，如图 5-14 所示。

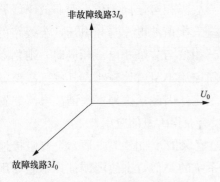

图 5-14　非故障线路与故障
线路零序分量特征

基于小电阻接地系统高阻接地故障的特征，构造以下检测判据。

$$\begin{cases} |P_0| \geqslant k_{pq}|Q_0| \\ U_{\min} < U_0 < k_u \dfrac{100\text{V} \times R_r}{R_r + 100} \\ I_0 > \dfrac{E}{R_r + R_g} \end{cases}$$

(5-15)

式中：k_{pq} 为零序有功功率与零序无功功率的比例系数，取 0.3；k_u 为高阻接地故障启动的可靠系数，应躲过零序过流保护动作时的最小零序电压值；R_r 为中性点电阻值；R_g 为高阻接地保护所能识别的最大过渡电阻值。

5.1.4 间歇接地保护

电缆线路在敷设、接头制作过程中，受不规范施工等因素的影响，可能会出现电缆护套损坏或接头制作不良等情况。在日常运行中，电缆受地理及环境的影响，长期浸泡在水中，受潮或进水等使其绝缘性降低。绝缘性不良的电缆间歇性对地放电，会造成接地故障间歇性出现。间歇性单相接地故障表现形式为流过中性点电阻的零序异常电流间歇性出现，如图 5-15 所示。在中性点经小电阻接地系统中，当间歇性单相接地故障发生时，流经中性点小电阻的零序电流一般可躲过电流速断保护（整定值较大），同时其间歇性的特点又使其可躲过定时限保护（整定时间一般为数秒），这导致间歇性故障电流反复多次出现，直至中性点电阻烧毁或越级跳闸。

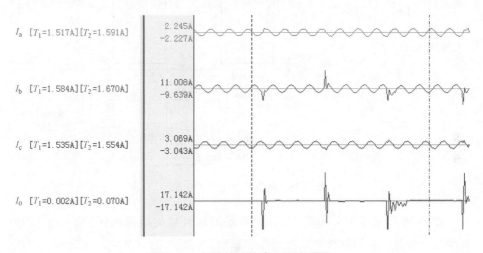

图 5-15 间歇接地故障电流波形图

小电阻接地系统间歇性接地故障的故障电流有效值不高，且故障电流不稳定，具有间歇性。在现有设定的保护类型中，零序电流保护无法准确判断间歇性接地故障。间歇性接地故障发生时，若检测到的零序电流小于整定值，则保护不启动；若检测到的零序电流大于整定值，且在达到整定时间前间歇性接地故障消失，则保护返回。间歇性接地故障持续发生，保护单元的门槛值将不断触发、返回，而故障电流和电压一直存在于系统中，直到间歇性接地故障发展为永久性接地故障，达到整定时间后，零序电流保护动作出口切除故障。

针对间歇性故障，可根据其间歇性故障电流的不稳定性和间歇性来采取相应解决方案，以实现对间歇性故障的准确识别。

（1）适当降低馈线的零序电流保护定值、启动值，通常只需躲过正常运行时最大的不平衡电流即可。

（2）对馈线增加间歇性零序电流保护，以便在发生间歇性接地故障时，能累计各次接地的启动时间并跳闸，其逻辑如图 5-16 所示。

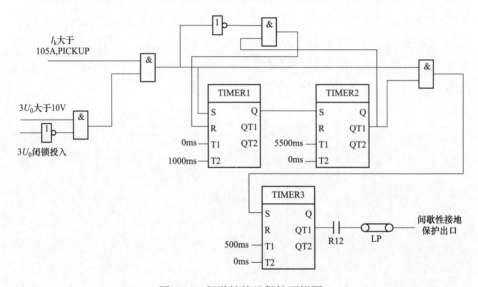

图 5-16 间歇性接地保护逻辑图

图 5-16 所示逻辑可实现对 10kV 系统间歇性接地故障的保护。当故障电流大于 150A 时，间歇性零序接地保护启动并开始计时。其中，定时器 1 整定值为 1s，用于判断故障间隙为小于 1s，即当电缆发生间歇性故障时，若短时间（小于 1s）内故障电流变小（小于 150A）则不会影响定时器 2 的时间累计；若超过 1s 的故障电流变小，则定时器 2 重新计时，定时器 2 整定时间为 5.5s（可自行设定），即故障电流持续时间超 5.5s 后输出跳闸指令；定时器 3 作用为 0.5s 的跳闸延时。另外，引入了零序电压等启动元件，以避免在大负荷运行时不平衡负荷的不平衡电流引起保护误动，满足了继电保护要求的可靠性。该保护逻辑目前已经在上海配电网中应用。

5.2　小电流接地系统单相接地故障定位方法

小电流接地故障定位是指在选出故障线路的基础上，进一步检测出故障点所处区段或测量与故障点的距离，是选线方法在配电线路上的延伸、可有效缩短故障点的查找时间，对于故障点的及时隔离、抢修处理以及快速恢复供电，都有非常重要的意义。小电流接地故障定位按照实现方式的不同，主要可以分为故障区段定位、故障分界故障点测距三类。

5.2.1　故障区段定位方法

通过在线路上安装多个故障检测装置，将线路划分成若干区段。各检测装置获取故障信号并上传至配电自动化主站（或专用的故障定位系统），由配电自动化主站集中分析各检测点信号，确定故障点所在的线路区段。检测装置可以用配电自动化系统终端，也可采用故障指示器或专用的信号检测装置。与故障选线方法类似，小电流接地故障区段定位按照利用信号的不同，主要分为利用稳态量的方法与利用暂态量的方法两大类。

5.2.1.1　稳态量故障区段定位方法

对于利用稳态量的故障区段定位来说，基本都是由配电自动化主站检查比较配电自动化终端或故障指示器的故障检测结果，来确定故障点所在的线路区段。因此，不同故障区段定位技术的区别主要体现在所用信号产生方式的不同上。利用稳态量的故障区段定位方法包括利用故障本身产生稳态量的被动式方法与利用一次设备动作产生特定工频附加电流信号的主动式方法。

（1）被动式稳态量故障区段定位方法。被动式稳态量故障区段定位方法通过检测故障产生的工频零序电流的幅值与方向（相位）来指示故障，所利用的故障量特征为：故障点前零序电流幅值大，零序功率（无功与有功）由故障点流向母线；故障点后零序电流是其下游线路的电容电流，幅值小，零序功率（无功与有功）由故障点流向下游线路。

检测零序电流幅值的故障定位方法与故障选线的零序电流幅值比较法类似，比较稳态零序电流幅值与整定值的大小，在零序电流幅值大于整定值时动作，同样存在灵敏度低、仅适用于中性点不接地配电网的问题。在架空配电线路中，由于无法安装零序电流互感器，一些配电终端采用零序滤过器来

187

获取零序电流，零序过电流的整定值还要躲过线路冷启动时产生的不平衡电流，会使接地故障检测的灵敏度进一步降低。有的故障指示器通过检测相电流的变化量或者采用非接触式零序电流传感器获取零序电流信号，零序电流测量精度差，易受干扰信号影响，因此故障检测的可靠性没有保证。

通过比较零序电流与零序电压的相位来检测零序电流的方向，可以提高故障检测的灵敏度。在中性点不接地配电网中，采用零序无功功率方向法指示故障；在谐振接地配电网中，采用零序有功功率法指示故障，通过在消弧线圈并联电阻产生有功电流分量来克服消弧线圈电流的影响。这两种方法都需要测量零序电压信号。如果采用零序电流滤过器获取零序电流或采用非接触式的零序电流与零序电压传感器，接地故障检测的可靠性也没有保证。

（2）主动式稳态量故障区段定位方法。主动式稳态量故障区段定位方法是指利用专用一次设备或其他一次设备动作的配合，改变配电网的运行状态而产生较大的工频附加电流，或利用信号注入设备向配电网中注入特定的附加电流信号，通过检测这些附加电流定位故障区段。主动式故障区段定位所需要的设备包括电流附加装置（称为信号源）和电流检测装置两部分，电流检测装置一般采用在线路上安装的故障指示器（或配电网自动化终端），检测附加的电流信号，利用附加信号从母线流向故障线路并从故障点返回的特点定位故障区段。故障点前的故障指示器能够检测到附加电流信号，而故障点后的故障指示器则检测不到附加电流信号，目前用于故障定位的方法主要有在中性点短时投入中电阻、注入间谐波（220Hz）信号、短接非故障相三种。

1）中性点短时投入中电阻法。与并联中电阻选线方法类似，该方法是在消弧线圈旁通过开关并联一个中值电阻，可以生20A至40A的附加电流。对于瞬时性单相接地故障，消弧线圈自动对电容电流进行补偿将残流控制在安全范围内，使故障得以自动消除；对于永久性接地故障，延迟一段时间（如10s）后短时投入并联中值电阻，向系统注入附加的工频零序电流，由线路上安装的故障指示器（或配电网自动化终端）测量零序电流的变化实现故障定位。

中性点短时投入中电阻定位方法所需的设备主要包括自动调谐消弧线圈、接地电阻器、控制器。另外还需要配置用于测量的中性点电流互感器（获取中性点电流）、中性点电压互感器（获取中性点位移电压）。

为提高附加电流检测的可靠性，一般是周期性（如时间间隔 1s）地投切并联电阻，产生交替变化的附加零序电流信号，每次投入时间一般为 5～10 个工频周期。尽管投入中电阻产生的附加零序电流可达 40A，但与负荷电流相比还是比较小的。因此，故障指示器应采用零序电流互感器获取零序电流，如果采用零序电流滤过器获取零序电流，则需要躲过不平衡电流的影响，这样会降低故障检测灵敏度。有的故障指示器悬挂在单相导线上，通过测量附加零序电流引起的相电流的变化来指示故障，这种方法容易受负荷电流波动的影响，故障指示的可靠性没有保证。此外，因为接地电弧不稳定，中性点短时投入中电阻法不宜用于间歇性接地故障的定位。

2）注入间谐波信号法。与前文介绍的注入间谐波信号选线方法同理，注入间谐波信号定位方法也是通过故障相电压互感器人为向系统注入一个间谐波电流信号，由线路上安装的故障指示器（或配电自动化终端）检测该信号的流通路径来实现故障定位，注入的信号频率一般采用 220Hz。

采用注入间谐波信号的方法实现故障指示时，因为注入信号的频率比较高，容易将其与工频以及谐波电流信号区分开来，因此，可采用单相电流互感器测量注入信号，亦可通过各非接触式的线圈测量注入信号，故障检测的灵敏度也相对比较高。该方法的主要不足是需要在变电站安装信号注入设备，而且同样不适用于间歇性接地故障的定位。

3）短接非故障相法。短接非故障相法是在发生接地故障时，选择一个非故障相通过限流电阻对地短接，被短接的相与接地故障相通过大地构成回路，产生一个相间附加电流信号，采用故障指示器（或配电自动化终端）检测该电流信号的流通路径来实现故障定位。

短接非故障相方法的原理如图 5-17 所示，其中 K1、K2、K3 为三个可以独立操作的真空接触器，R 为限流电阻、一般选为 200Ω。三个真空接触器的一端分别接线路的 A、B、C 三相，另一端短接后接限流电阻 R。当线路上的某处发生接地故障时，控制一个非故障相对应的接触器使其按照合闸 T1→分闸 T2→合闸 T1→分闸 T2……顺序动作（T1、T2 分别为合闸与分闸时长），使得故障线路上故障点上游部分流过具有与开关动作特征相同的特征电流（叠加在故障点到母线的负荷电流上），而其他的非故障线路、故障线路故障点下游部分无该特征电流流过。

有些现场应用中，在限流电阻之前增加一个高压二极管 D，如图 5-18 所示。由于二极管的单向导通特性，使得产生的特征电流成为不对称的工频半波信号，更加容易识别和区分，从而增加了检测的可靠性。另外非故障相接触器不需要进行频繁的合闸分闸操作，在故障定位期间保持合闸状态即可。

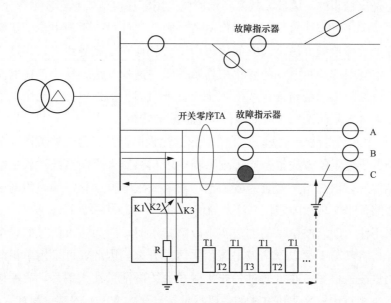

图 5-17　短接非故障法原理图

　　短接非故障相法适用于中性点不接地和谐振接地方式，受系统运行方式、拓扑结构的影响较小。对于稳定接地故障，当故障点过渡电阻比较小时，产生的附加电流信号幅值较大，检测可靠性较高。该方法的主要不足是需要在母线或线路上安装非故障相短接装置，并且同样不适用于间歇性接地故障的定位。

5.2.1.2　暂态量故障区段定位方法

　　前文已经介绍了利用小电流接地故障产生的暂态信号的选线方法，同样地，暂态信号也可应用于故障定位。欧洲曾开发出检测暂态零模电流幅值以及通过比较暂态零模电压与零模电流首半波极性检测故障方向的故障指示器。暂态零模电流幅值随配电线路分布式电容参数以及故障初始相角变化，所以不好选择动作电流定值，故障指示器动作的灵敏度与可靠性没有保证。采用首半波法检测故障方向存在与首半波原理选线方法类似的问题，即动作不可靠。近年来，随着利用故障暂态量的选线技术获得成功应用，利用暂态量的故障定位技术逐渐受到人们重视，已经开发出了检测暂态零模电流方向以及比较暂态零模电流相似性的新型定位方法（详见下文介绍），实际故障定位效果良好。应用故障本身产生暂态信号的定位方法不需要附加一次设备或与一次设备动作配合，也不需要注入信号，兼顾了定位准确性、安全性与适用性。

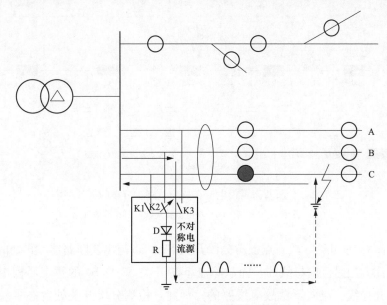

图 5-18 产生不对称电流的短接装置

（1）检测暂态零模电流方向的故障定位方法。此方法是利用暂态零模信号检测来指示故障，可以克服消弧线圈的影响，提高接地故障的灵敏度。采用前文介绍的暂态方向法，可以克服首半波法存在的问题，提高接地故障检测的可靠性。

小电流接地配电网中配电线路发生接地故障时，故障点上游的暂态零模电流方向相同，均是流向母线的方向；故障点下游暂态零模电流方向与故障点上游暂态零模电流相反，均是离开母线的方向。以图 5-19（a）所示的小电流接地配电网中的配电线路为例，线路由 4 个分段开关（断路器或负荷开关）S1、S2、S3、S4 分成 5 个线路区段。在线路区段③上分段开关 S3 左侧的 k1 点发生接地故障时，线路上暂态零模电流分布特征的等效网络如图 5-19（b）所示，其中忽略了谐振接地配电网中消弧线圈电感，每个线路区段用串联电感与并联电容构成的 Γ 电路来等效，故障点后的线路区段用该区段的对地电

191

容来等效，系统除故障线路外的总对地电容（所有非故障线路对地电容与母线及其电源对地电容之和）用 C_{bo} 表示。

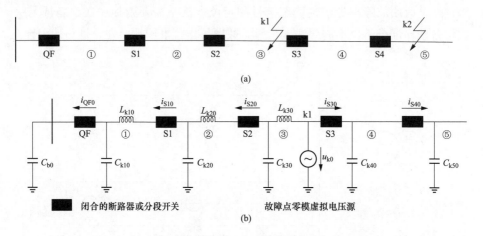

(a)

(b)

图 5-19　分析暂态零模电流在故障线路上分布的等效网络

(a) 4 分段配电线路；(b) 小电流接地故障零模等效网络

由图 5-19 可见，故障点上游分段开关 S2、S1 与出线断路器 QF 处的暂态零模电流方向是流向母线的，而故障点下游开关 S3 与 S4 的暂态零模电流方向是离开母线、流向下游故障线路的。因此，检测分段开关处暂态零模电流的方向，可以定位出故障点所在的区段。暂态零模电流的方向可采用前文介绍的暂态零模电流极性比较法或暂态无功功率方向法来检测。

安装在故障线路上的配电网终端（或故障指示器）在检测到暂态零模电流超过门槛值时启动，测量其方向并将结果远传到配电自动化主站，配电自动化主站根据上报的暂态零模电流方向测量结果，识别故障区段，其具体算法为：

1）上报的线路开关暂态零模电流方向有不一致的情况时，将两端开关暂态零模电流方向不一致的线路区段判断为故障区段。

2）上报的线路开关暂态零模电流方向均一致时，找到最后一个有方向测量结果上报的开关，判断故障点在其相邻的下游的线路区段上。这种情况出现于故障在线路末端时，如图 4-3（a）所示配电线路区段⑤中的 k2 点发生故障时；或者故障点下游的配电网终端因测量到的零模电流小而没有启动时，如图 4-3（a）所示配电线路区段③中的 k1 点故障时，开关 S3 处的配电网终端就没有启动。

以上介绍针对的是主干线路故障且仅考虑在分段开关处安装检测装置。实际工程中，为了进一步减小故障点查找范围，往往增加检测点，如在分支线路开关处或 T 接线路出口处安装配电网终端（或故障指示器）。这种情况下，存在有多个端部检测点的线路区段。对于故障点上游的非故障多端线路区段来说，接地电流从中穿过流向母线，至少有 2 个端部暂态零模电流的方向是流向母线的；而对于故障区段来说，只有上游端部的暂态零模电流是流向母线的，其下游端部暂态零模电流均是离开母线、流向下游线路的。

检测暂态零模电流方向的定位方法不受弧光接地、间歇性接地的影响，检测可靠性高，也不需要检测终端有很高的对时精度，主站定位计算方法简单。但是该方法需要测量零模电压，而实际配电网中，出于避免多个中性点接地点或减少投资的考虑，线路分段开关处往往不安装零序（模）电压互感器，无法获得零模电压信号，因此限制了暂态零模电流方向法的应用。一般来说，配置了配电网自动化终端的线路分段开关都同时安装有测量线电压的电压互感器。研究结果表明，根据故障相别选用特定的线电压信号，如 A 相接地时选用 B 相和 C 相间线电压，也可计算暂态电流（功率）方向，但这种方法的可靠性还有待于验证。下面介绍的比较暂态零模电流波形相似性的故障分段方法，不需要测量电压信号，便于大规模推广应用。

（2）比较暂态零模电流相似性的定位方法。配电线路上发生小电流接地故障时，对于故障区段来说，上游端部开关的暂态零模电流流向母线，其数值等于故障区段与母线之间的线路对地电容电流与除故障线路外，系统的对地总电容电流之和；下游端部开关的暂态零模电流流向下游线路，其数值上等于故障区段下游线路对地电容电流，因此，故障区段两端开关的暂态零模电流极性相反、幅值与波形存在很大的差异。对于故障点上游的非故障区段来说，流过两端开关的暂态零模电流之差是本区段的对地电容电流，而本区段对地电容电流远小于通过其上游端部开关流向母线的暂态零模电流，因此，故障点上游非故障区段两端开关的暂态零模电流极性相同、幅值相近、波形相似。小电流接地故障暂态零模电流特征如图 5-20 所示。

配电网中发生小电流接地故障时，配电线路故障区段与非故障区段两端暂态零模电流的数字仿真计算结果如图 5-21 所示，可见非故障区段两端的暂态零模电流的相似程度很高；而故障区段两端的暂态零模电流特征相似程度低。

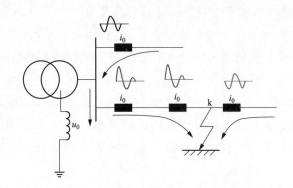

图 5-20　小电流接地故障暂态零模电流信号特征

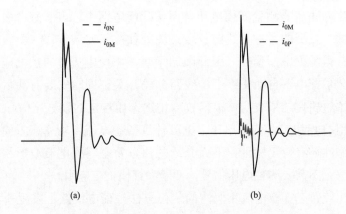

图 5-21　配电线路小电流接地故障数字仿真结果

（a）非故障区段两端暂态零模电流；（b）故障区段两端暂态零模电流

　　根据上面的分析，通过判断线路区段两端暂态零模电流的相似性即可识别出故障区段：如果一个线路区段两端的暂态零模电流不相似，则判断该区段为故障区段；如果区段两端暂态零模电流相似，则判断该区段为非故障区段。两个相邻检测点暂态零模电流 i_{0m}（t）和 i_{0n}（t）之间的相似性，通常可用二者间的相关系数描述，即

$$\rho_{mn} = \frac{\int_0^T i_{0m}(t)i_{0n}(t)\,\mathrm{d}t}{\int_0^T i_{0m}^2(t)\,\mathrm{d}t\int_0^T i_{0n}^2(t)\,\mathrm{d}t} \tag{5-16}$$

　　式中：T 为暂态过程持续时间。

设定一相关系数门槛 ρ_s（$0<\rho_s<1$），如果 $\rho_{mn}<\rho_s$ 时，认为 $i_{0m}(t)$ 和 $i_{0n}(t)$ 不相似，判定两检测点之间的区段为故障区段；否则，认为 $i_{0m}(t)$ 和 $i_{0n}(t)$ 相似，两个检测点之间的区段为非故障区段。以图 5-21（b）中的波形为例，经过计算可得，图 5-21（a）中非故障区段两端暂态零模电流的相关系数为 0.98，图 5-21（b）中故障区段两端暂态零模电流的相关系数为 −0.34。

比较暂态零模电流相似性的方法最初应用时，使用配电自动化终端检测线路暂态零模电流，在暂态零模电流超过门槛值时启动记录一段时间的暂态零模电流数据，并发送至配电自动化系统主站，由主站进行集中处理并确定故障区段。配电自动化主站的处理过程为：

1）接收到故障选线装置上报的选线结果后，收集故障线路上配电自动化终端的暂态零模电流录波数据。

2）从与变电站相邻的第一个线路区段开始，计算区段两端暂态零模电流之间的相关系数 ρ_{mn}，如果小于设定的门槛值，即 $\rho_{mn}<\rho_s$ 时，判断该区段为故障区段，否则判为非故障区段，转到下一步。

3）针对下一个（第二个）线路区段重复以上步骤，如果该区段仍然不是故障区段，则继续计算下一个线路区段两端的暂态零模电流之间的相关系数，直至发现故障区段或者已经到达最后一个上报暂态零模电流的终端，判断故障在最后一个上报暂态零模电流的终端下游的线路区段上。

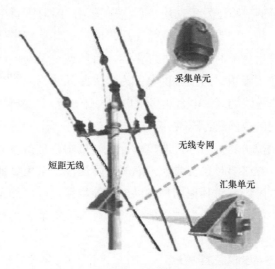

图 5-22　暂态录波型故障指示器组成

195

目前开发出了一种暂态录波型故障指示器，可应用于架空线路监测单相接地故障，发生故障时自动录波发送给配电自动化主站，相比常规配电终端成本较低并且支持带电安装，应用效果良好。暂态录波型故障指示器由安装在架空线路上的采集单元与安装在杆塔上的汇集单元组成，如图 5-22 所示。每套暂态录波型故障指示器包括三个采集单元与一台汇集单元，其中三个采集单元分别安装在 A、B、C 三相线路上。采集单元悬挂安装在架空配电线路上，外形与常规故障指示器类似，可利用专用工具方便地进行带电安装和拆卸。采集单元主要由电子式电流互感器、电场传感器、短距离通信模块以及电源管理部分组成，通过高精度电子式电流互感器监测、采集线路电流信号，通过电场传感器监测采集线路对地电场信号，通过短距离无线通信模块实现与汇集单元的通信。采集单元监测对应相线路的电流和反映线路电压的对地电场，当检测到线路电流或电场超过设定值时触发录波，通过短距无线通信将录波数据传输给汇集单元。录波频率一般高于 4kHz，可以保证故障瞬间暂态波形的准确记录。汇集单元接收采集单元录波数据后，采用三相电流合成方式得到暂态零模电流数据，发送给配电自动化主站，由配电自动化主站比较暂态零模电流相似性并确定故障区段。

5.2.2 接地故障分界方法

中压配电网络结构复杂，中压配电线路与相关设备可能分属供电公司或用户，有相当一部分的故障是发生在用户界内。发生故障时需要尽快确定故障位于电源侧还是用户侧，以明确供电企业和用户的巡线和检修责任。当某一用户所属线路或设备发生故障时，如果处理不当，可能使整条配电线路停电，扩大停电范围，影响非故障用户的正常供电。为解决此问题，一般在配电线路用户 T 接点或末端用户进线处（供电企业与用户的责任分界点）安装用户分界开关，对发生在用户界内的故障进行隔离。

小电流接地故障分界（简称接地故障分界）技术，是指检测用户侧发生的接地故障并告警，在必要时自动或人工隔离故障区段。采用接地故障分界技术可以避免用户侧故障影响对其他用户的供电，加快接地故障处理速度，并为区分供电企业和用户的管理责任提供了依据。也有人形象地将其称为看门狗技术或防火墙技术。

5.2.2.1 稳态量故障分界方法

基于稳态量的接地故障分界方法已获得广泛应用，主要包括零序过电流法和零序电流与零序电压相位比较法。

（1）零序过电流法。一般来说，分界开关安装处下游的用户线路比较短，用户线路及其用电设备（称为用户供电系统）的对地电容远小于分界开关上游系统对地电容。相应地，分界开关下游用户供电系统对地电容电流也远小于分界开关上游系统对地电容电流。通过检测单相接地时流过用户分界开关的稳态零序电流信号，利用故障时用户分界点内与界外稳态零序电流的幅值差异，即可实现单相接地故障的定位。

1）中性点不接地系统。对于中性点不接地系统，当单相接地故障发生在电源侧，即用户界外时，等效电路如图 5-23 所示，其中 C_1 为电源侧线路对地分布电容，其值等于分界开关上游部分线路与系统所有其他线路及设备的对地电容之和；C_2 为负荷侧对地分布电容，其值等于分界开关下游线路及用电设备对地电容，为故障点虚拟零序电压源，ZCT 表示分界开关内部的零序电流互感器。流过分界开关的零序电流为负荷侧对地电容电流 $I_{02}=\omega C_2 U_0$。

当接地故障发生在负荷侧，即用户界内时，等效电路如图 5-24 所示。流过分界开关的零序电流为电源侧对地电容电流 $I_{01}=\omega C_1 U_0$。

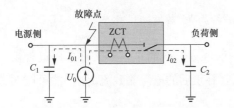

图 5-23　不接地系统电源侧故障

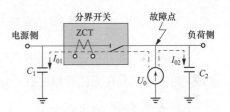

图 5-24　不接地系统负荷侧故障

电源侧对地电容 C_1 为分界开关外所有线路对地电容之和，一般来讲远大于负荷侧对地电容 C_2，因此 I_{02} 比 I_{01} 要小得多，即接地故障在用户界外时流过分界开关的零序电流很小，接地故障在用户界内时流过分界开关的零序电流较大，通过适当的定值设定，分界开关可准确地判定界内接地故障。

2）谐振接地系统。谐振接地系统，当单相接地故障发生在电源侧时，等效电路如图 5-25 所示，其中 L 为消弧线圈等值电感。

此时流过分界开关的零序电流与中性点不接地系统电源侧故障时相同，为负荷侧对地电容电流，即 $I_{01}=\omega C_1 U_0$。

当接地故障发生在负荷侧时，等效电路如图 5-26 所示，流过分界开关的零

序电流 I'_{01} 为电源侧对地电容电流经消弧线圈补偿后的残流，即

$$I'_{01} = I_{01} - I_L = \nu I_{01} - (1-\nu)I_{02}$$

式中：I_L 为消弧线圈补偿电流的有效值；ν 为消弧线圈的脱谐度，$\nu=(l_c-l_L)/l_c$；l_c 为系统全部对地电容电流，即 $l_c=l_{01}+l_{02}$。

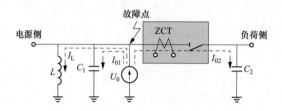

图 5-25 消弧线圈接地系统电源侧故障

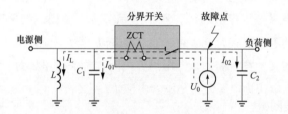

图 5-26 谐振接地系统负荷侧故障

采用消弧线圈补偿的系统电容电流一般较大，而消弧线圈又常采用过补偿方式，再考虑到存在无法补偿的有功分量，补偿后的电源侧残流 I'_{01} 仍然可能明显大于负荷侧对地电容电流 I_{02}。

综上所述，对于中性点不接地和谐振接地系统，在分界开关界外发生接地故障时，分界开关检测出的零序电流都是负荷侧对地电容电流，而开关界内发生接地故障时，流过分界开关工频的零序电流值一般会大于界外接地时的零序电流。负荷侧电容电流值可根据开关界内架空线路和电缆线路的长度进行估算，通过设置合适的定值躲过负荷侧电容电流，当检测到的零序电流大于定值时，即可判定接地故障发生在开关负荷侧。

分界开关接地检测装置的动作电流值一般整定为 1.5～2 倍的用户系统对地电容电流，若检测到的零序电流大于整定值时，则判定接地故障点位于分界开关下游，即负荷侧；否则认为接地故障点位于分界开关上游，即电源侧。实际应用中，用户系统对地电容电流可根据开关界内线路的总长度估算。

（2）零序电流与零序电压相位比较法。如果用户供电系统电容电流较大，则分界开关电流定值也会比较大。由于零序电流的幅值随接地过渡电阻的增加而减少，在过渡电阻较大时，零序过电流法将难以可靠检测出下游用户系统的接地故障。如果在分界开关处能够同时获得零序电压和零序电流信号，可以利用零序电压和电流间的相位关系确定接地故障的方向，提高故障检测的灵敏度。

在中性点不接地配电网中，忽略线路对地电导的影响，分界开关上游系统出现接地故障时，分界开关处零序电流与零序电压的关系类似非故障线路，零序电流相位超前零序电压 $90°$；分界开关下游系统出现接地故障时，分界开关处零序电流与零序电压的关系类似故障路，零序电流为从线路流向母线的电容电流，其相位滞后于零序电压 $90°$。因此，比较零序电流与零序电压的相位可以可靠地判断接地故障的方向。

在谐振接地配电网中，消弧线圈一般运行在过补偿状态，补偿后故障线路的零序电流比较小，需要考虑线路对地电导电流的影响。在分界开关上游系统出现接地故障时，分界开关处零序电流超前零序电压 $90°$；在分界开关下游系统出现接地故障时，分界开关位于故障线路上故障点的上游，流过分界开关的零序电流是消弧线圈补偿后的电流，考虑到有功分量的影响，其超前零序电压角度一般在 $120°\sim160°$。

尽管利用零序电流与零序电压相位比较法来检测故障点在理论上是可行的，但谐振接地配电网中零序电流与零序电压之间的相位差与故障时在分界开关上游或下游的变化不大，实际上很难通过检测零序电流与电压的相位关系实现故障分界。如果能在消弧线圈长期或短时投入并联电阻，则可以放大零序电流的有功分量，使零序电流与零序电压之间的相位差于故障时在分界开关上游与下游出现明显变化，提高故障分界的可靠性，但这样又需要一次设备动作的配合，实现的难度较大。

5.2.2.2　暂态量故障分界方法

实际应用情况表明，利用工频零序电流与零序电压的故障分界方法用于谐振接地配电网中时，普遍存在拒动与误动情况。主要原因是受消弧线圈补偿电流的影响，在分界开关下游系统出现接地故障时，流过分界开关的零序电流很小，故障量不突出，保护动作的灵敏度与可靠性没有保证。特别是在用户线路比较长、供电系统规模比较大时，用户系统对地电容电流可能远大于补偿后的接地残流，导致用户系统出现接地故障时，流过分界开关的零序电流甚至小于用户系统对地电容电流，无法根据零序电流的大小判断接地故障的方向。消弧线圈运行在过补偿状态，分界开关处零序电流与零序电压之间的相位差与故障在分界开关上游或下游的变化不大，难以根据零序电流与零序电压相位关系的变化区分故障方向。

暂态量不受消弧线圈的影响，故障点在分界开关上游和下游两种情况下暂态特征差异比较明显，利用其实现故障分界，能够提高可靠性。目前已开发出了检测零模电流的幅值和暂态零模电流方向的分界方法。试验室和现场测试结果表明，应用暂态量的故障分界方法可靠性较高，有望获得推广应用。

5.2.2.3 故障分界技术的工程应用

随着配电网建设改造力度的加大，用户分界开关在各地配电网得到了大量应用，有效提升了用户界内故障的隔离速度，提升了配电网稳定运行水平。用户分界开关对单相接地故障的处理方式详见表5-2。中性点经小电阻接地方式发生单相接地故障时，故障电流一般不超过1000A，可以由分界开关先于变电站保护动作切除故障，避免线路出口处保护跳闸而造成整条线路停电。

表 5-2　　　　　　　　　　　分界开关对接地故障的处理

中性点接地方式	故障位置	处理方式
小电流接地	用户界内	判定为永久性接地后分断
	用户界外	不动作
小电阻接地	用户界内	先于变电站保护动作分断
	用户界外	不动作

将接地故障分界技术用于实际工程中，充分发挥分界开关的效果，避免出现误动与拒动现象，需要注意并解决好以下问题。

（1）检测方法适用性。目前生产的自动分界开关都是利用工频电流信号检测接地故障的方向，主要适用于中性不接地配电网。对于谐振接地配电网来说，受消弧线圈补偿电流的影响，用户系统出现接地故障时，流过分界开关的零序电流甚至小于用户系统对地电容电流，这种情况下，无法根据零序电流的大小判断接地故障的方向。检测零序电流与零序电压相位关系的方法，受分界开关上游与下游出现接地故障时零序电流相位变化相对较小、故障量特征变化不明显的影响，也难以保证动作的可靠性。

（2）接地故障的启动判断。如果分界开关接有三相电压互感器或零序电压互感器，则可以利用一相电压降低、两相电压升高或零序电压超越一定门槛的现象来判断接地故障是否发生。部分分界开关处不具备安装电压互感器的条件，即使安装了电压互感器也多只能测量线电压而不能反映接地故障电压变化。此时，需要根据零序电流的工频分量或暂态分量是否超越一定门槛来判断故障是否发生。

(3) 故障持续时间的判断。如果接有三相电压互感器或零序电压互感器，则可以根据电压变化时间计算接地故障的持续时间。如果没有相电压或零序电压信号，则需要根据工频零序电流变化量的持续时间计算故障持续时间。

(4) 零序电流的获取。零序电流的获取方式有直接和间接两种。直接方式是通过零序电流互感器获得；间接方式是采用零序电流滤过器，将三相电流合成获取零序电流。对于电缆线路，可直接安装零序电流互感器，也可通过三相电流互感器间接获取。对于架空线路，传统做法是通过三相电流互感器间接获取零序电流，近几年在开关内集成零序电流互感器已成为一种趋势。

配电网正常运行时一般不存在零序电流，直接测量方式获得的零序电流就是故障电流。而在间接测量方式下，受电流互感器、装置模拟电路处理误差与计算误差的影响，即便是在一次电流对称、不存在零序电流的情况下，由三个相电流相加获得的工频零序电流也会存在不平衡电流。在间接测量方式下为了保证故障工频电流测量的准确性，需要采取措施克服不平衡电流的影响。

由上面的介绍可知，在分界开关上游系统出现接地故障时，流过分界开关的电容电流只有几安培。对于谐振接地配电网来说，即便是用户系统中出现接地故障，流过分界开关的电容电流一般也不超过 10A，因此，从保证接地故障检测可靠性角度出发，一般要安装零序电流互感器直接测量零序电流，并且对零序电流互感器在小电流时的变换精度有着较高的要求。

(5) 定值的整定及管理维护。合理地整定电流定值可以提高用户分界开关动作准确性，如果定值整定过低则容易发生误动，定值整定过高又容易拒动。在定值整定时应准确测量用户界内电缆及架空线长度，依据整定计算公式计算定值，避免凭经验设定电流定值的情况。分界开关安装后还需要进一步的管理维护，分析运行效果，及时发现定值整定不合理之处及运行中出现的其他问题。一些地方由于运维工作不足，导致用户分界开关未能发挥出其应有的效果。

5.2.3　故障点测距方法

故障点测距是通过在变电站或线路末端安装测距装置，测量故障点到母线或线路末端的距离，所应用的方法主要包括计算线路阻抗与检测故障产生的行波信号等。一般来说，由于配电网线路短、分支多、存在架空电缆混合现象、沿线分布有各种负荷设备等因素，实现故障点测距技术只适用于部分结构简单的配电线路，如线路较长、分支较少的 35kV 配电线路，或者铁路自闭/贯通线路等，目前实际应用的装置主要是采用行波原理测量接地故障点距离。

5.2.3.1　小电流接地故障的行波特征

故障行波是由于故障相电压突变而产生的暂态信号，其特性不受系统中性点接地方式的影响。单相接地时，故障点对地电压从正常电压瞬间突变，会在线路上引起暂态行波过程。行波法的基本原理是在行波传输速度已知的情况下，确定行波从故障点传播到检测点的时间差，再乘以波速即可得到故障距离。分析故障初始电压行波分布的等效电路以及线模和零模电压的分布情况如图 5-27 所示。

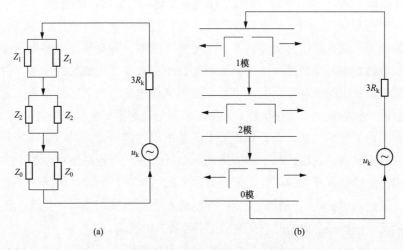

图 5-27　单相接地故障初始行波模量分布示意图

(a) 故障点等效电路；(b) 初始电压行波分布

图 5-27 中，Z_1、Z_2、Z_0 分别为线路 1 模、2 模和 0 模的波阻抗，一般情况下，$Z_1 = Z_2$；u_k 为故障点虚拟电源；R_k 为故障点过渡电阻。

可以推出，接地故障产生的电压行波既包含零模分量 u_{E0}，也包含线模分量 u_{E1} 和 u_{E2}，即

$$u_{E0} = \frac{Z_0}{Z_1 + Z_2 + Z_0 + 6R_k} u_k \tag{5-17}$$

$$u_{E1} = u_{E2} = \frac{Z_1}{Z_1 + Z_2 + Z_0 + 6R_k} u_k \qquad (5\text{-}18)$$

相应的，故障点两侧的线模电流行波 i_{E1}、i_{E2} 和零模电流行波 i_{E0} 的幅值为

$$i_{E1} = i_{E2} = i_{E0} = \frac{u_k}{Z_1 + Z_2 + Z_0 + 6R_k} \qquad (5\text{-}19)$$

鉴于一般线路零模阻抗大于线模阻抗，初始电压行波的线模分量将小于其零模分量；而初始电流行波的线模分量和零模分量则完全相等。但由于零模线路电阻较大，相应的零模行波损耗和畸变也大，经过一定的传输距离后零模行波将小于线模行波。

5.2.3.2 小电流接地故障行波测距的基本模式

（1）单端测距与双端测距方法。根据行波测距基本原理，可以有单端和双端两种测距方法。单端测距必须识别出故障点的反射波，配电线路存在架空电缆混合、分支线、负荷沿线分布等现象，使得故障行波反射和折射过程非常复杂，故障点反射波的识别十分困难，因此不宜采用单端测距方法。双端行波测距法只需检测故障产生的初始行波波头到达时刻，不需要考虑后续的反射与折射行波，原理简单，测距结果可靠。但配电网中存在众多的分支线路，需要在分支线路末端安装测距装置才能测出分支线路故障的距离。

（2）行波线模分量与零模分量的利用。对于接地故障，理论上根据行波零模分量和线模分量均可确定故障位置。但零模分量的传播速度慢、衰减和畸变大；线模分量传播速度较为稳定，衰减和畸变小，适合用于测距实际应用中，可利用线模分量或者利用包含线模分量的相分量进行测距。

（3）电压行波与电流行波的利用。对于线模网络，配电线路的末端可认为是开路状态，当行波信号到线路末端时，电压行波在线路末端的反射系数为 $+1$，而电流行波在线路末端的反射系数为 -1，因此可以获得加倍的电压行波信号，而无法获得电流行波信号。变电站内配电网母线一般接有多条线路且往往接有无功补偿电容器，母线阻抗远低于线路波阻抗，因此，故障初始行波到达后，产生的母线电压行波信号接近为零，而电流行波信号接近加倍。

因此在线路末端应利用电压行波信号进行测距；而在变电站内母线处，则应利用电流行波信号进行测距。对于电压与电流行波信号的采集，可利用已有的电磁式电流与 TV 分别获取。在配电线路末端一般没有装设互感器，可考虑利用已有的配电变压器获取行波信号。

5.2.3.3　行波测距技术的应用

目前时间同步技术可将误差控制在几百个纳秒以内，行波测距精度从理论上讲可以做到100m以内。考虑到配电线路的行波信号有一定的上升时间、互感器（传感器）的变换误差以及检测误差等因素的影响，实际接地故障测距的精度在300~500m以内。目前，利用行波原理实现小电流接地故障测距的技术已在铁路电力线路（自闭/贯通线路）上获得应用。

10kV自闭/贯通线路为铁路沿线信号设备等提供电源，涉及行车安全，可靠性要求极高。由于供电臂距离长（一般为40~60km，特殊情况下可达上百千米）、沿线地质气象条件复杂等原因，极易发生故障，特别是小电流接地故障，过去缺乏必要的技术手段，故障定位查找比较困难。另一方面，由于自闭贯通线路距离长、分支少，非常适合应用行波故障测距技术。实际应用中，故障定位误差一般不超过500m。

5.3　小电流接地故障的自动隔离与定位典型方案

采用小电流接地方式的配电网在发生单相接地故障时可继续运行一段时间，能够提高供电可靠性，但两个非故障相电压会升高，长时间带接地故障点运行会危害配电网绝缘，特别是出现间歇性弧光接地时，可在非故障相上产生超过3倍额定电压的过电压；非故障相电压再叠加雷击、操作等过电压，更容易使配电网绝缘薄弱点击穿，从而引发两相接地短路故障，使事故扩大。对于电缆线路，接地电弧长时间存在，会加重对故障点的破坏，严重时会引发相间故障。如果在小电流接地配电网出现永久接地故障，特别是过电压过高时，能自动跳闸切除故障线路或区段，则既可以保留其在瞬时性接地故障时自愈的优点，又能消除配电网长期带接地故障点运行带来的危害。

中国的配电网运行规程允许小电流接地配电网带接地点运行2h。欧洲国家中，奥地利与德国允许小电流接地配电网带接地点运行，其他国家都是在检测到发生接地故障且经过一段时间不能自行熄弧后直接跳开故障线路。日本也采用直接跳开故障线路的做法。目前，中国电网管理部门拟调整配电网运行规程，要求在小电流接地配电网发生单相永久接地故障时，通过分界开关、分支开关、分段开关或出线断路器的动作，直接隔离故障区段或切除整条故障线路。之所以做出这一调整主要是考虑到目前接地故障选线与定位技术已趋于成熟，已经拥有了自动隔离故障区段的技术手段；而且现在中国配电网广泛采用环式结构，能够通过负荷转供将停电区域控制在一个尽可能小的范围内。

为了实现小电流接地故障的定位与隔离，电力工作者提出了诸多工程技术方案，工程应用较为普遍的包括保护级差配合方案、集中式馈线自动化方案、重合型馈线自动化方案、智能分布式自动化方案。

5.3.1　零序电流与零序电压的获取

实际工程中，通常采用如下三种方法获取零序电流：

（1）将三相电流互感器的二次侧并联后接入保护装置。

（2）在微机保护中，将三个相电流的采样值相加。

（3）使用套在电缆外面的零序电流互感器。

上述第 1、2 种方法，是通过把 3 个单相电流互感器的二次侧电流相加获得零序电流，称为使用零序电流滤过器的方法。受相电流互感器误差的影响，即便是在一次侧没有零序电流时，零序电流滤过器也有不平衡电流输出。电流互感器最大误差为 10%，因此，零序电流滤过器最大的不平衡电流输出可达负荷电流的 10%。

不管采用什么方式获取零序电流，实际的效果均是将 3 个相电流（i_A、i_B、i_C）求和，得到的是 3 倍的零序电流，即 $3i_0$，因此，零序电流保护实际上是把 $3i_0$ 作为输入量。零序电压的获取方法与零序电流相似。使用零序电压滤过器获取零序电压时，有较大的不平衡零序电压输出。

5.3.2　多级接地保护配合方案

由于允许线路出口断路器以较长的动作延时切除小电流接地故障，这为线路上多级开关的小电流接地保护之间通过动作时限的配合实现选择性动作创造了条件。在出口断路器以及线路上各个开关处均部署接地方向保护，保护动作时限根据开关所处的位置整定，末级配电变压器接地保护的动作时限选为 2s，其他开关保护的动作时限均比下游相邻开关的最大动作时限大一个时间级差 Δt（选为 0.5s）。如果用户配电变压器没有配置接地保护，则将分界开关接地保护作为末级保护对待。

以图 5-28 所示配电线路（仅给出了两个分支线路）为例，线路出口断路器干线路开关 QL1、QL4 与 QL5，分支线路开关 QL2 与 QL6，以及配电变压器开关 QL3 与 QL7 都部署了接地故障方向保护。配电变压器接地保护动作时限选为 2s；分支线路开关 QL2 与 QL6 的动作时限增加一个时间级差，设为 2.5s；主干线路开关 QL5 接地保护的动作时限比 QL6 增加一个时间级差，设为 3s；QL4 接地保护的动作时限比 QL5 增加一个时间级差，设为 3.5s；QL1 接地保护的动作时限比 QL4 增加一个时间级差，设为 4s；出口断路器接地保护的动作时限则设为 4.5s。按照这样的动作时限配合方案，在线路上 k1 处发生接地故障时，QL7 跳闸切除故障；k2 处故障时，QL2 跳闸；k3 处故障时，QL1 跳闸；实现了保护的选择性动作。

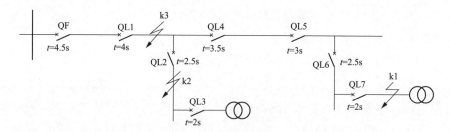

图 5-28　多级接地保护动作时限配合示意图

接地保护宜采用暂态功率法或有功功率法，暂态方向法不需要在消弧线圈上并联电阻，应是优先选用的方法。

通过多级接地方向保护的配合切除接地故障，不需要通信通道，除故障点上游的第一个开关外，其他开关也不需要动作，具有可性高、对用户供电影响小的优点，因为是利用零序电压与零序电流测量接地方向，因此除三相电流互感器以及零序电流互感器外，还需要在线路开关上安装零序电压传感器。

配电网发生铁磁谐振时，会产生零序电压与电流，出现"虚幻"接地现象。直接动作跳闸小电流接地保护装置要能够识别出这种"虚幻"接地，以避免大面积的误动作。

5.3.3　配网主站集中式故障隔离方案

目前国内建设的配电网自动化系统，一般仅能实现短路故障定位与隔离功能，不能处理小电流接地故障，而实际的配电网故障中，小电流接地故障占70%以上，这使得配电网自动化系统的应用效果大打折扣。近年来，小电流接地故障选线问题已基本得到了解决，对其定位技术的研究也取得了重大进展，为配电网自动化系统实现小电流接地故障的检测与隔离创造了条件。

配网主站集中式故障隔离方案适用于配置了集中式馈线自动化系统的配电网线路。配电网自动化系统主站接收配电终端或故障指示器的检测结果选择出故障区段后，遥控跳开故障区段端部的开关隔离故障，并恢复非故障区段的供电。

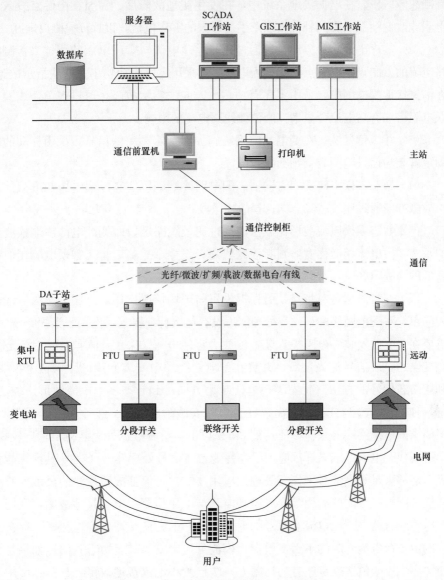

图 5-29　多级接地保护动作时限配合示意图

5.3.3.1　故障隔离方法

配电终端目前采用的小电流接地故障定位（即故障区段的检测）方法主要有：

(1) 零序电流幅值法。比较沿线配电网终端检测到的稳态零序电流幅值，判断故障区段。在谐振接地系统中，在发生接地故障后，需要在中性点投入中电阻或改变消弧线圈的补偿度以产生足够大的零序电流，以保证检测灵敏度。

(2) 零序电流功率方向法。通过比较零序电流与零序电压的相位来检测零序电流的方向，在中性点不接地配电网中，采用零序无功功率方向法指示故障；在谐振接地配电网中，采用零序有功功率方向法指示故障，通过在消弧线圈并联电阻增加有功电流分量来克服消弧线圈电流的影响。

(3) 注入信号法。在变电站向系统施加一特定频率的信号，采用移动的或固定安装的信号检测装置判断故障位置。

(4) 暂态零模电流功率方向法。配电网终端利用暂态零模电压与电流计算出故障方向通过比较故障方向选择故障区段。

(5) 暂态零模电流波形比较法。通过比较线路区段两侧配电网终端检测到的暂态零模电流相似程度，判断该区段是否发生了故障。暂态零模电流相似程度低的为故障区段，否则为健全区段。

以上 5 种方法各有特点，可根据投资与现场情况选用，零序电流幅值法比较简单，对配电网终端采样与处理能力没有什么特殊要求，但用于谐振系统时，需要在变电站安装中电阻投入装置以放大零序电流。采用注入信号法时，需要在变电站安装信号注入装置，并且在配电网终端中安装专用的注入信号探头。利用暂态信号的方法（暂态零模电流功率方向法和暂态零模电流波形比较法）是一种被动的检测方法，不需要在变电站安装附加设备，安全可靠、投资小，但要求配电网终端的采样率能达到 3kHz 以上，对其数据处理能力要求比较高，不过现代配电网终端设计都应用了高性能数字信号处理器（DSP），其计算能力完全能够满足暂态信号采集与处理的应用要求，为保证故障检测的灵敏度与可靠性，配电网终端应利用零序（模）电流与电压检测小电流接地故障，利用零序电流滤过器（三相电流互感器的输出合成）的方法获取零序电流时，存在较大的由负荷电流引起的不平衡电流，幅值可达十安培甚至数十安培。如果是利用零序电流幅值法或零序有功功率方向法检测小电流接地故障，其实际利用的电流故障量往往也就是几十个安培，在零序滤过器的负荷不平衡电流比较大时，将难以保证接地故障检测的可靠性。

由于暂态接地电流的幅值比较大，可达数百甚至上千安培，利用暂态量的接地故障检测方法受不平衡电流的影响要小一些，但在接地电阻比较大、暂态接地电流比较小时，同样存在受不平衡电流影响的问题。实际工程中可采用一致性比较好的相电流互感器，以减少不平衡电流的幅值；此外，可利用软件的方法提取零序电流中的故障分量来检测接地故障，以减少负荷不平衡电流的影响。更为有效的方法是直接采用零序电流互感器获取零序电流。在电缆线路中，使用套在电缆外边的零序电流互感器，如图 5-30（a）所示，其中接地线要从铁芯中穿出，架空线路中不方便安装零序电流互感器。近年来，人们开发出了嵌在配电开关内部的电流互感器，如图 5-30（b）所示，其中包括 3 个相电流互感器和 1 个零序电流互感器，三相导体从零序电流互感器铁芯内穿过。

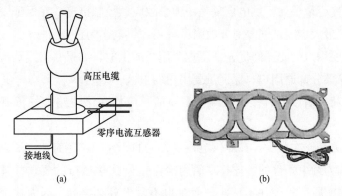

图 5-30　零序电流互感器及其安装示意图

（a）电缆线路外套式；（b）开关内嵌式

配电网自动化主站在接收到变电站绝缘监测装置上报的接地信号后启动小电流接地故障定位程序。根据变电站自动化系统或故障监测装置上报的信息确定故障线路，通过处理故障路上配电终端上报的接地故障方向、零序电流幅值或波形定位故障区段。

目前中国的运行规程规定在小电流接地配电网发生单相接地故障时，允许其带故障点运行一段时间，因此，主站只需提供一种半自动的 FLISR 控制方式，即采集配电终端的故障检测信息，确定出故障点的位置，给出故障隔离与恢复供电的提示方案。为避免长期带接地点运行带来的过电压危害以及防止导线坠地造成的触电隐患，供电企业现在倾向于立即隔离永久性小电流接地故障，这种情况下，主站则需要具备自动跳开故障区段端部开关的功能。

5.3.3.2　故障恢复方法

在故障区段被隔离后，其上游的非故障区段由出口断路器合闸恢复供电；

如果故障点下游的非故障区段有联络电源，则由联络开关合闸恢复供电。上游非故障区段的供电恢复比较简单，而故障点下游非故障区段的供电恢复相对较复杂，需要考虑联络电源的容量是否充足以及多个联络电源参与操作的问题。除特殊说明外，本小节下面介绍的供电恢复方法针对的是故障点下游的非故障区段。

（1）供电恢复操作的基本要求。对供电恢复操作的基本要求有：

1）安全性，即保证联络线路负荷不超过额定容量，不会出现过负荷现象。在制定供电恢复方案时，这是一条必须满足的硬约束条件。

2）恢复容量最大。供电恢复是一项事故应急控制措施，在保证安全性的前提下，要把最大程度地恢复对非故障区段用户供电作为首要目标。

3）重要用户优先，即优先恢复重要用户的供电。如果联络线路备用容量不足，应切除部分普通用户，保证重要用户的供电。

4）负荷均衡。当有多个联络电源点时，应使联络线路上的负荷率尽可能均匀。

5）开关操作次数少。在对供电恢复方法的研究中，还有把电压合格与线路损耗最小作为约束条件的。这样尽管符合配电网优化运行的要求并且在理论上可行，但在实际工程中并不现实，而且也不是十分必要的。因为缺少准确的线路参数以及量测量不全等因素，现有的配电网自动化系统一般都不能够进行在线配电网潮流计算，难以准确地估算出供电恢复后线路的电压与损耗值，无法校核线路电压是否超过标准规定的数值以及线路损耗是否最小。事实上，在没有过负荷现象的情况下，一般总是能够保证线路电压合格的，不同的供电恢复方案引起的线路损耗差异也不是很大。另一方面，用联络开关转带非故障区段的负荷，是一种故障应急措施，在故障修复后配电线路一般都会恢复到联络开关处于常开状态的运行方式，联络开关处于合位的运行状态持续时间不会很长，即便这段时间内的线损大一些，也不会对线路的累计损耗产生实质性的影响。

（2）安全性校核。在制定供电恢复操作方案时，需要知道联络电源（线路）的容量裕度（备用容量）、非故障区段的负荷容量，以校核联络线路转带非故障区段负荷后的运行容量，对供电恢复方案的安全性（是否会出现过负荷现象）做出判断，实际的配电网自动化系统中，往往只测量线路分段开关的电流；由于配电网参数与量测量不全等因素，无法进行在线的配电网潮流计算，因此，难以对联络线路的运行容量进行准确地估算。简单起见，一般用运行电流近似代表运行容量，通过校核联络线路的运行电流，来对供电恢复方案的安全性做出判断，其判据是：联络电源电流裕度大于待供非故障区段的总负荷电流。

联络电源的电流裕度 ΔI_1 等于联络线路允许的最大负荷电流 I_m 减去其故障前负荷电流 I_u。I_m 由主站根据母线负荷情况与线路额定电流决定，I_u 等于联络线路出口断路器故障前的负荷电流。由于馈线自动化针对的是采用单电源供电运行方式的配电线路，而且故障区段一般只有下游边界分段开关可与联络线路连通，因此，故障点下游待供非故障区段的总负荷电流等于该故障点下游边界分段开关故障前负荷电流。

如图 5-31 所示配电线路，k1 点故障时故障点下游待供非故障区段为区段③～⑥，待供负荷电流等于分段开关 QL2 故障前的负荷电流；k2 点故障时，故障点下游待供非故障区段是区段⑤，其负荷电流等于分段开关 QL4 故障前的负荷电流。每个非故障区段的负荷电流近似等于其上游边界开关的负荷电流减去所有下游边界开关的负荷电流。

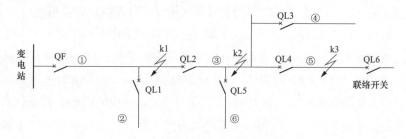

图 5-31　线路区段及故障示意图

（3）单联络电源环网供电恢复算法。单联络电源环网只有一个联络电源用于恢复对非故障区段供电。根据联络电源的电流裕度是否充足，分为全部恢复以及部分恢复两种操作方案。

在配电线路发生故障时，配电网自动化主站在完成故障定位、隔离以及恢复故障点上游区段的供电后，启动故障点下游非故障区段的供电恢复程序。首先，根据故障前电流测量值，计算出联络电源的电流裕度、非故障区段的负荷电流以及所有非故障区段总负荷电流（总待供电流）。如果联络电源的电流裕度大于总待供电流，则遥控合上联络开关，恢复所有非故障区段的供电，即实现全部恢复。如果联络电源的电流裕度小于总待供电流，则只能恢复一部分非故障区段负荷的供电。

在对一部分非故障区段的负荷进行供电恢复操作时，有整区段恢复和甩掉部分区段负荷两种方案，整区段恢复指从故障点下游的非故障区段开始，选择一个分段开关将其跳开，甩掉一个或若干个非故障区段，使待供负荷总电流小于电流裕度，然后合上联络开关，恢复对与联络开关相连的一个或若干个非故障区段的供电。在只有分段开关可遥控的情况下，一般采用这种供电恢复方案，甩掉部分区段负荷的恢复方案用于区段内分支开关或负荷开关能够遥控的场合，一般采取重要负荷优先恢复的策略，即从故障点下游第一个非故障区段开始，依次跳开可遥控的带有非重要负荷的支线开关（环网柜出线开关），直至待供负荷总电流小于电流裕度，然后合上联络开关，恢复对非故障区段的供电。如果甩掉非重要负荷后，联络电源的电流裕度仍然不足，则从故障点下游的第一个非故障区段开始，甩掉一个或若干个非故障区段，直至电流裕度满足要求，然后合上联络开关。这种供电恢复方案一般用于支线开关的可遥控场合。

以图 5-31 配电线路为例，联络开关为 QL6，线路上 M1 点发生故障，分段开关 QL2 与 QL4 之间的非故障区段（包括③、④与⑥号区段）的负荷电流为80A，QL4 与联络开关 QL6 之间的非故障区段（⑤号区段）的负荷电流为50A，待供总负荷电流为130A；假设有一个联络电源且联络电源的电流裕度为120A，因电流裕度小于待供总负荷电流，只能恢复部分非故障区段的供电；如果只有分段开关 QL2 与 QL4 可遥控，则打开分段开关 QL4，甩掉 QL4 上游的非故障区段，合上联络开关 QL6，恢复 QL4 下游的非故障区段的供电；如果分支线开关可遥控，支线开关 QL5 故障前负荷电流为20A 且为非重要负荷，则可遥控跳开 QL5，使待供总负荷电流减为110A，然后合上 QL6，恢复下游非故障区段上其他负荷的供电。

（4）多联络电源环网的供电恢复算法。多联络电源环网指有两个以及两个以上联络电源的环网。国内外对多联络电源环网的供电恢复算法做了大量的研究，提出了多种算法。下面介绍一种实用性比较强的基于启发式搜索的供电恢复算法，简称启发式算法。

启发式算法的思路是：先简后繁，先近后远，优先考虑使用电流裕度最大的电源，用最少的开关操作次数，尽可能多地恢复非故障区段负荷供电，配电网自动化主站对故障点下游的非故障区段进行供电恢复操作时，首先，根据故障区段下游网络拓扑关系，找出所有非故障区段（指故障点下游非故障区段）、与其相邻的联络开关以及它们所在的电源（线路）。根据故障前电流测量值，计算出各联络电源的电流裕度，非故障区段的负荷电流以及所有非故障区段总负荷电流，即总待供电流，然后执行下面介绍的操作。

1) 电源整区恢复。指使用一个联络电源，恢复所有非故障区段的供电。条件是：至联络电源的电流裕度大于总待供电流；如果有两个以上的联络电源的电流裕度大于总待供电流，选择电流裕度最大的联络电源。

显然，单电源整区恢复，只需要一次合上所选电源联络开关的操作。

如图 5-32（a）所示线路，共有 7 个区段，故障前每一区段的负荷电流在图中区段标号的右边标出；接有 3 个联络开关 QL7、QL8 与 QL9。假设线路上 k 点发生故障，断路器 QF 以及线路分段开关 QL2 跳开，隔离故障，第③、④、⑤、⑥、⑦号区段停电，属于待恢复供电的区段。5 个待恢复的非故障区段，总

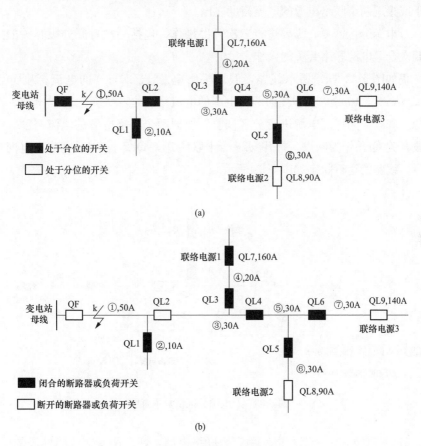

(a)

(b)

图 5-32　单电源整区恢复示意图

（a）恢复前环网结构；（b）恢复后环网结构

待供负荷电流为 130A。假设联络电源 1、2 与 3 电流裕度分别为 160A、90A 与 140A，电源 1 与 3 的电流裕度都大于总待供电流，选择电流度最大的电源 1 作为恢复电源，合上联络开关 QL7 恢复所有非故障区段的供电，如图 5-32（b）所示。

2）双电源分区恢复。指使用 2 个联络电源，恢复所有非故障区段的供电。条件是：至少有两个联络线路的电流裕度之和大于总待供电流；如果有多组满足要求的联络电源组合选择电流裕度最大的两个联络电源。因为要合上两个联络开关，必须断开两个电源之间的个分段开关，以避免出现合环运行的情况。这个分段开关（断点）选择的原则是：使其两侧非故障区段总负荷电流的比例等于或接近两个联络电源的电流裕度之比。

双电源分区恢复，需要进行三次开关操作，包括一次打开分段开关的操作与两次合上电源联络开关的操作。

仍如图 5-32（a）所示线路，假设联络电源 1、2 与 3 的电流裕度分别为 80A、70A 与 100A，其中任何两个电源的电流裕度之和大于总待供电流。选择电源 1 和 3 作为恢复电源进行分区恢复，根据两个联络电源的电流裕度，选择分段开关 QL4 作为断点。打开 QL4 合上联络开关 QL7 与 QL9 完成供电恢复操作后，线路的运行状态如图 5-33 所示。

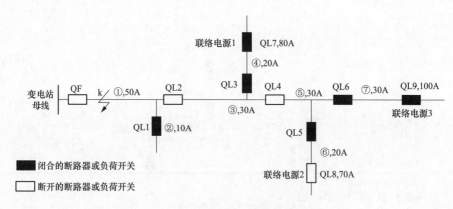

图 5-33 双电源分区恢复示意图

3）三电源分区恢复。指使用三个联络电源，恢复所有非故障区段的供电。条件是：有联络电源，但没有任何一个联络电源的电流裕度或两个联络电源的电流裕度之和满足恢复所有非故障区段的要求。实施步骤是：首先，选择电流裕度最小的联络电源进行供电恢复操作，直至电流裕度用完或者遇到可由三个联络电源供电的交叉区段，打开分段开关形成断点；然后，剩余的非故障区段由其他两个联络电源按照双电源分区恢复的方法恢复供电。

三电源分区恢复，需要进行五次开关操作，包括两次打开分段开关的操作与三次合上电源联络开关的操作。

再如图 5-32（a）所示配电线路，假设联络电源 1、2 与 3 的电流裕度分别为 30A、40A 与 70A，尽管电源 1 和 3 的电流裕度之和等于总待供电流，但进行双电源恢复操作无法实现所有非故障区段的供电，因此应进行三电源分区恢复操作。首先选择电流裕度最小的电源 2 进行供电恢复操作，打开分段开关 QL4、分支开关 QL5，形成两个断点，避免影响其他两个联络电源恢复对区段⑤的供电；然后，使用电源 1 和 3 进行双电源分区恢复操作，恢复对其他非故障区段的供电。完成操作后，线路的运行方式如图 5-34 所示。

实际配电线路中，与非故障区段相连的联络开关的数目一般不会超过三个，按照上述算法进行操作后，基本就可以做到最大程度上恢复非故障区段的负荷供电。为提高配电线路的容量利用率、减少投资，具有多个联络电源的线路的备用容量一般都不会太大，实际配电网中，往往是采用两个或两个以上的联络电源分区恢复供电的方案。

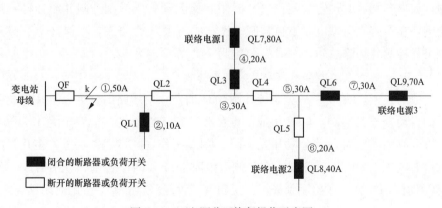

图 5-34　三电源分区恢复操作示意图

5.3.4　电压控制型馈线自动化方案

该方案适用于部署了就地电压控制型馈线自动化系统的线路。其工作原理与动作过程类似于短路故障的隔离，区别在于出口断路器要能够自动跳闸

中压配电网单相接地故障处理技术与应用

切除接地故障并实施重合闸。出口断路器切除接地故障的动作时限要比分界开关大一个时间级差（如 0.5s），以避免其在用户供电系统内发生故障时越级跳闸。

电压控制型馈线自动化，又称电压—时间控制型，简称 A-V 型，其工作原理是通过检测分段开关两侧的电压来控制其分闸与合闸，即通常所说的"失电分闸，来电合闸"。在线路发生短路故障时，线路出口重合器分闸，随后线路上的分段开关因失压而分闸；经过一段时间后重合器第 1 次合闸，沿线分段开关按照来电顺序依次延时重合；如果故障是瞬时性的，线路恢复正常运行；如果故障是永久性的，重合器和分段开关第 2 次分闸，靠近故障点的上游分段开关自动闭锁在分闸状态，再经过一段时间后，重合器第 2 次合闸恢复故障点上游非故障区段供电。

A-V 型自动分段开关的构成如图 12-1 所示，分段开关两侧的电压互感器（TV1 与 TV2）用于检测线路电压并为控制器提供操作电源，控制器 C 根据设定的动作判据与逻辑控制开关的分合与闭锁，其内部装有储能电容以在线路失压后提供跳开分段开关的能量。之所以在开关两侧都装电压互感器，是为了适应线路由不同侧电源供电的运行方式。自动分段开关的动作判据为：在线路两侧均失压时分闸，在线路一侧来电时经过一段延时（X 时限）后合闸；如果合闸后的预定时间内（Y 时限）检测到失压时则分闸并闭锁再一次合闸，在线路一侧带电时不再合闸。设定的时限 X 大于 Y，以保证上一级开关可靠检测并切除故障，一般 X 整定为 7s，Y 整定为 5s。

5.3.4.1 放射式线路故障隔离与恢复供电

放射式架空线路 A-V 型系统如图 5-35 所示，由线路出口重合器 R 与线路上的自动分段关 QL1、QL2 组成。重合器 R 第 1 次重合时间整定为 1s，第 2 次重合时间整定为 5s。分段开关 QL1、QL2 工作在"常闭"状态，在开关两侧没有电压（失电）时分闸，在一侧有电时经过 X 时限合闸；合闸后在一预定 Y 时限内如再一次检测到失压，说明下一段线路有故障，分闸后闭锁。

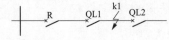

图 5-35　放射式线路 A-V
型馈线自动化系统

假定在线路上 k1 点发生短路故障，线路出口重合器 R 分闸，分段开关 QL1、QL2 均因两侧失压分闸。延时 1s 后重合器 R 重合，QL1 在来电后延时 7s 合闸，若为瞬时性故障，则 QL1 合闸成功，QL2 在来电后延时 7s 合闸，恢复线路供电。若为永久性故障，QL1 合到故障上导致重合器 R 再次分闸；由于 QL1 在合闸后设定的故障检测时限内（Y＝5s）又检测到失压，因此失压分闸后闭锁。重合器 R 在分闸后延时 5，第 2 次重合，由于 QL1 处于闭锁状态，不再合闸，从而隔离了故障区段（在 QL1 与 QL2 之间），恢复重合器 R 与 QL1 之间的区段供电。k1 点永久性故障时重合器 R 与分段开关 QL1、QL2 的动作时序如图 5-36所示。

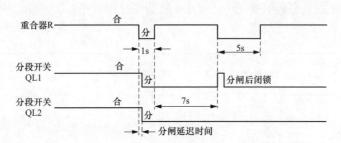

图 5-36   k1 点永久故障重合器与分段开关动作时序

国内现场应用的 AV 型系统基本都采用上述整定与配合方法，这样即使故障是瞬时性的，分段开关也会跳闸，末端负荷出现大于 15s 的长时间停电。如果为分段开关的失压跳增加一个动作时限（如 0.5s），同时采用三次重合闸并且第一次重合闸的动作时限很小（如 0.2s），则可在出现瞬时性故障时避免分段开关动作，克服上述问题。

5.3.4.2   分支线路故障隔离与恢复供电

实际工程中，架空线路分支线路开关往往不配置保护装置，在这种情况下，分支线路故障时线路出口断路器也会跳闸，造成全线停电。

A-V 型馈线自动化也可用于分支线路故障的隔离与恢复供电，为正确区分主干线路与分支线路故障，需要将分支线路下游主干线路的开关合闸的 X 时限增加一倍。如图 5-37所示线路，将分支线路开关 QL2 的 X整定为 7s，将分段开关 QL3 的 X 时限整定为 14s，其余开关整定时限不变。如果分支

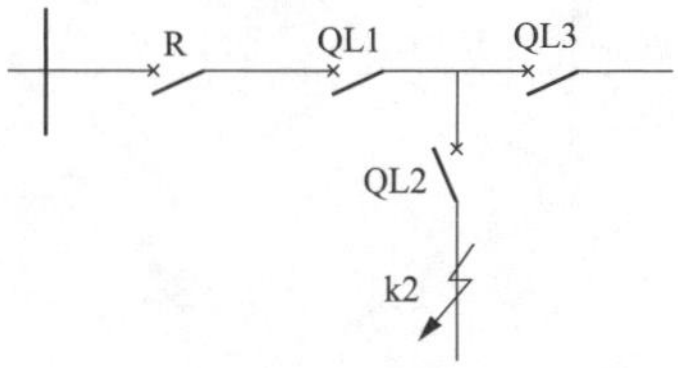

图 5-37   带分支线路的放射式线路 A-V 型馈线自动化系统

线路 k2 点发生故障，线路出口重合器 R 分闸，分段开关 QL1、QL3 与分支线路开关 QL2 均因两侧失压而分闸。延时 1s 后，重合器 R 第 1 次重合，QL1

在来电后延时 7s 合闸，然后 QL2 在来电后延时 7s 合闸；若为瞬时性故障，QL2 合闸成功，恢复分支线路供电，QL3 在来电后延时 14s 合闸，恢复下游线路供电；若为永久性故障，QL2 合到故障上导致重合器 R 再次分闸，并因在 5s 内检测到失压后闭锁。重合器 R 在分闸后延时 5s，第 2 次重合，QL1 在来电后延时 7s 合闸；由于 QL2 已处于闭锁状态，不再合闸；QL3 在来电后延时 14s 合闸，恢复下游线路的供电。k2 点永久性故障时重合器 R、分支线路开关 QL2 以及分段开关 QL1、QL3 的动作时序如图 5-38 所示。

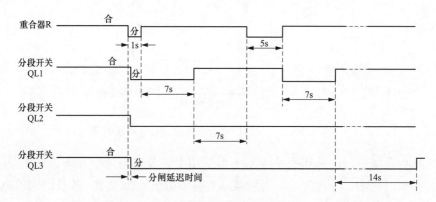

图 5-38 带分支线路 k2 点永久故障重合器与分支开关、分段开关动作时序

对于分支线路的电压控制型开关来说，因为总是由主干线路供电，因此，只需在主干线路一侧安装电压互感器。

5.3.4.3 环网故障隔离与供电恢复

A-V 型馈线自动化亦可用于环网故障隔离与供电恢复，其典型的系统构成如图 5-39 所示。线路出口重合器 R1、R2 第 1 次重合时间整定为 1s，第 2 次重合时间整定为 5s。分段开关 QL1、QL2、QL3、QL4 工作在"常闭"，时限整定为 $X=7s$，$Y=5s$。联络开关 QL5 处于"常开"状态，在检测到一侧带电而另一侧不带电时延时合闸，其时限整定为 $X=3s$，$Y=5s$，以保证只有在主供线路上重合器与分

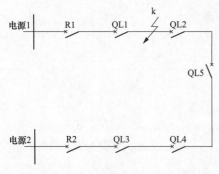

图 5-39 环网 A-V 型馈线自动化系统

段开关动作完毕后才开始合闸。

假设线路上 k 点发生永久故障，首先电源 1（变电站）线路出口重合闸 R1 和分段开关 QL1 配合，经过一个与放射式线路上发生永久故障时类似的动作过程，隔离故障区段（QL1 与 QL2 之间）并恢复 R1 与 QL1 之间的区段供电。联络开关 QL5 在检测到故障线路失压后，延时 35s 后合闸，随后 QL2 延时 7s 后合闸，因合闸到故障上，电源 2 线路出口重合器 R2 分闸，Q2 在故障检测时限（Y＝5）内检测到失压后分闸并闭锁再一次合闸。之后 R2、QL3、QLA、Q5 依次重合，恢复 R2 与 Q2 之间线路供电按照以上动作程序，电源 2 线路出口重合器 R2 也动作 1 次，造成电源 2 侧非故障线路短时停电。如果改进分段开关与联络开关的故障检测方法，让其在检测到失压侧上一级分段开关合闸到故障上时产生的残压后分闸并闭锁合闸，则可以避免这一问题。故障残压的检测判据为：幅值大于额定电压的 30％且持续时间大于 150ms。但是，实际应用的分段开关一般采用单相电压互感器检测线路电压，在电压互感器接入的相间发生短路时，故障点下游的分段开关将检测不到残压，在联络开关合闸后仍然会重合到故障上，造成另一侧非故障线路短时停电。

5.3.5 智能分布式馈线自动化方案

网络通信以及智能配电终端技术的发展，使不同的配电终端之间实现数据的对等实时交换成为可能，为智能分布式馈线自动化的实现创造了条件。分布式馈线自动化（简称分布式 FA），配电终端通过相互通信自动实现馈线的故障定位、隔离和非故障区域恢复供电，能够解决前文所述技术方案难以兼顾选择性与快速性的问题。根据一次开关类型不同，分布式馈线自动化分为速动型和缓动型。

速动型分布式馈线自动化，应用于配电线路分段开关、联络开关为断路器的线路上，配电终端通过高速通信网络，与同一供电环路内配电终端实现信息交互，当配电线路发生故障，在变电站/开关站出口断路器保护动作前实现快速故障定位、隔离，并实现非故障区域的恢复供电。

缓动型分布式馈线自动化，应用于配电线路分段开关、联络开关为负荷开关的线路上。配电终端与同一供电环路内配电终端实现信息交互，当配电线路上发生故障，在变电站/开关站出口断路器保护动作切除故障后，实现故障定位、隔离和非故障区域的恢复供电。

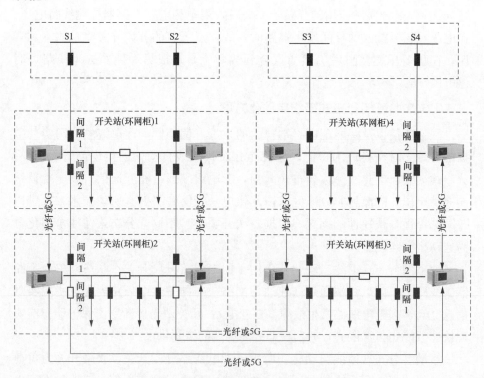

对于小电流接地系统，由于单相接地故障电流小，无论一次开关设备是断路器，还是负荷开关，均可以遮断接地故障电流，因此一般采用速动型方式处理小电流接地故障，其动作时间可以与变电站的小电流接地选线装置或者保护装置相配合，当分布式馈线自动化未能及时切除接地故障时，则由变电站出口断路器隔离故障。

分布式馈线自动化目前主要应用于对供电可靠性较高的 A＋类供电区域，一般应用于单环网、双环网、双电源级联等典型网架。

图 5-40 为电缆双环网分布式馈线自动化系统图。对于图中的双环网系统，将分别配置两套环网分布式馈线自动化系统，二者逻辑相同且相互独立，等效于两个单环网。按照母线配置站所配电终端，相邻终端之间通过光纤或者 5G 网络对等通信，实现相间短路以及单相接地故障的定位、隔离与自愈功能。

图 5-40　电缆双环网分布式馈线自动化系统

当馈出线发生单相接地故障时，利用站所终端的接地选线功能选出故障线路，并就近切除永久性接地故障，其选线原理与常规的小电流接地选线装置相同。

当主干线路发生单相接地故障时，相邻站所终端之间共享故障电气量和判别结果，利用暂态或稳态零模电流方向比较和电流相似性可确定接地故障区段，并跳开接地故障线路的两侧开关，故障隔离完成后，闭合开环点开关，恢复非故障区域的供电。

分布式馈线自动化能够适应系统运行方式的变化，但当网架变化时，例如新增站所，则相邻终端的配置或者拓扑模型需要进行变更。装置中设置静态拓扑模型，用于描述本开关与相邻开关的连接关系，当静态拓扑模型发生变化时仅需修改相邻的终端参数。

分布式馈线自动化对通信网络的要求较高，目前主要采用光纤通信网络。但是，配电网点多面广，光纤建设成本高、敷设难度大；现有4G通信网络时延长、抖动大，并且无法满足二次设备之间端到端的通信需求，因此制约了以快速故障隔离与自愈为目标的智能分布式馈线自动化的应用。5G通信技术可以实现端对端、毫秒级时延快速可靠数据交互，完全可以满足分布式馈线自动化的应用需求，摆脱对于光纤通信的依赖，因此，可以预见，随着5G通信技术的成熟以及网络覆盖率的增长，基于5G通信的配电网分布馈线自动化系统将会得到推广应用。

5.3.6　行波故障定位系统

5.3.6.1　电缆配电网接地故障定位系统

（1）针对6～20kV电缆配电网，利用行波原理和卫星授时技术实现配电网故障在线监测与精确定位，从而解决电缆配电网故障查找难题。

（2）系统构成。电缆配电网故障在线监测系统如图5-41所示。主要包括故障监测终端、通信网络和主站/云平台三部分，其中故障监测终端可以安装在环网柜、开闭所、分支箱、箱变等配电设施内，采用壁挂式或机架式安装方式。故障监测终端可直接通过4G无线公网与主站通信，也可通过配电自动化终端设备转发故障监测数据。

系统主要功能包括：

1）架空配电网行波故障选线。

2）架空配电网行波故障区段定位。

3）架空配电网行波故障测距。

4）地理信息系统（GIS）展示。

5）手机短信/App 推送。

（3）基本原理。

1）行波故障选线。比较环网柜、开闭所、分支箱电缆进出线的初始行波电流幅值和极性，幅值最大并且与其他线路极性相反的线路即为故障线路。

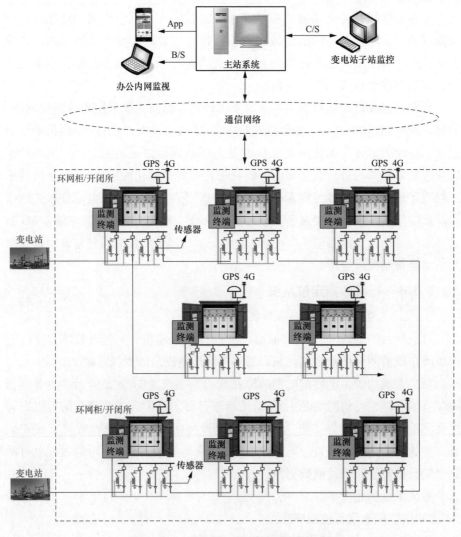

图 5-41　电缆配电网故障在线监测系统

2）行波故障区段定位，如图 5-42 所示。比较两个相邻环网柜、开闭所或分支箱之间电缆主干线区段两端的初始行波电流极性，若二者极性相反，则该区段为故障区段，否则为非故障区段。

也可以比较两个相邻环网柜、开闭所或分支箱的行波故障选线结果，若二者指向同一主干线区段，则该区段即为故障区段，如图 5-43 所示。

3）行波故障测距。监测故障初始行波到达各环网柜、开闭所、分支箱、箱式变压器等处的绝对时间（精确到纳

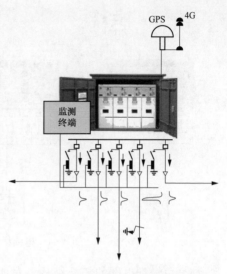

图 5-42　电缆线路行波故障选线

秒），根据双端和广域行波故障测距原理计算故障点精确位置，如图 5-44 所示。

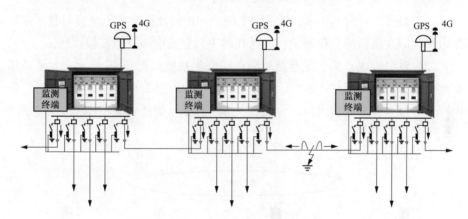

图 5-43　电缆线路行波故障区段定位

设任意两个监测终端 M 和 N 感受到故障初始行波的绝对时间分别为 T_M 和 T_N，根据双端行波故障测距原理，故障点到 M 和 N 的距离可以表示为

$$\begin{cases} D_{MF} = \dfrac{L + v(T_M - T_N)}{2} \\ D_{NF} = \dfrac{L - v(T_M - T_N)}{2} \end{cases}$$

式中：L 为监测终端 M 和 N 之间电缆的长度；v 为波速度。

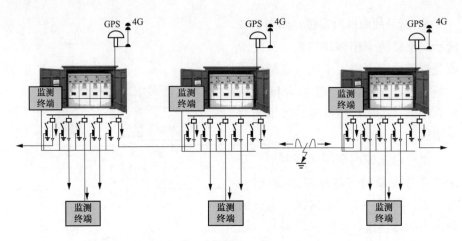

图 5-44　电缆线路行波故障测距

　　结合电缆配电网的拓扑结构，对所有双端行波故障测距结果进行综合分析（广域行波故障测距），即可计算出故障点的精确位置。

　　5.3.6.2　架空配电网接地故障定位系统

　　(1) 概述。针对 6/10kV 架空配电网，利用行波原理和卫星授时技术实现配电网故障在线监测与精确定位，旨在解决架空配电网故障查找难题。

　　(2) 系统构成。架空配电网故障在线监测系统如图 5-45 所示，主要包括监测终端、通信网络和主站/云平台三部分，其中监测终端可以安装在架空配电网的分段点、分支线出口、分支线末端（配变）等处，采用柱上安装方式。

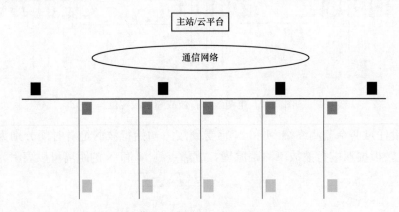

图 5-45　架空配电网故障在线监测系统

　　系统主要功能包括：

1）架空配电网行波故障选线。

2）架空配电网行波故障区段定位。

3）架空配电网行波故障测距。

4）地理信息系统（GIS）展示。

5）手机短信/App 推送。

（3）基本原理。

1）行波故障选线（见图 5-46）。比较所有分支线出口处的初始行波电流极性（红色箭头为电流参考方向，下同），与其他分支线初始行波电流极性相反的分支线即为故障分支线路。若所有分支线出口处的初始行波电流极性均相同，则故障点位于主干线上。也可以通过比较所有分支线出口处的初始行波电流幅值识别故障分支线路。

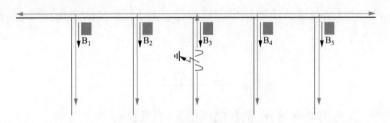

图 5-46 架空线路行波故障选线

2）行波故障区段定位（见图 5-47）。比较主干线上两个相邻监测终端感受到的初始行波电流极性，若二者极性相反，则这两个监测终端之间的线路区段为故障区段，否则为非故障区段。

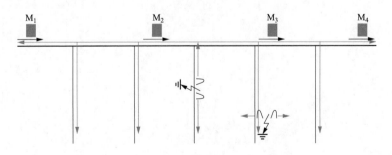

图 5-47 架空线路行波故障区段定位

3）行波故障测距（见图 5-48）。监测故障初始行波到达各分段点和分支线末端（配变）等处的绝对时间（精确到纳秒），根据双端和广域行波故障测距原理计算故障点精确位置。

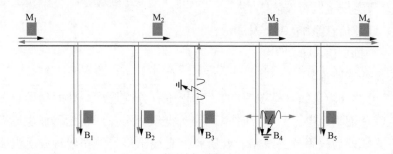

图 5-48　架空线路行波故障测距

设任意两个监测终端 M 和 N 感受到故障初始行波的绝对时间分别为 T_M 和 T_N，根据双端行波故障测距原理，故障点到 M 和 N 的距离可以表示为

$$\begin{cases} D_{MF} = \dfrac{L + v(T_M - T_N)}{2} \\ D_{NF} = \dfrac{L - v(T_M - T_N)}{2} \end{cases}$$

式中：L 为监测终端 M 和 N 之间电缆的长度；v 为波速度。

结合配电网的拓扑结构，对所有双端行波故障测距结果进行综合分析（广域行波故障测距），即可计算出故障点的精确位置。

小电流接地系统典型案例分析

案例一

瞬时接地故障

瞬时接地故障按接地时间长短，分为两种。一种持续时间较短，选线装置启动后还未动作，故障便消失，见图 6-1。10kV 056 线发生 C 相接地故障，选线装置启动后，故障仅持续了约 1300ms，未达到装置动作时间（定值为5s），故障消失，装置复归。

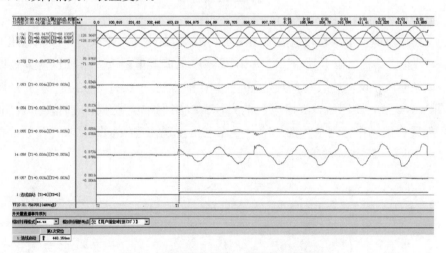

图 6-1　瞬时接地故障，选线装置仅启动

若瞬时故障时间持续较长，超过选线装置的动作时间，则选线装置发出选跳命令，进入跳闸逻辑，见图 6-2。A 相电压下降，10kV 2 号线零序电流相位和其他线路相反，根据录波分析，10kV 2 号线发生 A 相接地故障，5s后，选线装置发出 10kV 2 号线跳闸命令，10kV 2 号线跳闸后，零序电压降低，A 相电压恢复，跳闸后 2s，10kV 2 号线重合闸，重合闸后，零序电压基

本消失，重合闸成功，故障消失。

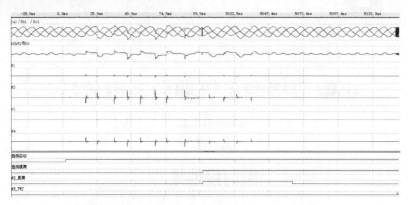

图 6-2　瞬时接地故障，选线装置动作重合闸成功

案例二

永久性故障

典型小电流永久性接地故障如图 6-3 所示。从电压波形来看，A 相电压下降，B 相、C 相电压上升，10kV 055 线零序电流幅值最大，且相位与其他线路零序电流相反，选线装置判定 10kV 055 线发生 A 相接地故障，5s 后选跳 10kV 055 线，跳闸后，零序电压消失，由线路保护位置不对应启动重合闸，3s 后重合闸动作合到永久性故障，零序电压复现，选线装置后加速开放，再次跳 10kV 055 线，故障切除。

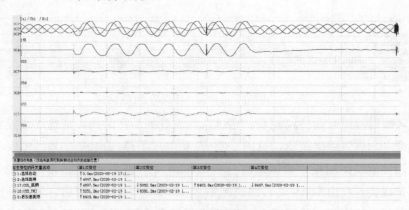

图 6-3　永久性故障动作时序

案例三
TV 极性接反

一、事件简述

110kV 某变电站 10kV 线路发生单相接地故障，选跳 10kV 1 号线后故障消失，首次选线成功。

二、事件分析

通过录波图 6-4 可以得到，故障时 C 相母线电压下降，A 相、B 相母线电压有不同程度的上升，同时 10kV 1 号线零序电流上升，与其他 10kV 线路相比，10kV 1 号线零序电流幅值较大，相位相反，因此可以得到 10kV 1 号线路发生 C 相高阻接地，选线装置动作正确。

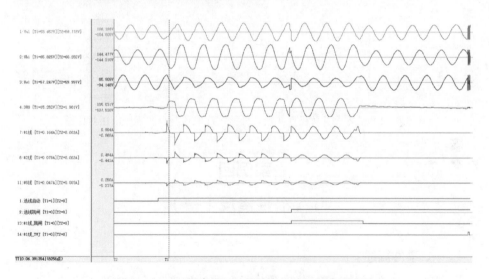

图 6-4　10kV 零序 TV 极性接反，接地故障录波图

但是通过对零序电压和零序电流的相位分析（见图 6-5），可以发现，该站 10kV 1 号线（故障线）零序电流超前零序电压约 90°，其他非故障线零序电流滞后零序电压，与小电流接地系统零序电压电流特征相反。进一步将三相电压合成得到自产零序电压，见图 6-6，发现自产零序电压与外接零序电压相位相反，可以初步判定此变电站外接零序电压极性接反，但由于 10kV 线路

大于 2 条且各回路零序电流极性正确，发生接地故障时，选线装置通过比相法即可正确选线。

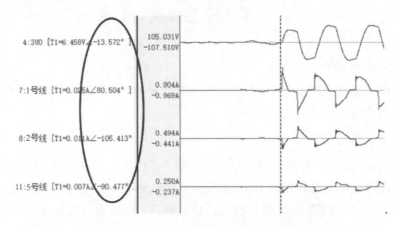

图 6-5　10kV 零序 TV 极性接反，零序电压和零序电流相位分析图

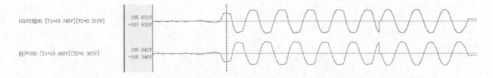

图 6-6　10kV 零序 TV 极性接反，外接零序电压与自产零序电压对比图

案例四

TA 极性接反（一）

一、事件简述

某 110kV 变电站 10kV 线路发生单相接地故障。首次选跳不成功，自动选线成功隔离故障。

二、事件分析

图 6-7 是某 110kV 变电站 10kV 线路发生单相接地时的故障录波图。选线装置仅接入 10kV 甲线和 10kV 乙线，故障发生后，C 相电压下降，A、B 相电压有不同程度的电压上升，10kV 甲线零序电流滞后零序电压约 90°，同时

与 10kV 乙线零序电流相位相反，选线装置判定 10kV 甲线发生 C 相接地故障。选跳 10kV 甲线后，零序电压未消失，首次选线不成功，再次选跳 10kV 乙线，选跳成功。

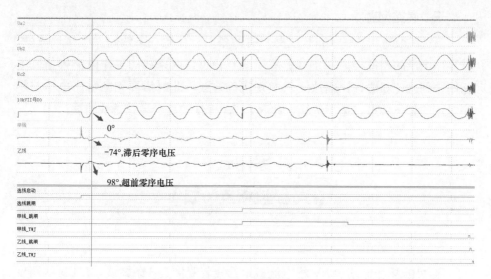

图 6-7　10kV 线路零序 TA 极性接反（接入线路为 2 条），接地故障录波图

装置首次选线不成功，初步怀疑 10kV 母线零序 TV 或 10kV 线路零序 TA 极性存在问题。对三相电压进行序分量分析（见图 6-8），可以发现，序分量 U_0 和外接零序电压基本相同，由此可以判断，10kV 母线零序 TV 极性正确。

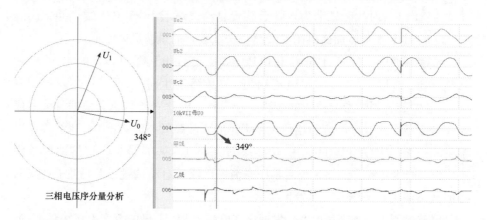

图 6-8　10kV 线路零序 TA 极性接反（接入线路为 2 条），零序电压、电流相位分析

经现场检查发现，该站 10kV 零序 TV 极性接线正确，但 10kV 甲线和 10kV 乙线零序 TA 极性均接反，在装置只接入两回线的情况下，选线装置易发生误选。

三、暴露问题

当选线装置接入的 10kV 线路只有两条时，任意一条线路发生接地故障，其零序电流的相位与另一条（非故障线）相反，两条线的零序电流幅值基本相同，因此比相法、比幅法无法实现正确选线，此时需要判断零序电压与零序电流的相位关系，进行选线。此时，TA 极性接反会导致选线错误。

案例五
TA 极性接反（二）

一、事件简述

某 110kV 变电站 10kV 小电流接地选线装置接入 3 条馈线，10kV 线路发生单相接地故障。首次选跳不成功，自动选线成功隔离故障。

二、事件分析

35kV 某变电站选线装置接入 051 线、053 线、052 线共 3 条 10kV 馈线。2020 年 3 月 2 日该站 10kV I 母发生单相接地故障，现场小电流装置首次选跳了 10kV 053 线时故障未消失。随后装置自动选跳了 10kV 051 线，并在间隔 2s 后 051 线重合时后加速跳闸此线路。选线装置的录波见图 6-9。

故障录波中，10kV I 母 C 相电压下降，零序电压骤升，10kV I 母 C 相发生接地。10kV 052 线零序电流约为 0（故障发生时，10kV 052 线计划停运），选线装置判断参与选线的线路少于 3 条，因此选线装置会根据母线零序电压和 2 条出线零序电流的相位关系来选线。故障暂态时 10kV 053 线零序电流的相位滞后零序电压 90°，故选线装置判断 10kV 053 线 C 相接地并首跳 053 线。选线装置首跳 053 线后零压未消失，随后自动选跳以及后加速跳 051 线时故障消失，证明 051 线发生接地。

经修试所人员到现场检查，发现该变电站 10kV I 母的零序电压极性正确，但 10kV 051 线和 10kV 053 线的零序 TA 极性接反，故导致此次首次选线错误。

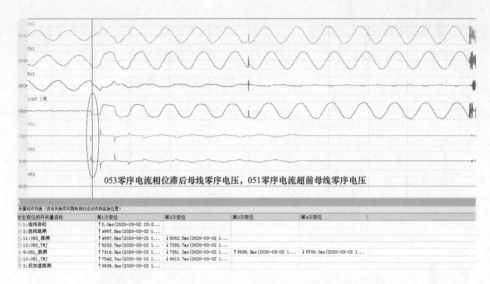

053零序电流相位滞后母线零序电压，051零序电流超前母线零序电压

关量动作列表（改击列表项可跳转到对应动作的起始位置）				
发生变位的开关量名称	第1次变位	第2次变位	第3次变位	第4次变位
⊘ 1:选线启动	↑0.0ms (2020-03-02 15:2...			
⊘ 2:选线跳闸	↑4997.5ms (2020-03-02 1...			
⊘ 11:053_跳闸	↑4997.5ms (2020-03-02 1...	↓5062.6ms (2020-03-02 1...		
⊘ 12:053_TWJ	↑5233.7ms (2020-03-02 1...	↓7293.5ms (2020-03-02 1...		
⊘ 9:051_跳闸	↑7316.3ms (2020-03-02 1...	↓7361.2ms (2020-03-02 1...	↓9636.3ms (2020-03-02 1...	↓9700.0ms (2020-03-02 1...
⊘ 10:051_TWJ	↑7543.7ms (2020-03-02 1...	↓9613.7ms (2020-03-02 1...		
⊘ 3:后加速跳闸	↑9636.3ms (2020-03-02 1...			

图 6-9　10kV 线路零序 TA 极性接反，接地故障录波图

三、暴露问题

当选线装置接入 10kV 线路大于等于 3 条时，通常情况，选线装置通过集体比相法、集体比幅法等方式进行选线，只要 10kV 出线的零序 TA 极性统一（同时接反或同时正确），一般情况下，不会对选线结果的正确性产生影响。但如果接入线路的长度存在极大差距，长线路故障时，短线路的零序电流不明显，或其他线路停运后，仅有 2 条线路运行，TA 极性错误也可能导致选线错误。

案例六

发展性故障，轮切成功

一、事件简述

某 110kV 变电站 10kV 线路于 2020 年 1 月 6 日 22 时发生接地故障，选线装置选跳 3 条线路后，启动轮切。

二、事件分析

选线装置的波形见图 6-10。根据电压波形可以看出，故障初期为 C 相接地故障，此时 A、B 相电压升高，一段时间后，B 相绝缘击穿发生接地故障，属于发展性故障。

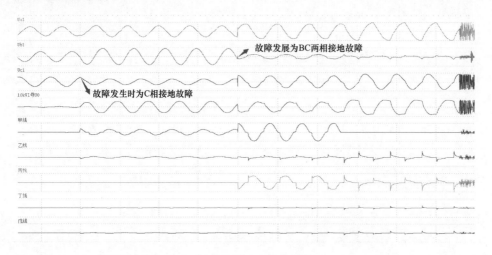

故障发展为BC两相接地故障

故障发生时为C相接地故障

图 6-10　发展性接地故障录波图

故障初期，波形见图 6-11。此时，10kV 甲线零序电流与其他线路相反，幅值最大（3 条最大零序电流线路为 10kV 甲线＞10kV 乙线＞10kV 戊线），选线装置判定发生故障的线路按概率大小，依次为：10kV 甲线＞10kV 乙线＞10kV 戊线，首次选跳 10kV 甲线，但是此时故障已经发展为 10kV 丙线 B 相接地故障（见图 6-12），故零序电压一直存在，自动选跳 10kV 乙线、10kV 戊线，零序电压未消失，选线装置启动轮切，第一次轮切切除 10kV 丙线，故障切除成功，选线装置复归，动作时序表见图 6-13。

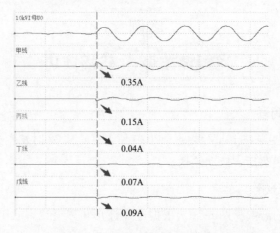

图 6-11　发展性故障初期录波图

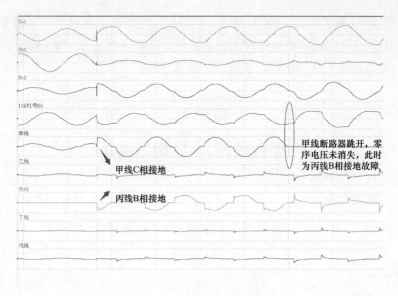

甲线断路器跳开，零序电压未消失，此时为丙线B相接地故障

甲线C相接地

丙线B相接地

图 6-12　故障发展录波图

⟳ 1:选线启动	↑0.0ms(2020-01-06 22:0...	
⟳ 2:选线跳闸	↑4997.5ms(2020-01-06 2...	
⟳ 13:甲线_跳闸	↑4997.5ms(2020-01-06 2...	↓5062.5ms(2020-01-06 2...
⟳ 14:甲线_TWJ	↑5258.7ms(2020-01-06 2...	↓6348.7ms(2020-01-06 2...
⟳ 15:乙线_跳闸	↑6371.3ms(2020-01-06 2...	↓6416.2ms(2020-01-06 2...
⟳ 16:乙线_TWJ	↑6608.7ms(2020-01-06 2...	↓8678.7ms(2020-01-06 2...
⟳ 21:戊线_跳闸	↑8701.3ms(2020-01-06 2...	↓8746.2ms(2020-01-06 2...
⟳ 22:戊线_TWJ	↑8928.7ms(2020-01-06 2...	↓11038.7ms(2020-01-06 ...
⟳ 4:启动轮切	↑11061.3ms(2020-01-06 ...	
⟳ 17:丙线_跳闸	↑11061.3ms(2020-01-06 ...	↓11108.7ms(2020-01-06 ...
⟳ 18:丙线_TWJ	↑11318.7ms(2020-01-06 ...	↓12878.7ms(2020-01-06 ...
⟳ 3:后加速跳闸	↑12901.3ms(2020-01-06 ...	

图 6-13　选线装置动作时序图

根据该站选线装置的定值单（见图6-14），投入固定轮切，轮切顺序为：

2		（二）公共定值		
2.1		选线启动-U	5.0～130.0 V	20V
2.2		接地告警-T	0.00～7200.00 S	5S
2.3		跳闸支路数	1～3 条	3
2.4		长时限轮切-U	3.0～100.0 V	18V
2.5		长时限轮切-T	0.00～7200.00 S	60S
2.6		轮切策略	固定轮切/自动轮切	固定轮切

图 6-14　相关定值项定值

10kV 甲线＞10kV 丙线＞10kV 戊线＞10kV 丁线＞10kV 乙线。小电流装置启动轮切后，由于 10kV 甲线首次选线已选跳，不再参与轮切，直接轮切 10kV 丙线，故障消失，轮切成功，选线装置整体复归。

案例七

发展性故障，轮切不成功

一、事件简述

2020 年 4 月 16 日，某 110kV 变电站 10kV 线路发生接地故障，选线装置选跳 3 次不成功，启动轮切，切除所有线路后故障未消失，最后人工拉路，故障返回。

二、事件分析

选线装置的动作过程和录波分别见表 6-1 和图 6-15。

表 6-1   发展性故障（轮切不成功），选线装置动作过程

时间	报文	
2020-04-16 08：55：04.915	接地发生-总 1	$U=87.284\text{V}$
2020-04-16 08：55：05.035	选线启动-1	
2020-04-16 08：55：09.915	051-B 相接地	$I_m=1.870\text{A}$
2020-04-16 08：55：09.915	首次选跳 051	$T=5.000\text{s}$
2020-04-16 08：55：10.535	首次选线不成功-1	
2020-04-16 08：55：13.270	自动选跳 052	$T=8.358\text{s}$
2020-04-16 08：55：16.600	自动选跳 056	$T=11.688\text{s}$
2020-04-16 08：55：17.205	自动选线不成功-1	
2020-04-16 08：55：19.960	选跳错误启动轮切-1	
2020-04-16 08：55：19.965	轮切 054	$T=15.050\text{s}$
2020-04-16 08：55：23.325	轮切 053	$T=18.410\text{s}$
2020-04-16 08：55：26.685	轮切 055	$T=21.770\text{s}$
2020-04-16 08：55：30.055	轮切 CB01	$T=25.140\text{s}$
2020-04-16 08：55：30.665	轮切 CB02	$T=25.750\text{s}$
2020-04-16 08：55：31.285	轮切 061	$T=26.370\text{s}$
2020-04-16 08：55：34.605	轮切 062	$T=29.690\text{s}$
2020-04-16 08：55：35.205	轮切不成功-1	

时间	报文	
2020-04-16 08：58：18.355	接地消失-总1	$T=193.423\mathrm{s}$
2020-04-16 08：58：18.560	选线整组复归-1	

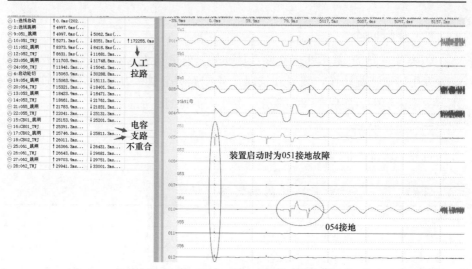

图 6-15　发展性故障（轮切不成功）录波图

结合故障时的选线装置动作过程和录波分析，故障暂态时，母线的 B 相电压降低、零压骤升，系统发生 B 相接地故障。此时，051 零序电流的幅值最大且相位与其他间隔相反，装置报 051-B 相接地正确。距离接地暂态约78ms 后，054 的零序电流骤升且相位与其他间隔相反，说明 054 发生发展性的接地故障，故障相与 051 相同。5271ms 051TWJ＝1 时，母线 B 相和零序电压仍未返回，说明系统还存在 B 相接地故障。由于 8351ms 051 线重合（TWJ＝0）于永久性的 B 相接地，零压未能返回，导致小电流装置自动选跳及轮切了其他的 10kV 出线。29941ms 后，所有线路均轮切后，零序电压仍未消失。整个动作过程中母线的零序电压一直异常，经 172255ms 后人工拉闸永久性接地故障的 051 后，装置报接地消失。

三、暴露问题

结合前两个发展性故障的分析可以发现，发展性故障能否切除，跟首次故障点持续的时间有关，若首次故障点持续时间较短，在首次选跳前已经恢复或在首次选跳时被切除，则启动轮切后，隔离第二故障点的成功率较大。

案例八

备用线出口未退出

一、事件简述

2020 年 3 月 30 日 15 时 20 分，110kV 某变电站 10kV 电压等级的小电流装置发生接地选跳动作，装置在选跳 3 条线路并轮切备用线后，轮切逻辑终止，故障未消失。随后 15 时 27 分，工作人员拉闸。

二、事件分析

选线装置动作记录如表 6-2 所示。

表 6-2 选 线 装 置 动 作 记 录

时间	报文	
2020-03-30 15：20：09.296	接地发生	$U=91.469V$
2020-03-30 15：20：09.415	选线启动	
2020-03-30 15：20：14.295	丁线-B 相接地	$I_m=2.680A$
2020-03-30 15：20：22.295	首次选线跳丁线	$T=13.000s$
2020-03-30 15：20：22.905	首次选线不成功	
2020-03-30 15：20：24.620	自动选线跳乙线	$T=15.328s$
2020-03-30 15：20：26.920	自动选线跳丙线	$T=17.628s$
2020-03-30 15：20：27.525	自动选线不成功	
2020-03-30 15：20：29.220	选跳错误启动轮切	
2020-03-30 15：20：29.225	轮切 20 号线	$T=19.930s$
2020-03-30 15：20：29.790	跳 20 号线失败	
2020-03-30 15：27：02.610	接地消失	$T=413.290s$

定值单的相关信息如表 6-3 所示。

表 6-3 出 口 相 关 定 值 项

控制字		压板设置	
选线跳闸	投入	选线跳闸投入	1
轮切	投入	轮切投入	1

表 6-4 和表 6-5 所示分别为公共定值项和轮切顺序相关定值项。

表 6-4 公　共　定　值　项

公共定值	
选线启动-U	20V
接地告警-T	5s
跳闸支路数	3
轮切策略	固定轮切

表 6-5 轮切顺序相关定值项

线路定值						
选择模块	选择线路	所属母线	参与跳闸	跳闸延时	参与轮切	轮切顺序
YC1（采样板 1）	甲线	2（10kVⅡ）	1（投入）	13s	1（投入）	13
YC1（采样板 1）	备用 2-1	2（10kVⅡ）	1（投入）	13s	1（投入）	17
YC2（采样板 2）	备用 2-2	2（10kVⅡ）	1（投入）	13s	1（投入）	18
YC2（采样板 2）	备用 2-3	2（10kVⅡ）	1（投入）	13s	1（投入）	19
YC2（采样板 2）	备用 2-4	2（10kVⅡ）	1（投入）	13s	1（投入）	20
YC2（采样板 2）	乙线	2（10kVⅡ）	1（投入）	13s	1（投入）	16
YC2（采样板 2）	丙线	2（10kVⅡ）	1（投入）	13s	1（投入）	15
YC2（采样板 2）	丁线	2（10kVⅡ）	1（投入）	13s	1（投入）	14
YC2（采样板 2）	20♯线	2（10kVⅡ）	1（投入）	13s	1（投入）	11

根据装置投的"固定轮切"及轮切顺序得出 10kVⅡ母出线的轮切顺序：20 号线（11）＞甲线（13）＞丁线（14）＞丙线（15）＞乙线（16）＞备用 2-1（17）＞备用 2-2（18）＞备用 2-3（19）＞备用 2-4（20）。

根据录波分析（见图 6-16），故障暂态期间，10kVⅡ母 B 相电压降低，A 相、C 相、零序电压升高，发生 B 相接地故障。故障暂态期间，10kV 丁线零序电流的幅值最大且相位与其他线路相反，装置选跳丁线正确。装置首跳 10kV 丁线后，10kVⅡ母 B 相电压升高，C 相电压降低且零压未返回，形成发展性故障——C 相接地。装置首跳 10kV 丁线后由于 10kVⅡ母零压一直保持，接着自动选跳 10kV 乙线、丙线。装置实现定值选跳支路数 3 的功能后，并进入轮切逻辑跳轮切顺序优先的 20 号线。小电流装置的选跳逻辑符合定值的整定要求。

但 20 号线为备用通道，实际并未接线，装置发出跳 20 号线的命令后，一直未收到 TWJ 变化，判定轮切失败。

三、暴露问题

10kV 线路发生发展性故障，选线装置自动选线不成功进入轮切逻辑。由于备用线出口未退出，导致选线装置轮切逻辑终止。因此，对于备用线路，应退出相关出口控制字，同时不参与轮切逻辑，否则，当装置选跳或轮切该支路时，因无 TWJ 变化，装置的选线逻辑或轮切逻辑将自动终止，导致故障隔离失败。

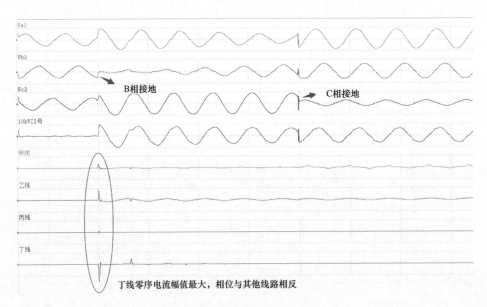

图 6-16　选线装置录波图

案例九

与小电阻投入失配

一、事件简述

2020 年 3 月 18 日 35kV 某变电站（系统接线图见图 6-17）10kV 系统发生接地故障，小电流接地选线装置动作，选跳接地变间隔故障未隔离，后依整定策略依次轮切 10kV 所有线路直至故障隔离。通过巡线发现，10kV 市政府一专变故障。

二、事件分析

小电流接地选线装置动作报告分析如下：由图 6-18、图 6-19 小电流接地选线装置动作报告可知，3 月 18 日 14 时 57 分，该变电站 10kV 系统发生接地故障，小电流接地选线装置动作，选跳接地变间隔后故障未隔离，选跳失败，后依整定策略（见图 6-20 装置定值通知单）依次轮切 10kV 祥和顺天线、太和线及市政府线（重合于故障，再次选跳）直至故障隔离，小电流接地选线装置动作逻辑正确。

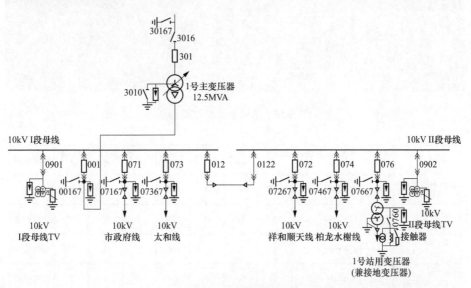

图 6-17 系统接线图

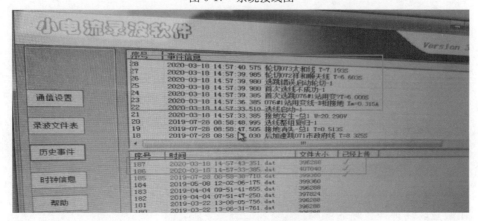

图 6-18 选线装置动作报告 1

241

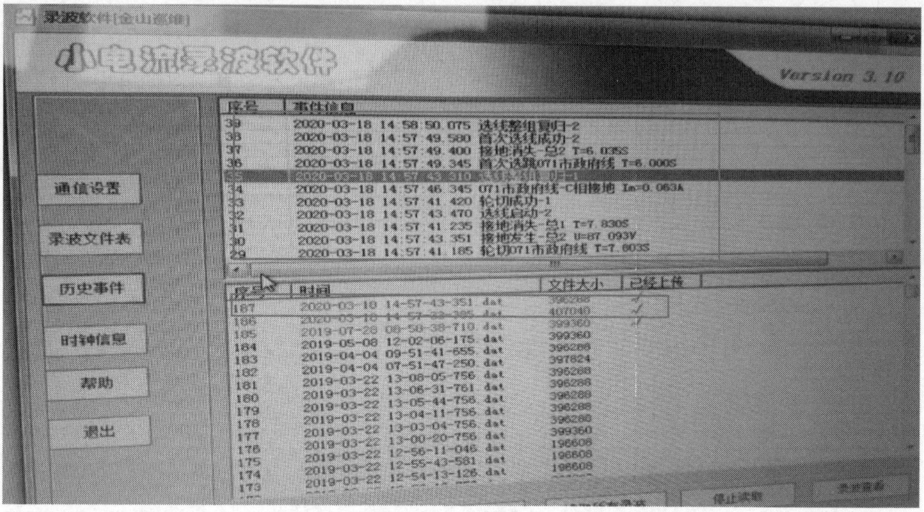

图 6-19　选线装置动作报告 2

间隔名称	选择模块	选择线路	所属母线	参与跳闸	跳闸延时	TA极性	TA一次值	TA二次值	参与切	轮切顺序	线路类型
10kV市政府线071间隔	YC1	071号线	1	1	6s	0	150	5	1	04	架空
10kV太和线073间隔	YC1	073号线	1	1	6s	0	150	5	1	02	站内设备
10kV祥和顺天线072间隔	YC2	072号线	2	1	6s	0	150	5	1	01	站内设备
10kV柏龙水榭线074间隔	YC2	074号线	2	1	6s	0	150	5	1	03	站内设备

图 6-20　选线装置轮切定值单

由图 6-21 小电流接地选线装置录波报告可知，本次接地故障为发展性永久性 C 相接地故障。由图 6-21 中 A、B 框图可知，故障初期小电流接地选线装置启动前，接地变消弧线圈已进行故障电流补偿。由图 6-21 中 D 框图可知，接地变支路故障电流滞后零序电压 90°，符合接地故障特征，故装置选跳接地变支路。由图 6-21 中 C、E 框图可知，接地变支路切除后，消弧线圈过补偿功能消失，10kV 市政府线支路零序电流翻转，10kV 市政府线支路零序电流滞后零序电压 90°，符合接地故障特征，但装置进入轮切进程，最终故障由装置轮切掉该支路后隔离。

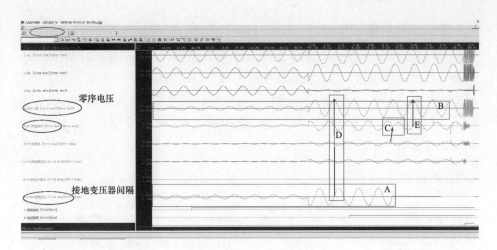

图 6-21　选线装置录波图

三、暴露问题

通过该变电站的动作过程可知，接地变消弧线圈的补偿作用会影响选线装置的选线正确性。在变电站一次设备中性点进行改造后，应优先使用投入小电阻功能。而该站发生接地故障时，接地变小电阻未及时投入，小电阻投入时间 10s 与小电流接地选线装置选跳时间 6s 失配，小电阻投入时间应小于小电流接地选线装置选跳时间，方能发挥接地变小电阻接地功能。所以应调整选线装置的跳闸延时应躲过小电阻投入延时，在接地变正常运行时，则可通过小电阻投入形成零序电流回路，由零序过流保护优先隔离故障，此时故障电流为大电流，增加跳闸正确率；当接地变因检修等原因退出运行时，则可通过小电流选线装置切除接地故障。两种工况下不需要对定值进行调整。

案例十

与配电自动化失配

一、事件简述

2019 年 7 月 6 日，110kV 某变电站发生一起断路器和配电自动化失配导致的选线装置频繁选跳事件。

二、事件分析

选线装置的动作记录如图 6-22 所示。可以发现，选线装置一共动作 6 次，前 3 次首次选跳成功，后 3 次首次选跳失败，自动选线成功。10kV 西龙潭线 085 断路器（连跳 6 次均重合闸成功）、10kV 县城 II 回 089 断路器（连跳 3 次均重合闸成功）。直到第 6 次跳闸后，遥控断开 10kV 西龙潭线 085 断路器，电压恢复正常。

2019-07-06 14:31:07.910 接地发生-总 1　U=101.759V
2019-07-06 14:31:08.335 选线启动-1
2019-07-06 14:31:12.910 085 西龙潭-C 相接地　I_m=6.473A
2019-07-06 14:31:13.910 首次选跳 085 西龙潭线　T=6.000S
2019-07-06 14:31:14.425 首次选线成功-1
2019-07-06 14:31:14.405 接地消失-总 1　T=6.475S
2019-07-06 14:31:18.455 选线整组复归-1

2019-07-06 14:31:43.450 接地发生-总 1　U=97.907V
2019-07-06 14:31:43.575 选线启动-1
2019-07-06 14:31:48.450 085 西龙潭-C 相接地　I_m=4.576A
2019-07-06 14:31:49.450 首次选跳 085 西龙潭线　T=6.000S
2019-07-06 14:31:49.515 接地消失-总 1　T=6.048S
2019-07-06 14:31:49.690 首次选线成功-1
2019-07-06 14:31:54.140 选线整组复归-1

2019-07-06 14:32:19.050 接地发生-总 1　U=99.296V
2019-07-06 14:32:19.175 选线启动-1
2019-07-06 14:32:24.050 085 西龙潭-C 相接地　I_m=5.761A
2019-07-06 14:32:25.050 首次选跳 085 西龙潭线　T=6.000S
2019-07-06 14:32:25.290 首次选线成功-1
2019-07-06 14:32:25.270 接地消失-总 1　T=6.200S
2019-07-06 14:32:29.795 选线整组复归-1

2019-07-06 14:32:19.050 接地发生-总 1　U=99.296V
2019-07-06 14:32:19.175 选线启动-1
2019-07-06 14:32:24.050 085 西龙潭-C 相接地　I_m=5.761A
2019-07-06 14:32:25.050 首次选跳 085 西龙潭线　T=6.000S
2019-07-06 14:32:25.290 首次选线成功-1
2019-07-06 14:32:25.270 接地消失-总 1　T=6.200S
2019-07-06 14:32:29.795 选线整组复归-1

2019-07-06 14:32:54.750 接地发生-总 1　U=98.167V
2019-07-06 14:32:55.145 选线启动-1
2019-07-06 14:32:59.750 085 西龙潭-C 相接地　I_m=2.936A
2019-07-06 14:33:00.750 首次选跳 085 西龙潭线　T=6.000S
2019-07-06 14:33:01.345 首次选线不成功-1
2019-07-06 14:33:02.300 自动选跳 089 县城 II 回?　T=7.553S
2019-07-06 14:33:02.390 接地消失-总 1　T=7.623S
2019-07-06 14:33:02.560 自动选线成功-1
2019-07-06 14:33:06.285 选线整组复归-1

2019-07-06 14:33:30.550 接地发生-总 1　U=94.975V
2019-07-06 14:33:30.680 选线启动-1
2019-07-06 14:33:35.550 085 西龙潭-C 相接地　I_m=3.312A
2019-07-06 14:33:36.550 首次选跳 085 西龙潭线　T=6.000S
2019-07-06 14:33:37.145 首次选线不成功-1
2019-07-06 14:33:38.095 自动选跳 089 县城 II 回?　T=7.545S
2019-07-06 14:33:38.190 接地消失-总 1　T=7.623S
2019-07-06 14:33:38.330 自动选线成功-1
2019-07-06 14:33:42.955 选线整组复归-1

2019-07-06 14:34:06.355 接地发生-总 1　U=96.395V
2019-07-06 14:34:06.485 选线启动-1
2019-07-06 14:34:11.355 085 西龙潭-C 相接地　I_m=2.100A
2019-07-06 14:34:12.355 首次选跳 085 西龙潭线　T=6.000S
2019-07-06 14:34:12.945 首次选线不成功-1
2019-07-06 14:34:13.910 自动选跳 089 县城 II 回?　T=7.555S
2019-07-06 14:34:14.035 接地消失-总 1　T=7.660S
2019-07-06 14:34:14.145 自动选线成功-1
2019-07-06 14:34:17.865 选线整组复归-1

图 6-22　选线装置动作记录

根据前 3 次的录波（见图 6-23～图 6-25）分析，三次波形基本相似，选线装置动作时间基本相同。故障时，10kV 母线 C 相电压降低，A、B 相电压升高，10kV 西龙潭线零序电流幅值最大，且与其他线路零序电流相反，选线装置判定 10kV 西龙潭线发生 C 相接地故障，选跳 10kV 西龙潭线 085 断路器，跳闸后，零序电压恢复，选线正确，线路保护装置启动重合闸，重合闸后，零序电压未升高，装置复归。

根据后 3 次的录波（见图 6-26～图 6-28）分析，三次波形基本相似，选线装置动作时间基本相同。故障时，10kV 母线 C 相电压降低，A、B 相电压升高，10kV 西龙潭线零序电流幅值最大，且与其他线路零序电流相反，选线装置判定 10kV 西龙潭线发生 C 相接地故障，选跳 10kV 西龙潭线 085 断路器，跳闸后，A、B、C 三相电压发生畸变，零序电压未消失，装置判定首次选线不成功，再次选跳 10kV 县城Ⅱ回 089 断路器，重合闸后，A、B、C 三相电压不再发生畸变，零序电压恢复正常，装置复归。

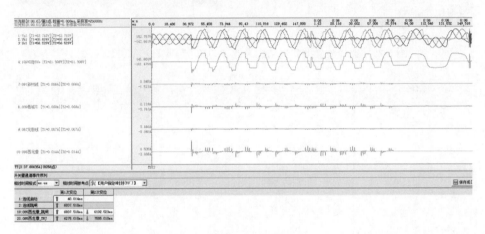

图 6-23　选线装置第 1 次动作录波（2019-07-06 14：31：07.910）

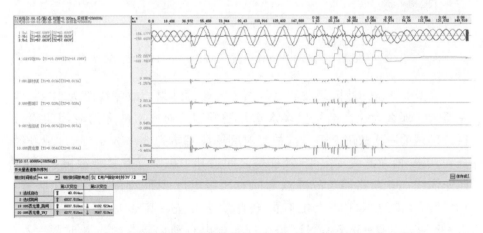

图 6-24　选线装置第 2 次动作录波（2019-07-06 14：31：43.450）

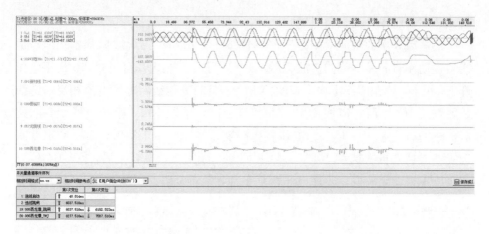

图 6-25　选线装置第 3 次动作录波（2019-07-06 14：32：19.050）

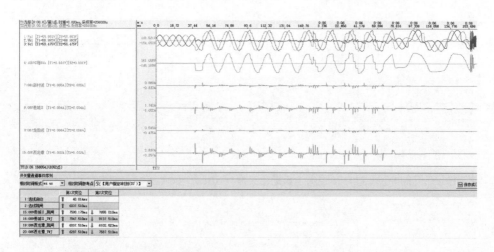

图 6-26　选线装置第 4 次动作录波（2019-07-06 14：32：54.750）

　　根据前 6 次的故障录波和最后人工拉路的结果，故障线路为 10kV 西龙潭线。那么为什么会发生多次重复跳闸呢？对 6 次故障的时间间隔分析，发现前一次故障和后一次故障时间间隔基本为 35～36s。通过现场勘查，10kV 西龙潭线 43～45 号杆塔之间遭外力破坏导致接地故障。10kV 西龙潭线 085 断路器与故障点之间有两级电压-时间型配电自动化装置：10kV 西龙潭线 N01 塔上配有配电自动化装置，其 X 时限＝21s，Y 时限＝5s，Z 时限＝0.7s；N20 塔上配有配电自动化装置，其 X 时限＝7s，Y 时限＝5s，Z 时限＝0.7s（X 时限：得电合闸延时，开关一侧有压后，配电自动化合闸延时；Y 时限：失电闭锁延时，配电自动化合闸后 Y 时限内跳闸，闭锁该配电自动化的合闸；Z 时限：失压分闸延时）。故障时，相关装置的保护定值见图 6-29。

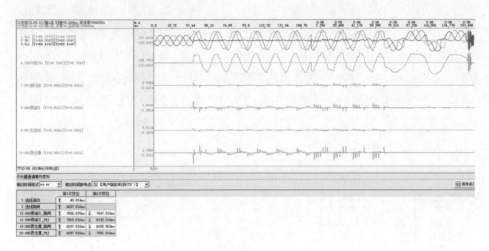

图 6-27　选线装置第 5 次动作录波（2019-07-06 14：33：30.550）

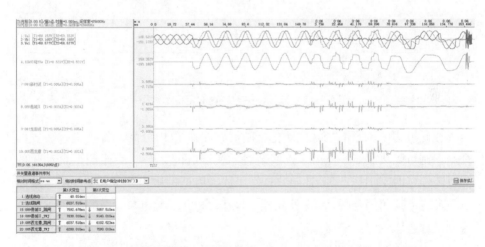

图 6-28　选线装置第 6 次动作录波（2019-07-06 14：34：06.355）

当 10kV 西龙潭线发生永久性单相接地故障后，选线装置、线路保护重合闸、配电自动化的动作时序如：10kV 西龙潭线发生单相接地故障——6s 后选线装置选跳 10kV 西龙潭线 085 断路器，0.7s 后 N01 塔、N20 塔配电自动化装置分闸——10kV 西龙潭线 085 断路器经过 1.2s 后重合闸成功，此时配电自动化处于分闸状态，选线装置复归——N01 塔配电自动化经 X_1 时限（21s）有压合闸——N20 塔配电自动化经 X_2 时限（7s）有压合闸——合到故障，选线装置 6s 跳开 10kV 西龙潭线 085 断路器，0.7s 后 N01 塔、N20 塔配电自动化装置分闸——10kV 西龙潭线 085 断路器经过 1.2s 后重合闸成功，此时配电自动化处于分闸状态，选线装置复归——N01 塔配电自动化经 X 时限（21s）有压合闸——N20 塔配电自动化经 X_2 时限（7s）有压合闸——合到故障选线装置 6s 跳开 10kV 西龙潭线 085 断路器……085 断路器、N01 塔配电自动装置重复分合闸，直至故障消失（人工拉路）。每一次故障持续的时间为 6s＋1.2s＋21s＋7s＋选线装置启动延时＋断路器分合闸延时 35～36s，与上述两次故障间隔时间相同。

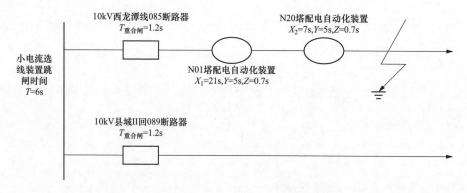

图 6-29　故障时，保护装置的定值示意图

在此过程中，原本配电自动化合闸后在 Y 时限内分闸，将闭锁该装置的合闸，则可隔离故障。但由于选线装置的跳闸时间为 6s，大于配电自动化的失电闭锁延时 Y 时限（5s），导致合闸于故障后 Y 时限内并未发生跳闸，故配电自动化不能闭锁合闸，085 断路器、N01、N20 塔配电自动装置出现重复分合闸现象。

三、暴露问题

选线装置的定值需要考虑与出线上配电自动化装置的定值进行配合，否则就可能出现重复跳闸事件。当配电自动化具备失电闭锁延时（Y 时限）功能时，Y 时限应大于选线装置的跳闸延时。

案例十一

分布式选线

一、事件简述

2019 年 11 月 1 日 18 点 12 分 48 秒，10kV 甲线 C 相发生间歇性放电接地故障，18 点 13 分 42 秒，该线路的 PSL 641U 保护装置单相接地保护动作跳闸，0.6s 后装置重合该线路，接地故障重燃并发展为三相短路，18 点 14 分 27 秒过流Ⅱ段保护动作跳闸，故障切除。

二、事件分析

自 18：12：48 至 18：14：33，10kV 甲线 PSL 641U 线路保护装置发生了多次保护启动、跳闸及重合事故，主要动作过程如表 6-6 所示。

表 6-6 主 要 动 作 过 程

时间	保护动作行为
18：12：48.594～18：13：32.339	"单相接地保护"频繁启动、返回
18：13：40.339	"单相接地告警"
18：13：42.334	"单相接地保护跳闸"，开关跳开
18：13：42.934	"选线跳闸错误重合"，开关重合
18：14：27.805	"过流Ⅱ段动作"，开关跳开
18：14：33.872	保护整组复归

保护装置动作报告如图 6-30 所示。

18：12：48.594 时刻，保护装置首次"单相接地保护启动"录波如图 6-31 所示。

18：13：37.299 时刻，保护装置第 13 次"单相接地保护启动"录波如图 6-32 所示。

18：13：42.334 时刻，保护装置"单相接地保护跳闸"，0.6s 后，装置报"选线跳闸错误重合"，录波如图 6-33 所示。

18：14：27.225 时刻，装置过流保护启动，0.6s 后"过流Ⅱ段动作"动作，录波如图 6-34 所示。

从上述故障录波可以看出，本次接地故障为间歇性弧光接地故障，接地故障相为 C 相。由于故障初始阶段，放电间隔时间较长，未能达到单相接地保护动作整定时间 5s，因此出现多次"单相接地保护"启动与返回事件。随着故障的发展，放电间隔时间小于保护返回时间 0.2s，并且接地故障持续时间超过 5s，单相接地保护正确动作跳闸。

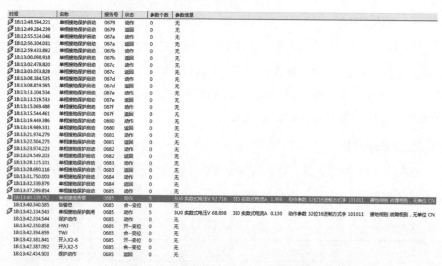

图 6-30　甲线 PSL 641U 保护动作报告

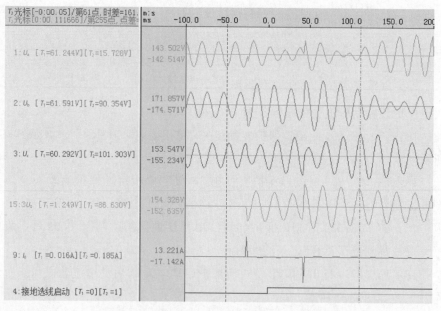

图 6-31　甲线 PSL 641U 保护第 1 次启动录波

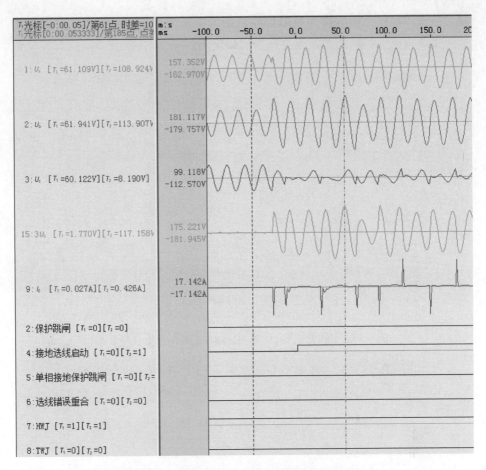

图 6-32　甲线 PSL 641U 保护第 13 次启动录波

接地保护跳闸后，电压逐渐恢复正常，但是在 0.6s 内零序电压持续低于返回门槛（0.9 倍单相接地启动电压），保护装置判定故障未消失，报"选线跳闸错误"并重合线路，若此时尚有其他接地概率不为零的线路，则可继续跳闸，但本次故障仅甲线保护计算出的接地概率不为零，因此接地选线跳闸结束。

甲线开关合闸后，单相接地故障重燃，持续约 44s 后，故障发展为三相短路故障，装置过流Ⅱ段延时 0.6s 跳闸并切除故障。

三、暴露问题

本次故障未能及时切除的关键点在于保护装置未能准确识别故障是否切

除，需进一步研究影响接地故障切除后系统电压恢复速度的因素，并对保护装置选线错误合闸的相关逻辑进行探讨和优化。

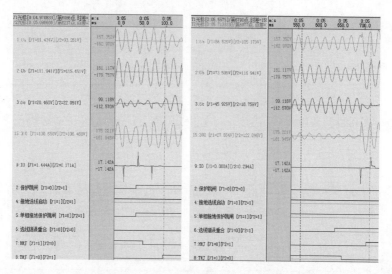

图 6-33　甲线 PSL 641U 单相接地保护跳闸与重合闸录波

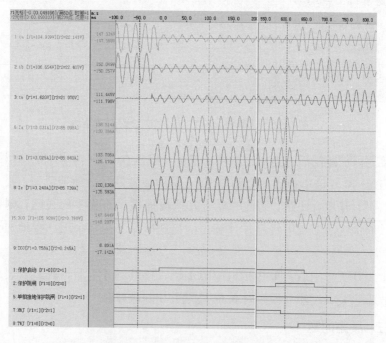

图 6-34　甲线 PSL 641U 过流 II 段保护启动与动作录波

案例十二

二次重合闸未动作

一、事件简述

2021 年 1 月 7 日 20 时 27 分 31 秒，35kV 某变电站 10kV 076 线路接地，小电流接地选线装置动作出口通过该线路保护装置 CSC-211（V1.01NW）操作回路跳开线路开关，装置判断为断路器偷跳启动一次重合闸合上开关。在站外两台配电自动化按电压-时间型保护逻辑依次合上后，因为接地故障依旧存在，20 时 28 分 05 秒小电流接地选线装置后加速动作，线路保护装置二次重合闸未动作。

二、事件分析

现场各装置相关定值整定如表 6-7 所示。

表 6-7　　　　　　　　　　现场各装置相关定值整定

10kV 076 线路保护		10kV 小电流接地选线装置		站外配电自动化	
一次重合闸时间	8s	接地告警延时	3s	X 时间	10s
二次重合闸闭锁时间	8s	跳闸延时	6s	Y 时间	8s
二次重合闸时间	99.99s	后加速开放延时	59s	Z 时间	7s
重合闸充电时间	100s				

选线装置和线路保护装置的动作记录如图 6-35、图 6-36 所示。

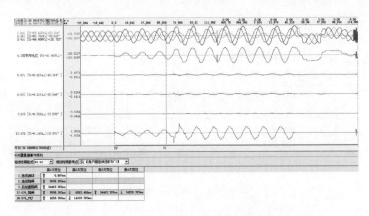

图 6-35　小电流接地选线装置动作记录

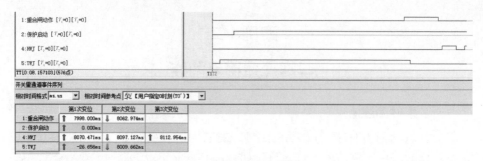

图 6-36　线路保护装置动作记录

结合后台报文，梳理各装置动作时序表如表 6-8 所示。

表 6-8　　　　　　　　　各 装 置 动 作 时 序 表

动作时间	动作元件	动作行为
20：27：31	10kV 小电流接地选线装置启动	
20：27：37	10kV 小电流接地选线装置动作	首次选跳 10kV 076 线
20：27：37	10kV 076 断路器	分闸
20：27：44	71 杆 G01、146 杆 G01 断路器	失压分闸
20：27：45	10kV 076 线路保护	一次重合闸动作
20：27：45	10kV076 断路器	合闸
20：27：55	71 杆 G01 断路器	有压合闸
20：28：05	146 杆 G01 断路器	有压合闸
20：28：05	10kV 小电流接地选线装置	后加速跳 10kV 076 线
20：28：05	10kV076 断路器	分闸

根据二次重合闸逻辑如图 6-37 所示。

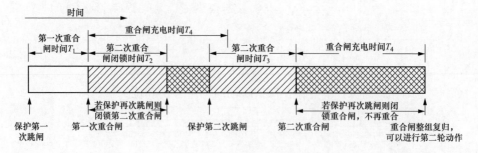

图 6-37　二次重合闸逻辑

10kV 076 断路器于 20：27：45 启动第一次重合闸，第二次跳闸时间为

20：28：05，中间间隔时间为20s，大于二次重合闸闭锁时间定值（8s），应启动二次重合闸，但实际在选线装置发出后加速跳闸命名，10kV 076 断路器第二次跳闸后，二次重合闸并未动作，站内断路器和站外第一级配电自动化未能合闸，导致跳闸范围扩大。

经和厂家沟通确认，选线装置出口动作接点接入保护装置"保护跳闸"输入端子（见图 6-38）。保护装置收到该输入后，直接驱动跳闸回路将开关跳开，因为线路保护功能实际未动作，装置判断为断路器偷跳，并启动一次重合闸，当在二次重合闸闭锁时间与重合充电时间内小电流接地选线再次动作后，未启动二次重合闸。线路保护装置逻辑考虑断路器偷跳一般为断路器本身故障或回路异常引起，应尽快进行检修排除异常以避免异常范围扩大，因此装置对断路器偷跳仅启动一次重合闸。

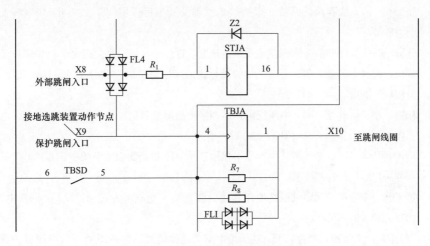

图 6-38　保护装置现场接线示意图

三、暴露问题

本次跳闸事件，选线装置、保护装置及站外配电自动化动作行为与逻辑相符，但暴露出线路保护装置存在保护跳闸启动重合闸和位置不对应启动重合闸的逻辑存在差异。要解决选线装置选跳后二次重合闸问题，目前有两种方案：

（1）对线路保护进行升级，修改位置不对应启动重合闸逻辑，启动二次重合闸。

（2）停用线路保护二次重合闸，保护跳闸和位置不对应均启动一次重合闸。同时调整第一级配电自动化的 X 时间，该时间应躲过站断路器重合闸充电时间。

参 考 文 献

[1] 要焕年，曹梅月. 电力系统谐振接地 [M]. 2 版. 北京：中国电力出版社，2009：34-43.

[2] 徐丙垠，李天友，薛永端，等. 配电网继电保护与自动化 [M]. 北京：中国电力出版社，2017：88-94.

[3] DL/T 1057—2007，自动跟踪补偿消弧线圈成套装置技术条件 [S].

[4] 张肇斐. 消弧线圈接地系统小电流接地原理及其工程应用 [D]. 广州：华南理工大学，2007.

[5] 徐波. 一种全控型消弧线圈接地系统的研究 [D]. 上海：上海交通大学，2013.

[6] 陈栋，胡兵，彭勃，等. 电压恢复缓慢导致的接地保护误重合分析及算法优化 [J]. 供用电，2021，38（1）：67-73.

[7] 杨帆，李广，沈煜，等. 中压配电网单相接地故障熄弧后的电气特征分析 [J]. 电力系统自动化，2019，43（10）：134-143.

[8] 唐传佳，魏曼荣，朱汇静. 中性点不接地系统故障相经低励磁阻抗变压器接地方式的研究 [J]. 上海电气技术，2017，10（1）：64-67.

[9] 董玉林，李宇平. 低励磁阻抗变压器接地装置接入配电网方式探讨 [J]. 湖南电力，2018，38（3）：70-73.

[10] 曾祥君，王媛媛，李健，等. 基于配电网柔性接地控制的故障消弧与馈线保护新原理 [J]. 中国电机工程学报，2012，32（16）：137-143.

[11] 周江华，万山明，张勇. 基于参数闭环控制的配电网柔性接地消弧方法 [J]. 高电压技术，2020，46（4）：1189-1197.

[12] 张帆. 基于单端暂态行波的接地故障测距与保护研究：[博士学位论文]. 济南：山东大学，2008.

[13] 王伟，焦彦军. 暂态信号特征分量在配网小电流接地选线中的应用 [J]. 电网技术，2008，32（4）：96-100.

[14] 张林利. 小电流接地故障定位方法及其应用研究 [D]. 山东大学，2013.

[15] 梁睿. 基于故障类型的单相接地故障综合选线研究 [C]. 中国矿业大学，2010.

[16] 余乐，吴月. 小电流接地系统单相接地故障选线方法研究 [J]. 山东工业技术，

2017（23）：212-213.

[17] [31] 安源. 小电接地系统单相接地故障选线研究［D］. 西安：西安理工大学，2006.

[18] 娄静. 小电流接地系统单相接地选线方法［J］. 机电工程技术，2016，45（06）：132-134.

[19] Guardado J L，Maximov S G，Melgoza E，et al. An Improved Arc Model Before Current ZerBased on the Combined Mayr and Cassie Arc Models［J］. IEEE Transactions on Power Delivery，2005，20（1）：138-142.

[20] Schavemaker P H，Slui L V D. An improved Mayr-type arc model based on current-zero measurements［J］. Power Delivery IEEE Transactions on，2000，15（2）：580-584.

[21] 贾惠彬，赵海锋，方强华，等. 基于多端行波的配电网单相接地故障定位方法［J］. 电力系统自动化，2012（2）：96-100.

[22] 张慧芬，潘贞存，桑在中. 基于注入法的小电流接地系统故障定位新方法. 电力系统自动化，2004，28（3）：64-66.

[23] 胡佐，李欣然，李培强. 小电流接地系统单相故障选线的方法与实现［J］. 高压技术，2007，33（1）：41-44.

[24] 于永进，臧宝花. 配电网电流接地系统故障选线方法［J］. 煤炭工程，2014，（01）：117-118.

[25] 王章启. 配电网馈线单相接地故障区段定位和隔离新方法研究［J］. 高压电器，2012，（04）：43-45.

[26] 刘健，张小庆，同向前，等. 含分布式电源配电网的故障定位［J］. 电力系统自动化，2013，37（2）：36-48.

[27] Yuan L. Generalized fault-location methods for overhead electric distribution systems. power delivery［J］. IEEE Trans on Industrial Electronics，2011，6（1）53-64.

[28] 郭清滔，吴田. 小电流接地系统故障选线方法综述［J］. 电力系统保护与控制，2010，38（2）：146-152.

[29] 薛永端，薛文君，李娟，等. 小电流接地故障暂态过程的 LC 谐振机理［J］. 电力系统自动化，2016，40（24）：137-145.

[30] 姜晓东. 基于人工神经网络的小电流接地故障选线方法研究［D］. 淄博：山东理工大学，2017.

[31] Zhang H，JinZ，Terzija V. An Adaptive Decomposition Scheme for Wideband Signals of Power Systems Based on the Modified Robust Regression Smoothing and Chebyshev-II HR Filter Bank［J］. IEEE Transactions on Power Delivery，2019，34（1）：

220-230.

[32] 束洪春，董俊，段锐敏，等. 基于自然频率的辐射状配电网分层分布式 ANN 故障定位方法 [J]. 电力系统自动化，2014，38（5）：83-89.

[33] 孙波，徐丙垠，孙同景，等. 基于暂态零模电流近似熵的小电流接地故障定位新方法 [J]. 电力系统自动化，2009，20（33）：83-87.

[34] 宋伊宁，李天友，薛永端，等. 基于配电自动化系统的分布式小电流接地故障定位方法 [J]. 电力自动化设备，2018，38（4）：102-109.

[35] 孙波，张承慧，孙同景，等. 基于暂态相电流的小电流接地故障定位研究 [J]. 电力系统保护与控制，2012，40（18）：69-74.

[36] 赵海龙，陈钦柱，梁亚峰，等. 一种小电流接地系统故障行波精确定位方法 [J]. 电力系统保护与控制，2019，47（19）：85-93.

[37] 倪广魁，鲍海，张利，等. 基于零序电流突变量的配电网单相故障带电定位判据 [J]. 中国电机工程学报，2010，30（31）：118-122.

[38] 李毅. 基于同步数据的配电网运行状态可视化研究 [D]. 济南：山东大学，2019.

[39] 徐丙垠，等. 配电网继电保护与自动化 [M]. 北京：中国电力出版社，2017.

[40] 叶树伟. 小电流接地系统单相故障的自动选线研究 [D]. 广州：华南理工大学，2016.

[41] 李润先. 中压电网系统接地实用技术 [M]. 北京：中国电力出版社，2002.

[42] 世界各国采用的配电网中性点接地方式 [J]. 中国电力，2009，42（10）：47.

[43] 林文钦，孙东，高金龙，等. 小电流接地系统单相接地故障选线装置测试方法综述 [J]. 东北电力大学学报，2019，39（3）：52-58.

[44] 李刚，周丽丽，付昌奇. 10kV 小电阻接地系统中小电流接地选线装置的运用与探讨 [J]. 电力系统装备，2019，（4）：84-85，93.

[45] 龙茹悦，黄纯，汤涛，等. 一种谐振接地系统的配电线路接地故障选线新方法 [J]. 电力系统保护与控制，2019，47（21）：21-29.

[46] 李金龙. 小电流接地选线装置应用现状探索 [J]. 百科论坛电子杂志，2018，（19）：203.

[47] 李天友，王超，陈敏维，等. 典型小电流接地故障实例及暂态选线分析 [J]. 电测与仪表，2019，56（2）：116-122.

[48] 张辉. 小电流接地系统接地选线技术综述 [J]. 科技与创新，2019，（6）：60-61，63.

[49] H Li，H Li，Y Sun，et al. A Method of Fault Line Selection in Small Current Grounding System Based on VMD Energy Entropy and Optimized K-means Clustering [J]. IOP Conference Series：Earth and Environmental Science，2017，73（1）：

012023（6pp）.

[50] 朱涛. 基于 SCADA 系统的小电流接地故障选线方法研究 [J]. 电力系统保护与控制，2019，47（13）：141-147.

[51] 张馥荔，张红旗. 小电流接地系统接地故障选线方法 [J]. 山西电力，2019，（2）：1-5.

[52] 齐郑，乔丰，黄哲洙，李砚，张惠汐，饶志. 基于暂态分量遗传算法的小电流接地故障定位方法 [J]. 电力系统保护与控制，2014，42（01）：34-39.

[53] 郑涛，潘玉美，郭昆亚，王增平，孙洁. 基于免疫算法的配电网故障定位方法研究 [J]. 电力系统保护与控制，2014，42（01）：77-83.

[54] 孙永超，邰能灵，郑晓冬. 含分布式电源的配电网单相接地故障区段定位新方法 [J]. 电力科学与技术学报，2016，31（3）：73-80.

[55] 史如新. 基于中电阻投切的小电流接地系统故障选线技术研发 [D]. 华北电力大学，2015.

[56] 杜刚，刘迅，苏高峰. 基于 FTU 和"S"信号注入法的配电网接地故障定位技术的研究 [D]. 电力系统保护与控制，2010（12）：73-76.

[57] 刘健，张小庆，申巍，等. 中性点非有效接地配电网的单相接地定位能力测试技术 [J]. 电力系统自动化，2018，42（01）：138-143.

[58] 杨以涵，齐郑. 中低压配电网单相接地故障选线与定位技术 [M]. 北京：中国电力出版社，2014，1-7.

[59] 杨帆，李广，沈煜，等. 中压配电网单相接地故障熄弧后的电气特征分析 [J]. 电力系统自动化，2019，43（10）：134-143.

[60] 李科峰，张海台，樊晓峰，等. 小电流接地故障选线技术探讨 [J]. 山东电力技术，2017，44（12）：41-44＋49.

[61] 束洪春. 配电网络故障选线 [M]. 北京：机械工业出版社，2008.

[62] 姜博，董新洲，施慎行. 基于单相电流行波的配电线路单相接地故障选线方法 [J]. 中国电机工程学报，2014，25（34）：6216-6227.

[63] 薛永端，李娟，徐丙垠. 中性点不接地系统小电流接地故障暂态等值电路的建立 [J]. 中国电机工程学报，2013，04（22）：5703-5714.

[64] 刘渝根，王建南，马晋佩，等. 基于暂态主频分量相关性分析的故障选线方法 [J]. 电力系统保护与控制，2016，44（02）：74-79.

[65] 张海欣. 小电流接地系统单相接地故障多判据融合选线方法研究 [D]. 秦皇岛：燕山大学，2019.

[66] 张国军，黄恩泽，邱彬，等. 多基因融合小电流单相接地故障选线方法 [J]. 辽宁工程技术大学学报（自然科学版），2015，34（1）：68-72.

［67］ 鞠默欣. 基于 HHT 小电流接地故障选线与在线故障测距方法 ［D］. 吉林：东北电力大学，2015.

［68］ Liang Ruinan, Yang Pengzhi. A novel single-phase-to-earth fault location method for distribution network based on zero-sequence components distribution characteristics ［J］. International Journal of Electrical Power and Ene，2018，102（04）：11-22.

［69］ 张国军，张强，于欢. 提高小电网系统故障选线灵敏度的方法和实验 ［J］. 电力系统及其动化学报，2013，25（5）：100-104.

［70］ 张林利. 小电流接地故障定位方法及其应用研究 ［D］. 济南：山东大学，2013.

［71］ 王璐. 中低压配电网故障选线的研究 ［D］. 天津：天津理工大学，2015.

［72］ 谷天聪，范兴明，张鑫. 基于 matlab 的小电流接地系统故障特征分析 ［J］. 电气工程学报 2017，12（2）：20-25.

［73］ 王旭. 小电流接地系统单相接地选线装置设计及算法研究 ［D］. 河北保定：华北电力大学. 2015.

［74］ 李雪. 小电流接地系统单相接地故障选线研究 ［D］. 中国矿业大学，2017.

［75］ 李森，宋国兵，康小宁，等. 基于时域下相关分析法的小电流接地故障选线 ［J］. 电力系统保护与控制，2008，36（13）：15-20.

［76］ 季媛媛. 小电流接地系统单相接地故障选线方法的研究 ［D］. 东南大学，2017.

［77］ 张志霞. 小电流接地系统单相接地故障选线理论研究 ［M］. 辽宁：辽宁科学技术出版社，2014，3-9.